高性能地理信息系统架构与技术

High Performance Geographic Information System: Architecture and Technologies

熊　伟　吴　烨　景　宁　编著
陈　荦　欧阳雪　贾庆仁

国防工业出版社
·北京·

内 容 简 介

观测技术和计算技术的发展，推动了时空大数据和人工智能的广泛应用。正是因为数据的丰富和计算性能的提升，才有可能去实现大尺度和高精度的时空分析和计算。因此，有必要从地理信息系统（Geographic Information System，GIS）软件体系架构入手，研究高性能地理计算的优化方法和应用方法，以形成能够为社会经济服务的高性能 GIS，并支撑各类行业级和公众级应用。

本书围绕高性能 GIS 的架构、技术、平台与应用，分析高性能计算架构下时空大数据组织访问、并行化空间分析与处理、大规模地图渲染与并行可视化等关键技术，剖析以网络为基础、计算为核心、空间决策支持为目标的高性能 GIS 平台软件，阐述如何实现高性能地理信息应用，展望新一代 GIS 的发展趋势。

本书可供地理信息科学教学科研人员，以及地理信息系统开发人员参考使用。

图书在版编目（CIP）数据

高性能地理信息系统架构与技术 / 熊伟等编著. —
北京：国防工业出版社，2021. 9
ISBN 978 - 7 - 118 - 12400 - 2

Ⅰ. ①高… Ⅱ. ①熊… Ⅲ. ①地理信息系统 Ⅳ.
①P208. 2

中国版本图书馆 CIP 数据核字（2021）第 132843 号

※

国防工業出版社出版发行
（北京市海淀区紫竹院南路 23 号　邮政编码 100048）
天津嘉恒印务有限公司印刷
新华书店经售

*

开本 710 × 1000　1/16　**印张** 17¾　**字数** 318 千字
2021 年 9 月第 1 版第 1 次印刷　**印数** 1—3000 册　**定价** 118. 00 元

国防书店：（010）88540777　　书店传真：（010）88540776
发行业务：（010）88540717　　发行传真：（010）88540762

前　言

信息时代的时空大数据已成为促进国家发展、维护国家安全和推动经济建设的重要战略资源。时空大数据具有海量、非线性、多尺度、高维、变化和模糊性等复杂特点，蕴藏着丰富的隐含信息，例如，数字高程模型（DEM 或 TIN）除了载荷高度信息外，还隐含了地质岩性与构造方面的信息；植被数据隐含了气候的水平地带性和垂直地带性的信息等。这些隐含的信息只有通过关联分析才能发现。发展面向时空大数据的海量位置及其关联数据管理的核心技术，全面提高大数据的综合处理和分析能力，已成为当前信息技术的“至高点”，对促进我国信息化建设、占领信息领域的技术优势有着重要的意义。

随着我国高分辨率对地观测系统、导航与定位系统等体系的逐渐完善，地理空间数据获取平台数量不断增加，空间分辨率和时间分辨率在快速提高，使得数据量大幅增长。不但如此，在今后若干年内，还将陆续出现一大批性能更为卓越的卫星，它们与各种无人机、有人驾驶飞机、高空飞艇以及气球等获取的各种地理应用数据将实现高度的信息融合，形成强大的一体化环境态势感知与信息传输能力。在环境保护、应急响应、能源开发以及城市管理等应用中，数据分析的难度已经远远超过数据获取。来自航天、临近空间、航空、陆地、海洋和电磁空间等多种传感器资源的海量位置信息及其关联数据是增长非常快的信息来源，虽然每次单个传感器获取的数据量不大，但采集和更新的频度很高。在应用领域中，对移动对象的监控和对时变信息的分析时效性要求比较高，给数据处理和分析带来很大挑战。

应用数据资源增长迅猛，如何对海量的多维信息进行高效的存储、组织、管理是一个必须解决的核心问题。面对迅速膨胀的超大规模数据集，仅仅依靠现有 GIS 软件，已无法及时高效地分析和处理这些数据。必须考虑高效的组织与管理方法，大幅提高数据吞吐率，实现快速、精确地从海量信息中分析、挖掘有价值的知识。在时空大数据时代，地理信息应用已不满足于传统的数据分析处理应用方法，更期望能从大数据中提取有价值的信息，并对未来趋势有更多的分析和预测，以增强信息优势和决策优势。如何提供快速地检索和分析服务是推进地理信息资源深度开发、提高信息决策能力的迫切要求。

因此,迫切需要建设高性能的 GIS 软件平台,提高时空大数据的分析效率和知识的转化效率。高性能地理信息系统的研发就是在这样的背景下开展的。在我国,地理信息系统软件曾经主要被 ArcGIS 主导,近年来国产软件 SuperMap、MapGIS 已经逐渐成熟,但是国产的 GIS 软件更多的是从跟踪和模仿 ArcGIS 开始,在应对大数据和人工智能等需求方面,也是这几年才开展了技术创新,并取得了初步的成果。最早可以追溯到 2007 年,作者所在的研究团队在中国科学院周成虎院士的筹划下,由国防科技大学景宁教授领衔从高安全高性能的空间数据库开始,持续十余年,在多个 863 计划重点项目支持下,牵头在全国范围组成了一支几乎涵盖了国内地理信息科学领域全部优势力量的有力科研团队,结合高性能计算技术研究新一代地理信息系统技术,形成整套功能完整、性能优越、安全可靠的自主可控高性能地理信息系统,全面提升了大规模地理空间数据的管理、处理、分析和可视化效率,为很多应用提供了高性能地理信息系统支持。

在 HiGIS(High Performance Geographic Information System)的研发过程中,从开始 C/S 架构到最终的 B/S 架构,从试图单一由空间数据库统管到多种存储模式,从传统的 MPI 并行计算到基于分布式内存的 spark 计算,研究团队进行了很多尝试,也收获了丰富的经验。目前国内均无成体系介绍高性能 GIS 的学术著作,国外相关著作有基于网格计算和云计算等架构的地理信息处理系统介绍,从数据管理、分析处理和可视化完整体系介绍的书籍还不多见。因此,作者一直想把研究团队对高性能 GIS 的理解和认识形成文字,给更多的 GIS 科研和应用人员提供参考。

本书主要内容包括:

第 1 章　绪论。介绍高性能 GIS 的研究背景和应用需求。

第 2 章　高性能 GIS 架构。主要包括指导高性能 GIS 研究工作的技术架构与技术体系,以及高性能 GIS 的信息系统架构。

第 3 章　时空大数据的组织管理。面向应用的资源高效调用(矢量数据的快速检索、栅格数据的并行 I/O 等),介绍时空大数据统一资源组织模型,以及相关的存储管理、索引和查询处理等技术。

第 4 章　多范式地理计算技术。针对多元多态时空大数据的处理和应用需求,介绍消息传递、映射 - 归约、内存计算等计算架构优势的多范式高性能地理计算解决方案。

第 5 章　高性能 GIS 在线制图与可视化。主要介绍基于并行架构的时空大数据可视化基础框架技术、制图领域专用语言与地图模板构建技术、时空大数据符号化并行处理技术、高性能时空大数据三维自适应可视化技术等。

第 6 章　高性能 GIS 平台。介绍高性能 GIS 数据服务、分析服务和可视化引擎软件模块。

第 7 章　高性能 GIS 应用。介绍高性能 GIS 的应用模式和应用前景。

第 8 章　高性能 GIS 技术展望。主要从深度学习、边缘计算和数字孪生等角度展望高性能 GIS 技术的发展趋势。

本书的主要读者对象包括但不局限于 GIS 科学研究人员、GIS 平台研发人员，以及 GIS 专业学生等。

本书的出版得到了国家自然科学基金区域创新发展联合基金重点项目（U19A2058）、国家自然科学基金面上项目（41971362、41871248、61806211）、湖南省自然科学基金（2020JJ4663），以及国防科技大学电子科学学院学术著作资助基金的支持。另外本书的编写过程中得到了多位老师的悉心指导和帮助支持，尤其是共同参与国家 863 重点项目和主题项目的老师们，包括：中国科学院地理科学与资源研究所周成虎院士、陈荣国研究员、张明波副研究员、谢炯副研究员，北京师范大学程昌秀教授，中国科学院软件所张敏研究员，中国科学院信息工程研究所徐震研究员、陈驰研究员，中国科学院空天信息创新研究院骆剑承研究员，南京师范大学汤国安教授、朱阿兴教授，武汉大学刘耀林教授、何建华教授，西南交通大学朱庆教授等。感谢作者所在研究团队的研究生们为高性能 GIS 软件系统研发所做出的贡献，包括：博士生刘义、程果、郭宁、马梦宇，硕士生吴佳妮、欧阳柳、周建鑫、张思乾、蔡蕾、刘文闳、裘晓峰、赫高进、刘世永、蔡苑彬、孙璐、陈欢、张冰、廖帅、申金鑫、彭瑾、甘麟露、张巍烨、夏小科、龚琪、吴旭桥、李瑞清、钟立明等，书中很多内容参考了大家的研究成果，在此表示诚挚的感谢！

GIS 作为一个庞大而复杂的信息系统，高性能 GIS 又是信息技术和地理科学的交叉领域，由于作者能力有限，书中难免出现错漏和不足之处，殷切希望同行专家和读者们批评指正，给出宝贵建议（xiongwei@ nudt. edu. cn）。同时，作者也会尽最大努力不断修改完善，在后续的再版中及时更新。

熊伟

2021 年 6 月

目　录

第1章 绪 论

1.1 引言

在地理空间信息领域,全球范围高分辨率对地观测系统的应用,各类位置导航设施的广泛布设,移动互联网实现的泛在互联等,使得我们对地球自然界和人类社会的不同层面、不同现象的综合观测能力以及空间信息的获取和传输能力达到了空前的水平。

受摩尔定律的制约和影响,传统的个人计算机和桌面计算系统已经面临计算瓶颈问题,无法处理和分析地理空间大数据。面对更为丰富的空间数据获取与采集手段、全新的空间数据分析和处理模式以及不断增长的应用需求,地理信息系统的体系架构和服务模式必须产生重大变革。

值得注意的是,地理空间信息领域并未利用好高性能计算(High Performance Computing,HPC)技术带来的成果和进步。在高性能计算领域,执行并行计算的各种计算系统,已经可以支撑不同架构、不同规模的计算问题求解,有能力进行大尺度的地理空间计算。因此,有必要开展系统层面的研究,从 GIS 软件体系架构入手,深入研究高性能并行地理计算的优化方法和工程化应用方法,以期形成能够为社会经济服务的高性能 GIS,在应用中作为系统平台支撑各类行业级,甚至公众级应用。

互联网时代的来临,使地理信息技术得到前所未有的应用、推广和发展,地理信息计算呈现出计算速度快、运行效率高、应用多样化的发展特征[1]。发展高性能 GIS 软件,在宏观方面可以为国家安全、地球环境、气候变迁、应急救援等提供服务,在微观方面可以为社会大众提供如"位置智能""智能交通"等日常服务。以目前典型的地理信息应用为例,地图服务类应用如 Google Maps、百度地图等,时空数据的管理规模达到了 PB 级以上;地理社会网络类应用如街旁网、Foursquare、Waze 等,用户实时在线并发操作通常达到百万数量级。而在环境监测、交通管理、应急响应等专业应用中,对 GIS 的实时性要求也越来越高,如实时获取数据、实时分析处理与实时成图展示等。以滴滴出行应用为例,每秒有 1000 多次用车需求,每天上百亿次的路径规划请求,要处理的数据达到 PB 级[2]。在这些应用背景下,首先,海量地理空间数据提供了丰富的应用支撑能力,同时也为从更大规模、相互关联、结构复杂的数据中提取用户所需的信息带来了困难;其次,每秒成千上万次的并发请求对 GIS 的并发负载、处理性能提出了更高的要求;再次,不断增长的用户数也使 GIS 的扩展能力面临新的挑战;最后,更多实时性的应用需求使得 GIS 应该进一步提高分析处理性能。

信息技术领域的硬件环境方面的进展有目共睹,而大数据分析技术推动着地理计算模式不断改进[3]。这方面的研究日新月异,新的浪潮不断涌现,除了传统的 MPI(Message Passing Interface)、OpenMP 等并行计算模型外,Hadoop、Storm、Spark 等开始逐步走到技术舞台中央 ,得到广泛应用。但是,如何对这些新的计算模式加以改进,以利用高性能计算的新型硬件体系结构带来的计算性能提升,更好地适应空间数据的管理、分析处理和可视化,解决现有时空数据密集、计算密集和通信密集问题,正在成为 GIS 领域的热点问题。

1.2 地理信息系统面临的挑战

地理空间数据的迅猛增长和地理信息产业化的快速发展,面对更为丰富的空间数据获取与采集手段、全新的空间数据分析和处理模式以及不断增长的应用需求,使得当前国内外地理信息系统软件在地理数据存储、地理数据分析挖掘、地理信息可视化及地理信息服务等方面,面临着新的挑战和机遇。

1.2.1 新型地理空间数据管理

随着我国地理信息产业的持续深化发展,时空数据获取与处理能力不断增强,地理信息装备水平日新月异,导航定位服务体系越来越完善,在面向政府管理决策、企业生产运营以及人民群众生活的多类型应用中,涌现出大量新型地理空间数据,例如来自于多类型传感器的海量时空数据、导航定位系统的海量移动对象数据、地理社交网络的海量位置签到数据,以及面向多媒体地图和三维虚拟地图的三维时空对象数据及场数据,面向分析应用的复杂时空关联数据等[4]。表 1-1 列举了当前互联网时代典型地理信息应用的数据规模。面对日益增长的地理空间数据规模,地图服务、社交网络、旅游出行、电子商务和其他行业等应用中的海量数据存储、管理和处理已经成为当今地理信息应用面临的严峻问题。

表 1-1　互联网时代地理信息应用的数据规模

应用类型	应用	规模
地图服务	百度地图[5](2019)	兴趣点:1.5 亿个,全景照片:13 亿张,道路:940 万 km
	天地图[6](2020)	数据总量:80TB,地图服务调用:4.23 亿次/天,日访问峰值:331 万
社交网络	腾讯[7](2016)	定位请求:450 亿次/日,覆盖人数:6 亿,位置大数据:4PB,定位数据:10TB/日
旅游出行	滴滴出行[2](2018)	用户:4 亿,轨迹数据:106TB/天,处理数据:4875TB/天,路径规划:400 亿次/天,定位点:150 亿/天
	携程网[8](2016)	并发访问:1 亿次/天,增量数据:TB/天,用户数据:1 百亿条,产品数据:1 百万条
电子商务	淘宝[9](2020)	注册用户:5 亿,固定访客:6000 万/天,月活跃用户 8.81 亿,在线商品数:8 亿件/天,销售量:4.8 万件/min
其他行业	美国航空航天局(NASA)[10](2016)	气候模拟:37PB,行星数据:100TB,火星探测:120TB
	土地利用[11](2014)	总数据量:135TB,影像:129TB,矢量:6TB
	地质云[12](2018)	岩心图像:29 万 m,钻孔数据:90 万个,全文检索:8.9 亿种

在此背景下,对新型地理空间数据的高效存储、组织、管理是一个必须解决的核心问题。这些数据在数据模型、数据结构、数据体量和数据更新管理模式上均与传统地理空间数据有很大差异,采用传统技术的 GIS 软件已不能对之实施有效的存储组织和管理,无法提供满足应用要求的高效数据查询、检索等访问服务。传统的空间数据管理方式在用户规模、数据规模都相对比较小的情况下,可以高效地运行。但是,随着用户数量、存储管理的数据量、数据类型的指数级增长,这些方法在应对更大规模的数据量和满足更高的访问量时都遇到了问题[13]。

以关系型数据库为代表的技术在数据存储管理的发展史上是一个重要的里程碑。在互联网时代以前,数据的存储管理应用主要集中在金融、证券等商务领域中。这类应用主要面向结构化数据,聚焦于便捷的数据查询分析能力、严格的事务处理能力、多用户并发访问能力以及数据安全性的保证。而传统关系型数据库正是针对这种需求而设计的,并以其结构化的数据组织形式、严格的一致性模型、简单便捷的查询语言、强大的数据分析能力以及较高的程序与数据独立性等优点被广泛应用。在互联网时代,时空大数据的特点如图 1-1 所示。

通过对互联网地理信息应用的分析,新型的空间数据已远远超出关系型数据库的管理范畴,遥感、矢量、轨迹、三维、全景、文本等各种非结构化数据逐渐成

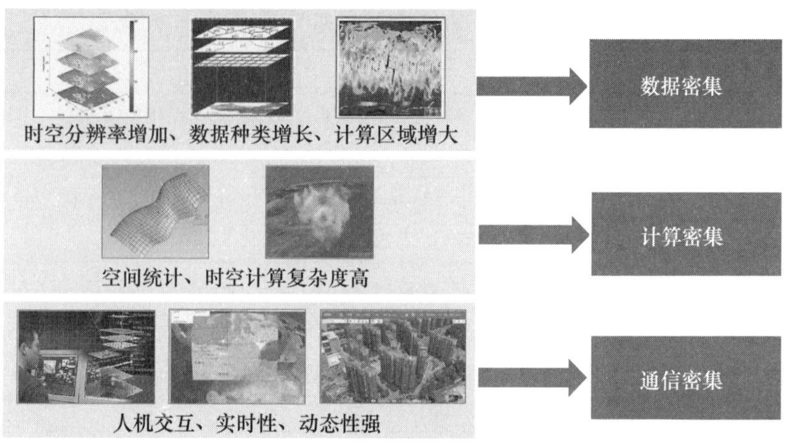

图 1-1　互联网时空大数据特点和挑战

为了海量空间数据的重要组成部分。面向结构化数据存储的关系型数据库已经不能满足互联网时代数据快速访问、大规模数据分析的需求。具体表现在以下方面：

(1) 应用场景的局限性。

关系数据库着眼于面向结构化的数据，致力于事务处理，要求保证严格的一致性，这些特性符合传统的地理信息系统按照图层、要素方式组织数据的应用场景。然而新型互联网应用主要面向于半结构化、非结构化的数据，这些应用大多没有事务特性，也不需要很严格的一致性保证。传统数据库的厂商也针对海量数据应用特点提出了一系列改进方案，但是由于并不是从互联网应用的角度去寻找问题，使得传统数据库在应对新型空间数据存储上效果并不理想。

(2) 关系模型束缚对海量空间数据的快速访问能力。

关系模型是以关系代数为基础的严格数学模型。这种按照行存储的访问模型，在数据访问过程中引入耗时的 I/O，从而影响快速访问的能力。虽然，传统的数据库系统可以通过分区的技术(水平分区和垂直分区)，来减少查询过程中数据 I/O 的次数以缩减响应时间，提高数据处理能力，但是在海量数据的规模下，这种分区所带来的性能改善并不显著。另外，关系模型中规格化的范式设计与互联网的很多特性相互冲突。以空间数据标签为例，标签的分类模型是一种复杂的多对多关系模型。传统数据库的范式设计要求消除冗余性，因此标签和内容将会被存储在不同的表中，导致对于标签的操作需要跨表完成(在分区的情况下，可能需要跨磁盘、跨机器操作)，性能低下。最后，关系数据库中的索引也不适用于非结构化特点的空间数据，需要设计新的索引机制。

（3）缺乏对时空数据的关联分析和高性能处理能力。

在时空大数据时代，数据之间的强时空关联性，一方面带来了大计算量的时空序列分析，迫切需要提高分析处理性能；另一方面，地理信息应用已不满足于传统的数据分析处理应用方法，更期望能从大数据中提取有价值的信息，并对未来趋势有更多的分析和预测，以增强信息优势和决策优势。仅仅依靠现有 GIS 软件，已无法及时高效地分析和处理这些数据，必须考虑高效的组织与管理方法，大幅提高数据吞吐率，实现快速、精确地从海量信息中分析、挖掘有价值的知识。如何提供满足实时性、动态性要求的快速检索和分析服务，是推进地理信息资源深度开发，提高信息决策能力的迫切要求。因此迫切需要建设高性能的 GIS 软件平台，提高时空大数据的分析效率和知识的转化效率。

（4）扩展性差。

在海量规模下，传统数据库面临着一个致命问题，就是其扩展性问题。解决数据库扩展性问题，通常有 Scale up 和 Scale out 两种方式。这两种扩展方式分别从两个不同的维度来解决数据库在海量数据下的压力问题。Scale up，简而言之就是通过硬件升级，提升速度来解决缓解压力问题；而 Scale out 则是通过将海量数据按照一定的规则进行划分，将原来集中存储的数据分散到不同的物理数据库服务器上。分片（Sharding）正是在 Scale out 的理念指导下，通过叠加相对廉价设备的方式实现存储和计算能力的扩展，其主要目的是为突破单节点数据库服务器的 I/O 能力限制，提高数据快速访问能力，以及提供更大的读写带宽。但是，在互联网的应用场景下，这种解决扩展性的方案仍然存在着一定局限性。比如，数据存储在多个节点，需要考虑负载均衡的问题，这需要互联应用实现复杂的负载自动平衡机制，引入较高代价。数据库严格的范式规定，使得表示成关系模型的数据很难划分到不同的分片中。同时，还存在一些数据可靠性和可用性的问题。

当前，在面向下一代互联网和云计算的数据管理技术领域，出现了诸多新型数据管理技术与方法，如列存储管理、键值对存储管理、文档数据管理、图数据管理等。这些技术方法的思路和成果，具备了与 GIS 相结合的条件，能够为解决新型地理空间数据管理难题提供信息技术的支撑。因此，当前迫切需要借鉴信息领域新型数据管理技术，研究面向新型地理空间数据的组织管理模式和技术方法，突破相关关键技术，支持实现新型地理空间数据的高效管理、快速分析计算和实时可视化，解决大数据量、复杂数据类型地理数据综合处理分析的难题。

1.2.2 地理数据的综合处理与应用

近年来，随着一系列新技术的发展，地理信息科学的外延在扩展，内涵在深化。地理信息的分析方式已经演变为大规模复杂地理空间数据及专业数据的集成、分析、过程模拟与决策支持。例如,在 2014 年马来西亚航空公司 MH370 航班失联事件中,我国动用了海洋、风云、高分、遥感 4 个型号 21 颗卫星,结合失联区域的地理空间数据,对相关的海洋、气象、云图、遥感、海底地形等各种数据进行综合分析处理,以保障救援工作有效进行。但是相对于大量来自各类传感器的时空数据,处理这些信息的计算能力却十分有限,而且分析判读传感器获取的时空数据是一项劳动密集型工作,需要投入大量的人力资源。

地理数据包含丰富的时空信息,时空数据的本质功能,是用于反映地理世界(时空)各要素或现象的数量和质量特征、空间结构和空间关系及其随时间的变化,是人类认知地理世界的基础。时空数据反映人类活动(社会、经济、文化、工作、学习和生活)的时空规律,是一切大数据集合(空间化)和聚合(一张图)的基础时空框架,是各部门各行业信息系统的基础时空信息共享平台[14]。因此,地理数据的综合处理与应用应该包括语义(概念、分类体系、示意图)、位置、时间、几何、关系和属性等多个要素的表达,能够对地理现象表达和描述。

一方面,时空大数据带来了数据类型的不断丰富和数据规模的快速增长;另一方面,大量用户对在线时空数据服务的需求也在悄然增长。高性能的 GIS 数据存储是为高效分析计算和可视化服务的,面向丰富的地理计算模式,要求提供不同的存储管理方法。例如,消息传递计算模型对地理空间数据存取要求关注于高吞吐量和并发性;而映射 - 归约计算模型更侧重于地理空间数据访问的高可扩展性、负载均衡和容错;而地理元数据的管理又对数据一致性和完整性有更高的要求。兼顾多种应用增加了系统的技术复杂度,性能优化变得更加困难。因此,单一的存储模式已经无法满足用户对地理数据处理和可视化的实时性与高效性需求,根据应用需求进行定制和简化是解决复杂问题行之有效的方法。

面向多种存储形态空间数据的高性能处理和应用,参考集群资源管理框架 YARN(Yet Another Resource Negotiator)[15],如图 1 - 2 所示。目前主要的高性能计算方法可以分为以下几大类:以 Google/Yahoo 为代表的互联网企业兴起的映射 - 归约计算框架(MapReduce)[16]、改进 MapReduce 模式并能支持 DAG 作业的开源计算框架 Tez[17]、流式数据处理框架 Storm[18]、图处理框架 Giraph[19]、分布式内存计算框架 Spark[20]、广泛应用于高性能计算的消息传递接口(Message Passing Interface,MPI)技术[21],以及其他用于信息检索的框架等。

因此,传统的以数据存储管理为核心的"数据型"GIS 软件已不能满足多元化、社会化服务和重大决策支持应用需求,迫切需要发展以时空大数据挖掘、分析和地理知识发现服务为核心的综合性的"分析型"高性能 GIS 技术。

地理数据综合处理分析是解决"数据爆炸、知识贫乏"问题和实现智能决策

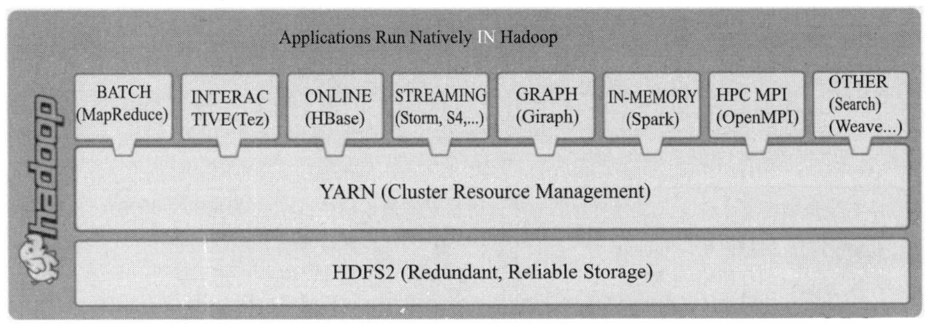

图 1-2 适用于不同类型空间数据处理和应用的主流高性能计算方法

的有效手段。探索面向时空大数据的关联分析、数据挖掘和决策分析等新方法，对于提高时空分析智能化水平、革新地理信息应用模式具有重要意义。在下一代互联网、物联网和云计算等新技术蓬勃发展的大数据时代，GIS 的综合分析能力尤为重要。高性能 GIS 平台要能为地理信息应用终端用户提供持续、稳定的各种地理知识服务，需要聚集全球各种地理数据挖掘算法和地理决策分析模型。围绕地理数据综合分析处理，研究面向多元化时空大数据的多范式地理计算框架、高性能地理信息自动化处理、时空大数据关联分析与地理知识发现等关键技术，将是未来若干年内 GIS 软件技术的发展趋势。

1.2.3 复杂地理过程建模与时空动态可视化

随着以“数字地球”“感知中国”“智慧城市”为代表的一批研究项目或工程计划的实施，传统 GIS 软件在解决处于静态或相对静态的兴趣点、道路、水域、人工建筑物和地形等数据的管理、分析和展示方面获得了长足进展，相关技术、方法和系统正日趋成熟。

传统 GIS 软件已不能满足复杂多变的地理世界所带来的实时性、动态性应用需求，迫切需要发展高性能 GIS 软件平台以提供支撑。

面对由土壤、植被、水体以及光、风、雨、雾、雪等动态要素，以及人类社会活动相互交织组成的复杂动态生态系统，现有 GIS 技术与软件还未能提供有效的地理现象表达与分析支持，远不能满足城市管理、新农村建设、区域生态文明建设等需求，特别是难以适应环境监测与污染预报、交通流量监测与拥堵治理、自然灾害应急响应与救援、战场态势与军事仿真等应用领域的需要。以典型流域系统综合模拟为例，需要进行数据预处理、模型参数率定、模型运行、情景分析和优化四个主要阶段。其中数据预处理包括数据类型转换、数据尺度转换、数字地形分析等处理过程；常用的 SWAT 2000 模型包含 701 个方程、1013 个变量，包含水文、泥沙和营养物迁移等复杂多过程交互；模型运行是一个十分耗时的过程，中小流域系统分析过程性能对比参见图 1－3；模拟结果的动态展示需要地理信息可视化，并通过空间单元相互作用进行优化。因此，整个分析过程的完成都需要高性能计算的支撑。

图 1－3　流域系统分析耗时对比

受制于计算和存储能力，当前 GIS 对自然环境要素交互、动态变化模拟仿真的能力十分有限：一方面，当前 GIS 在支持复杂、动态自然环境要素实时绘制方面的能力还很弱；另一方面，当前 GIS 在实时管理和控制多源传感器、物联对象、远程智能感知和复杂三维场景的交互方面性能还需大幅提升。

因此，高性能 GIS 的研发特别需要面对动态演变的、高度复杂的、具有大规模多尺度特征的、以人为中心的自然环境，开展多维动态实时可视化技术研究。同时，融合物联网技术（视频、图像、无线传感网、无线射频识别、导航定位系统等），面向从传感器到用户的实时、动态和交互的全方位信息流，以高效的系统平台处理支撑实现可视化分析和地理知识展现。

2019 年末开始，影响全球的新冠肺炎（COVID－19）疫情的发展态势就是时空动态可视化的一个典型案例。该病毒特征与任何其他已知的病毒不符，因此也无法认知新病毒如何影响人类，在此情况下，制作一幅与疫情相关的舆图显得极为重要和迫切。开源的全球地图平台 Mapbox 发布了 COVID－19 疫情动态地图。以城市为单位，结合国家病例基本数据，使用了自定义的全球地形图作为底图之一，配以时间轴和数值曲线的热力分布地图，形象地展示了全球疫情的发展变化[22]。图 1－4 提供了热力图、柱状图、图例、表格、时序等多种展示形式，通过疫情动态图对数据可视化，能够让人们愈发透明和真实地感受疫情数据的变化。

1.2.4　发展新一代地理信息系统软件

GIS 在过去几十年里经历了辅助地图制图、地理数据管理、地理信息服务等三个主要时代。在取得长足进步的同时，资源、环境、生态的调查、评价和城市发展管理等以数据/信息服务为中心的传统领域应用进一步拓展，卫生健康、公共

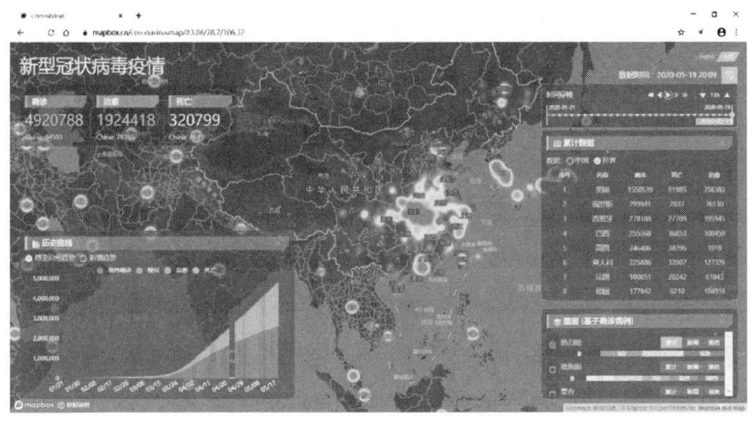

图 1-4 Mapbox 发布的新冠肺炎疫情动态地图

安全、政治经济与生态文明建设等以关联分析为中心的地理知识服务成为新的增长点。然而,传统 GIS 强调单纯的自然地理环境建模,来形式化表达自然地理环境要素、分析地理现象空间分布、动态演化、解释地理过程机理,缺乏对复杂地理环境中的多元化数据进行关联分析和建模,难以满足地理信息按需智能化服务需求,成为了阻碍地理信息社会化服务发展的瓶颈难题。随着空间信息体量的增加、空间分析模型的精化以及空间信息服务模式和内容的转变,现有的 GIS 软件系统体系结构和技术无论是在数据存储、计算分析、地图表达,还是在对用户的服务支持程度上均显现出明显的不足,无法满足海量空间数据、复杂空间计算和高并发访问的要求。

随着近年来地理信息产业迅速兴起和高速增长,科学发展、国家安全、经济发展以及民生改善等领域的多样化需求,迫切要求地理空间信息领域提出适合时空信息特征、灵活展现和动态扩展的新型服务模式,从而推动地理信息开发利用的技术革新。在此背景下,新型的 GIS 应该面向下一代互联网、物联网、云计算等基础环境,具备时空大数据的分布式存储管理能力、高性能分析计算能力、移动互联网环境下地理空间数据的二三维一体化分析与展示能力,支持与导航定位的融合服务,满足地理信息知识服务需求,即进入新一代地理信息系统软件发展阶段。因此,必须研究新型 GIS 软件平台体系结构来适应地理信息服务发展需求,解决地理信息深层次应用的要求,推进地理信息系统研发来支撑在地理信息领域核心基础软件的突破。

地理信息产业是以现代测绘和地理信息系统、遥感、卫星导航定位等技术为基础,以地理信息开发利用为核心,从事地理信息获取、处理、应用的高技术服务业。随着近年来地理信息产业迅速兴起并保持高速增长,这一战略性新兴产业在我国经济社会发展中的作用日益显现。

我国目前有上万家以从事地理信息相关业务为主营业务的企业,但是缺少“产-学-研-用”一体的规模化企业。同时,地理信息企业同质化现象较为明显,缺乏原始创新产品,产品差异化不明显。地理信息软硬件产品仍以国内市场为主,在国际市场中的份额较低。

2014 年 1 月 22 日,国务院办公厅印发《关于促进地理信息产业发展的意见》。文件内容分为七部分:充分认识发展地理信息产业的重大意义、总体要求、推动重点领域快速发展、优化产业发展环境、推进科技创新和对外合作、加强财税金融支持、健全产业发展保障体系。认为要从五方面推动重点领域快速发展,包括提升遥感数据获取和处理能力,振兴地理信息装备制造,提高地理信息软件研发和产业化水平,发展地理信息与导航定位融合服务,以及促进地理信息深层次应用。这些国家层面的战略宏观决策,都体现了整个地理信息产业发展的广阔空间,而作为这个产业的核心软件,高性能 GIS 软件也应该加速向应用的转化。

随着我国改革开放和社会经济发展的深入推进,新型城镇化、资源可持续利用与环境保护、公共信息服务和信息消费、文化与旅游、宜居环境建设、国家(国防)空间信息安全、新农村和区域生态文明建设等方面,无论是面向公众服务还是面向行业支撑,都与地理信息密切相关,如何更好地进行数据管理、空间分析和地理信息可视化,如何进一步推动地理信息产业化,都需要高性能 GIS 软件提供核心技术支撑。具体体现在以下方面:

(1) 进一步提高海量时空数据的处理能力和决策支持能力,突破核心技术瓶颈。

在信息时代,绝大部分决策数据与空间位置相关,如防灾减灾、资源环境的分析、评价、规划、保护、利用以及区域经济的协调发展等。必须突破传统方法技术瓶颈,完成大规模的数据处理和决策支持,解决空间大数据组织管理、海量时空数据的实时处理和空间数据快速可视化等核心技术问题。

(2) 建立地理信息系统软件生态系统,形成一个创新研发平台。

通过为国产 GIS 软件的发展提供创新体系支撑,推动国产 GIS 软件产业中数据供应、基础算法、可视化服务、应用终端等技术和产品的创新发展。GIS 技术创新平台的形成,将减少重复投资,提升国产 GIS 软件核心竞争力,促进我国 GIS 技术与产业的发展。

(3) 建立具有自主知识产权的地理信息系统软件,提高我国地理信息的安全性。

目前,国外 GIS 产品在国内地理信息市场中仍然占据重要份额,甚至一些军事、政府等要害部门也严重依赖国外产品。而 2020 年 1 月,美国政府发布了更新的《出口管制条例》,将“地理空间图像自动分析软件”列入管制范围,限制地理空间信息、人工智能等高技术输出。发展自主地理信息系统软件技术,将加强我国地理空间信息资源的安全保障。

1.3 高性能地理信息系统的发展

地理信息系统的发展经历了 20 世纪七八十年代的以信息系统技术为主体的个人机时代、20 世纪末的以地理信息科学为主体的服务器时代、21 世纪初以地理信息服务为主体的互联网时代,以及今天的以地理信息知识为主体的大数据和云 GIS 时代。50 多年的快速发展,使地理信息系统在技术规范标准、高性能空间分析和计算、海量空间数据可视化表达、地理应用服务等方面均取得了长足的进展,成为现代信息社会的重要组成部分,并将在空间大数据和云计算的时代潮流中接受新的挑战。

GIS 的核心技术包括数据管理、分析计算、可视化和服务。传统的 GIS 以静态数据为主,采用组件式功能计算,按照功能组件进行分析计算,可视化以静态地图为主,服务根据应用需求定制。而高性能的 GIS 能够管理时空大数据,实现按需计算、感知地图和多元服务。目标是形成地理知识,建立高性能计算工具仓库,实现精细场景描述和动态地图,通过服务网络接入智能终端。

1.3.1 地理信息系统的发展

地理信息系统软件已广泛应用于空间问题求解和空间决策支持中,成为地理空间领域的重要工具,并已拓展到资源环境、公共卫生、城市规划、灾难预防、应急响应等众多应用领域中。地理信息系统的缩写“GIS”从 20 世纪 90 年代以来,随着硬件技术的发展,软件模式的变化和应用需求的牵引,其内涵在不断地发生演化。

纵观 GIS 软件技术的演变历程(图 1-5),GIS 软件发展与计算机领域相关技术息息相关。在 GIS 发展的早期阶段,由于受到技术的限制,GIS 软件往往是只能满足于某些功能要求的一些模块,没有形成完整的系统,各模块之间不具备协同工作的能力。随着理论和技术的发展,各种 GIS 模块逐步形成大型的 GIS 软件包,被称为集成式 GIS(Integrated GIS)。如美国 ESRI(Environmental Systems Research Institute)公司的 Arc/Info、Genasys 的 GenaMap 等均为集成式 GIS 的典型代表。集成式 GIS 虽然能集成 GIS 的各项功能,形成独立完整的系统,但难以与其他应用系统集成。随后出现的模块化 GIS(Modular GIS),是将 GIS 按照功能划分为一系列模块,尽管许多集成式 GIS 软件也可以划分为几个模块,但模块化 GIS 软件的模块被有目的地划分得更细,其代表软件如 Intergraph 的 MGE。无论是集成式 GIS 还是模块化 GIS 都很难与管理信息系统(MIS)以及专业应用模型集成高效、无缝的 GIS 应用。为解决这些缺点,核心式 GIS(Core GIS)的概念被提出。核心式 GIS 被设计为操作系统的基本扩展,通过应用程序接口(API)访问内核所提供的 GIS 功能,为 GIS 与 MIS 的无缝集成提供了全新的解决思路。但是核心式 GIS 提供的组件过于底层,开发难,用户难掌握,因此没有形成完整、成熟的核心式商业软件。这一时期的 GIS 主要运行于桌面计算机,关注于电子地图的制作、地图管理和空间分析等核心功能,大致可以归类为第一代功能 GIS。

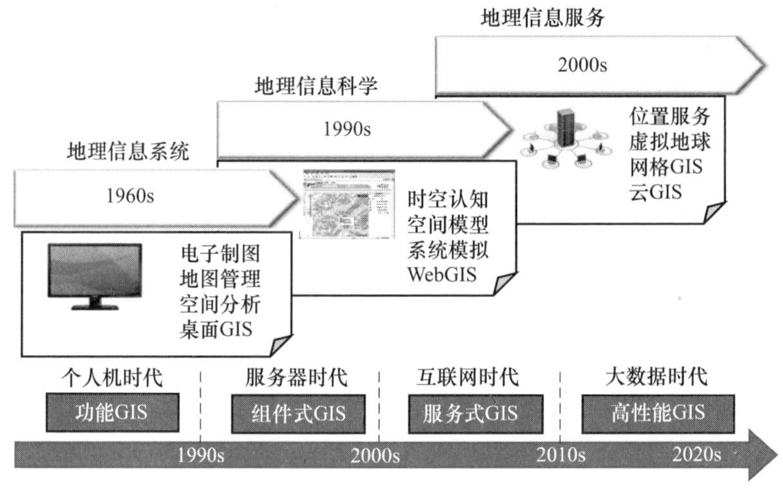

图 1-5　GIS 内涵的演化

GIS 软件的技术体系在经历了功能 GIS 阶段后,发展到第二代组件式 GIS(Component GIS)。组件式 GIS 是面向对象技术和构件式软件技术在 GIS 软件开发中的应用,其代表软件产品如武大吉奥信息技术有限公司的 GeoStar 5.0 系列组件式 GIS、北京超图地理信息技术有限公司的 SuperMap 2000 全组件式 GIS、中地数码集团的 MapGIS K9、ESRI 公司组件产品 ArcObject。基于标准组件技术实现的 GIS 组件具有标准的接口,其可配置性、可扩展性和开放性更强,使用更灵活,二次开发更方便。组件式 GIS 在很大程度上推动 GIS 软件的系统集成化和应用大众化,同时很好地适应了网络技术的发展,可以成为运行于 Web 上的 GIS 解决方案。比组件式 GIS 稍晚出现的 Web GIS 是 Internet 技术与 GIS 相结合的产物。在互联网的任一节点,用户可以浏览 Web GIS 站点中的空间数据、制作专题图，进行各种空间检索和空间分析。这个时期，“GIS”的含义主要理解为“地理信息系统”。

第三代服务式 GIS（Service GIS）脱胎于组件式 GIS 和 Web GIS，在组件式 GIS 功能强大的组件群基础上，依托 Web GIS 技术架构，Service GIS 采用面向服务的软件工程方法，把 GIS 的全部功能封装为 Web 服务，从而实现了被多种客户端跨平台、跨网络、跨语言的调用，并具备了服务聚合能力以集成来自其他服务器发布的 GIS 服务。Service GIS 远远超越了 Web GIS 时代的功能，不再以 Web 为其单一客户端与表现界面，而是将其客户端延伸到了 GIS 桌面软件、移动终端甚至于传统的 GIS 组件。这时，人们能够更加充分地对现实世界进行时空认知和过程模拟，“GIS”的含义发展为“地理信息科学”。

继传统互联网之后，网格技术掀起了第三次网络技术革命。网格技术旨在将整个因特网整合成一台巨大的超级计算机，实现各种资源的全面共享，消除资源孤岛。网格 GIS 通过集成网格计算（Grid Computing）的各种资源、用户、任务等管理，实现地理信息系统模块的智能管理与调用，并由其资源共享功能实现 GIS 功能的更大范围的共享，达到减少信息孤岛的目的。随着分布式计算（Distributed Computing）、并行计算（Parallel Computing）和网格计算的技术越来越成熟，在此基础上进一步发展出云计算（Cloud Computing）。云计算是能够提供动态资源池、虚拟化和高可用性的下一代计算平台的核心技术，其与地理信息系统的结合构成了云 GIS[23]，如 ESRI 的 GIS 云计算平台 ArcGIS Online。云 GIS 平台软件技术不像组件式 GIS 或服务式 GIS 那样是一种 GIS 的软件形态，而是体现在多种产品形态中的一群关键技术。云 GIS 解决方案也是由贯穿了这些关键技术的多种 GIS 软件形态集合起来，再加上云服务的计算模式和商业模式构建的。“地理信息服务”成为了“GIS”新的语义。

大数据时代的到来给传统的 GIS 软件在海量数据处理和复杂的分析、建模等方面带来了巨大的挑战。如表 1-2 所示，GIS 软件经历了第一代单机单用户全封闭结构的时代，第二代多机多用户、引用商用数据库管理属性数据的时代，随后是互联网时代以网络服务为中心的第三代，目前正在进入以知识为中心，注重时空大数据分析和挖掘的新一代 GIS 软件发展阶段，亟待实现分布式一体化存储、网络在线分析与共享、高性能计算和三维、时序处理等重大突破。

表 1-2　不同时代地理信息系统技术对比

比较	第一代 GIS	第二代 GIS	第三代 GIS	新一代 GIS
核心	以功能为中心	以系统为中心	以服务为中心	以知识为中心
架构	单机单用户	多机多用户	网络服务	分布式协同

（续）

比较	第一代 GIS	第二代 GIS	第三代 GIS	新一代 GIS
数据管理	文件	文件 + 数据库	属性空间一体化管理	分布式时空大数据一体化管理
分析处理	桌面串行计算	服务器计算	分布式处理	分布式并行处理
应用开发	有限支持	二次开发能力有所增强	提供数据和处理服务	在线分析和共享

1.3.2 时空大数据管理技术进展

传感网技术的发展,使得采集数据的空间分辨率和时间分辨率显著提高,导致所获取的数据规模成指数级快速上升,给存储和处理都带来了巨大的压力。时空大数据的分布式管理是分布式处理、维护与共享的基础,也是未来发展的必然趋势。

1. 分布式时空数据组织模型

传统 GIS 面向刚性、静态对象的空间数据模型及描述技术,缺乏实时与动态的数据表达,难以支持传感器信息的多维、动态特性和时空过程模拟,迫切需要消除传统 GIS 方法空间和真实地理空间及人们认识空间之间不一致的矛盾,突破地理空间特征与语义统一表达难题,建立统一的时空数据模型。

同时针对时空大数据,传统的关系型数据库系统如 Oracle、SQL Server 等只能满足关系型数据的存储需求,尚无法满足半结构化和非结构化数据的存储需求。针对海量时空大数据管理的灵活性和可扩展性问题,一类新型的基于键值对(Key - value)的数据模型逐渐成为了近年来的研究热点[13]。与关系数据模型不同,基于键值对的数据模型不要求数据文件遵循特定的数据纲要定义,而是将大规模的数据集视为键值对的集合[24]。基于这种数据模型的数据存储和管理系统(包括 Google 公司开发的 Bigtable 系统和亚马逊开发的 Dynamo 系统),为更加灵活地组织海量异构数据以及适应数据格式的快速多变提供了基础[25]。其中,Bigtable 系统维护了一个稀疏的、分布式的、多维排序的映射数据结构:面向列的数据模型,能够让各种应用通过多个数据属性对数据进行访问。Google 发表了技术论文后,2006 年 Hadoop 实现了开源版本。Dynamo 系统采用键值对模型,利用分布式哈希存储架构将键值对扩展为大规模分布式存储系统,从而为非结构化数据的存储和管理提供了一个可靠、高效和可扩展的平台。与 Bigtable 系统相比,Dynamo 系统更加侧重于非结构化数据的高可用性和高效访问,而并不直接提供数据库系统中的复杂查询功能。

Apache 开源项目 Cassandra 致力于研发一个结合 Dynamo 高效可扩展性和

Bigtable 数据模型的新一代分布式数据存储和管理系统,数据模型与 Bigtable 类似。但是,相对于查询功能完善的关系数据库管理系统而言,Cassandra 实际上对数据库中原有的操作,如集合运算、联结、视图和索引等的优点尚未体现。ScyllaDB 是用 C + + 重写的 Cassandra,其官网宣称其拥有比 Cassandra 多 10 倍的吞吐量,并且降低了延迟,号称是世界上最快的列存储数据库。

2. 分布式时空大数据存储与管理

对于海量空间数据的存储、组织、管理,过去主要依赖于传统关系型数据库,直接使用或者在其上构建海量空间数据存储管理系统,例如直接使用 Oracle Spatial,或通过在其之上的空间数据引擎中间件实现空间数据的管理,代表性的产品有 ESRI 的 ArcSDE,MapInfo 的 SpatialWare 等。关系数据库在传统 GIS 领域中具有重要作用,但随着空间数据精度的不断提高和获取方法的逐渐多样化,面对动辄以 TB,甚至 PB 计的数据,基于关系型数据库的空间数据库对时空大数据进行高速、有效计算与分析面临着瓶颈,并且关系数据库的一些优势在空间数据库领域显得多余,甚至是性能损耗的关键。

空间数据分布式管理是分布式处理、维护与共享的基础,分布式空间数据管理是空间数据管理发展的必然趋势。分布式数据库的一个重要发展方向是分布式非关系数据库(NoSQL)。基于海量数据的分布式非关系数据库平台的突出特点是将分布式数据库与非关系数据库进行融合,用以存储和管理海量数据信息。从 2007 年到现在,先后出现了十多种比较流行的开源 NoSQL 数据库产品,主要分类见表 1 - 3。NoSQL 数据库是非关系型数据存储的广义定义,它打破了长久以来关系型数据库与 ACID 理论大一统的局面。

表 1 - 3　典型 NoSQL 数据库存储系统

存储模型	典型代表
面向列存储	Hbase、Cassandra、Scylladb
面向文档存储	MongoDB、CouchDB
面向键值对存储	Tokyo Cabinet/Tyrant、Berkeley DB、MemcacheDB、Redis
面向图存储	Neo4J、FlockDB

随着云技术的产生和发展,国内外学者进行了弹性云存储环境下海量空间数据存储与管理尝试。例如在 PC 集群环境下构建通用的分布式文件系统实现对全球海量遥感影像数据的层次化组织和分布式组织,使用分布式 NoSQL(Hadoop HBase、MongoDB)来实现影像金字塔数据、矢量要素数据的管理和索引。在产业界,IBM、Oracle、Microsoft、Google、Amazon、Facebook 等跨国巨头是发展大数据处理技术的主要推动者。Google 用 GFS(Google File System)存储非结构化

数据，Bigtable 以 GFS 为基础来存储半结构化数据或结构化数据，这种存储方案已经用在 Google 内部多个项目中，用 Bigtable 存储 Google Analytics、Google Finance 和 Google Earth 等项目的大数据。HP 通过 Store All 存储来解决非结构化的大数据存储问题，该存储可在单一命名空间内同时支持文件存储和对象存储，总的数据量可达 16PB。

3. 时空大数据索引

空间索引是解决海量数据快速检索、查询和访问的重要手段。受计算机硬件的制约，早期 GIS 空间索引的研究主要面向串行索引，如 K－D 树、K－D－B 树、R 树、四叉树、格网索引等。经过几十年的发展，其中许多索引已成功应用于商业软件中，如 ArcGIS 采用格网索引作为其主要索引方法，而 Oracle 则使用四叉树和 R 树混合索引。然而串行空间索引的性能提升有一定的极限，通过改善算法提升串行空间索引的性能难以满足复杂地理计算的海量数据检索需求。

高效的时空索引是分布式数据库的挑战之一。空间查询依赖空间索引、空间查询优化和空间连接算法等。局部集中式的空间索引已有不少研究成果，全局空间索引主要解决全局空间查询需要发送到哪些局部数据库，一般根据全局数据字典中的描述信息来建立，可以使用 Peano Keys 或 R 树来解决。空间查询优化主要调整空间查询算法的执行步骤来降低执行时间，空间连接是影响空间查询效率的重要操作，这些方面已有不少研究成果。然而，目前支持的空间数据库系统中，分布式空间查询还不完善。例如，在 Oracle Spatial 中，不支持客户端通过 DBLink 链接显示、更新跨远程空间数据库服务器的空间几何对象数据；不支持客户端通过 DBLink 跨服务器的空间关系和空间算子操作。HBase 中提供的 GeoHash 算法，能够解决点对象的空间检索问题，但 NoSQL 数据库中 key－value 的存储模式导致 GeoHash 无法处理 GIS 中最常用的根据空间范围查询问题。到目前为止，还没有成熟商用的分布式异构空间数据库系统。传统分布式数据的并发控制、数据恢复与安全等问题已有较成熟的研究成果。空间数据库中事务往往是“长事务”，因此空间数据库的并发控制具有特殊要求，通常通过版本管理机制实现多用户并发控制。在分布式空间数据库中，多用户并发控制更加复杂，例如空间数据横向分布时，边界处的分布式协同编辑就是典型的该类问题，这方面的研究还不多。

多核、集群和分布式计算等硬件及理论的发展，为空间索引并行化提高了发展契机，许多索引研究者转向并行空间索引的探索。根据所采用的并行策略，并行 R 树索引的研究可分为 I/O 并行化和计算并行化两类。前者有 MXR－Rtree、PML－Tree、MR－Tree 索引，主要通过划分相似实体（如空间邻近）至不同存储节点，设计 R 树各级节点的存放位置，优化 I/O 磁盘的访问，提高 I/O 的并行化效率。后者有 GPR－tree、基于分布式共享内存的并行 R 树索引、Upgraded Parallel R－tree、HCMPR－tree，主要围绕 R 树搜索产生多重路径设计，通过 R 树分解为各子树或维护 R 树副本，将子树或副本映射至各计算节点，以减少检索系统对根节点的依赖。第一种方法核心在于数据的划分，第二种方法在 R 子树分割或副本维护方面还有许多待改进的地方。

时空大数据的管理目前还面临着数据类型繁多、高效索引、高并发访问等挑战，需要应对海量动态实时数据管理中索引实时构建、存储分布式扩展、性能弹性伸缩等需求。

1.3.3 高性能地理计算技术

作为 GIS 的三大基础之一，位于核心技术地位的地理计算的发展一直落后于后台空间数据库和前端地图可视化的发展。地理计算的目的是借助计算科学的发展，利用丰富的地学时空数据对复杂地理问题进行求解。从 GIS 出现之日起，研究者就不断地在地理计算方面进行探索工作，形成了不少针对简单过程及低维时空数据处理的分析计算方法和工具（如 GIS 的投影变换、矢量、栅格运算等基础地理计算和作为 GIS 高级地理计算的各种空间分析算法），但现有 GIS 缺乏面向复杂地理过程的模拟和情景分析工具，串行计算模式下的地理计算算法及工具远不足以完成对复杂地理过程的模拟和情景分析，阻碍着从以空间数据存储、管理与访问为核心的传统 GIS 向以海量数据空间分析和决策支持为核心的新型 GIS 的发展进程。因此学术界一直将地理计算作为地理信息的研究前沿。

“地理计算”国际会议自 1996 年召开以来，到 2021 年已经召开了 16 届。地理计算迅速发展，形成了一个庞大的研究体系，主要包括基础技术支撑与空间数据处理方法、应用技术和相关系统建设、智能地理计算等。地理计算正逐渐发展为高性能地理计算[1]，以实现复杂地理过程模拟和情景分析。

1. 并行计算集群技术

近年来高性能计算的应用得到了快速发展，而且高性能计算机出现了一些新的发展态势，根据最新的 TOP500 HPC 排行榜，并行计算集群成为主要的体系架构。面向高性能计算的集群一般采用 Beowulf 集群架构，服务节点控制终端节点进行运算。集群节点是完整的计算机系统，普遍采用多核处理器。典型应用有 Google、Yahoo、Facebook 等。在集群操作系统方面，基于工业标准服务器的 Linux 集群成为高端 HPC 领域的主流产品；在集群机器形态上，刀片服务器呈现快速增长的态势。

Linux Beowulf 集群使用个人计算机构建并行计算机集群,已经广泛用于科学计算领域。Beowulf 集群通常包括一个(若是较大集群可能有多个)服务节点和多个终端节点,服务节点控制终端节点进行运算。从外部看,Beowulf 集群就是一台超级计算机。由于 Beowulf 集群伸缩性良好,使得 Beowulf 集群具有良好的前景。Google 和 Microsoft 都在其基础上发展出了自己的集群系统以处理互联网上的海量数据。

2. 多核处理器技术

处理器的发展已经迈向多核处理器(Chip Multi - Processor,CMP),多核处理器提供了高性价比的技术,为运行计算需求量更大的软件提供足够的性能。目前从个人计算机到服务器,基本上都采用了多核处理器,2 核和 4 核处理器已经普及,而且处理器核心数量正在不断增加。与传统的对称多处理器(Symmetrical Multi - Processor,SMP)系统相比,由于芯片内的通信速度大大高于芯片间的通信速度,CMP 并行效率远高于传统的 SMP 系统。在软件体系结构方面,虽然处理器体系结构已经全面支持多线程执行,但由于大部分软件基于单线程模式运行,系统移植到多核处理器后,并不能充分利用多核处理器的计算优势,导致硬件资源被浪费。Intel 公司指出,如果只有单纯多核处理器架构,没有相应的多线程软件支持,还无法真正发挥多核处理器的性能和功能优势,而与多核处理器搭配的并行化软件是必不可少的组成部分。只有提高程序执行过程中的并行性,才能充分利用多核处理器带来的性能优势。地理计算是典型的计算密集型软件,针对多核处理器研发地理计算模型和算法尤为必需和迫切。目前多核处理器已成功应用于图像处理等领域,还很少大规模应用于复杂地理计算和地理过程模拟等方面。

与 CPU 相比,图形处理器(Graphic Processing Unit,GPU)能够同时创建大量线程和并行数据缓存来提高计算密集型运算的速度,从而快速并行地完成能够分解为计算密集、功能单一运算的复杂计算任务。GPU 编程目前有 OpenGL 和 DirectX 两大主流 API。若要将算法转换为程序在 GPU 上运行,必须将它们转化为调用 OpenGL 和 DirectX 的程序。NVIDIA 提出了一种新的 GPU 通用编程模型 CUDA(Compute Unified Device Architecture),CUDA 使用大量线程和并行数据缓存以提高计算密集型运算的速度。PCI 公司 Prolines Geoimaging Server 系统就是基于 GPU/CUDA 技术实现,能够每天自动正射投影纠正 3TB(大约相当于整个欧洲的数据量)影像图,并计划使其处理的数据量达到 11TB。在空间数据库领域也有研究提出基于 GPU 进行复杂空间对象的硬件过滤技术,采用双线程框架执行数据检索、MRB 过滤、Polygon 点测试、Polygon 渲染和最大最小值测试 4 个步骤。主线程由 CPU 执行,用于数据检索和初始化的过滤测试;图形线程由

GPU 运行,执行 OpenGL 的初始化和硬件测试,从而提高空间查询的效率。

现有多核 GPU 在可视化方面的应用研究主要分为三大类。第一类是利用 GPU 去解决复杂的计算量所带来的问题,并更好地扩展该计算使之成为未来可视化系统计算的引擎 GPU。这类研究方法将可视化问题分解为某些通用的计算并将这些通用计算算法迁移至 GPU。第二类研究重点是利用 GPU 的专用图形绘制特性进行可视化图像的生成,例如使用浮点合成的 GPU 硬件特性,混合半透明的采样图像并合成最终图像。第三类研究是以 GPU 为核心,建设一个基于 GPU 的可视化开放源码库,如研究可视化中关键的基于 GPU 的等值面提取算法,以及基于 GPU 硬件的 Maching Cube、光线投射等广泛应用的可视化算法库。多核 GPU 技术在地理信息高效可视化领域具有广阔的应用前景。

3. 并行计算模型和环境

要充分发挥并行集群和多核处理器的效能,需要并行计算模型和环境将复杂计算任务协调地划分到不同的集群节点及其处理器上。主要的并行计算模型有高性能计算 MPI、Google 的 MapReduce、微软的 Dryad、开源的 Spark 等;以 POSIX threads、Windows 线程编程和 OpenMP 为代表的并行模型侧重于考虑共享内存访问冲突问题,面向领域问题的并行模型包括 Skeleton、Pattern - Based Parallel Programming 等;Twitter 的 Storm、Yahoo 的 S4 则是典型的面向流式数据计算架构,数据在任务拓扑中被计算,并输出有价值的信息。这些并行模型都是独立在处理器上并行处理,没有考虑节点间和节点内的混合并行。典型的并行计算模型对比如表 1 - 4 所示。复杂地理计算需要研究节点间、处理器间和处理器内的混合并行,需要研发新的并行计算模型,并在新的并行计算模型下研究高通量地理计算、高性能地理计算等不同类型复杂地理计算的并行优化。

表 1 - 4　典型并行计算模型对比

比较项	MPI	MapReduce	Dryad
部署方式	计算与存储分开部署（数据移动到计算节点）	计算和存储部署在同一节点（计算靠近数据）	计算和数据部署在同一节点（计算靠近数据）
资源调度	Torque、Maui	Workqueue(Google)、HOD(Yahoo!)	Work stealing 算法
底层接口	MPI API	MapReduce API	Dryad API
高级接口	无	Pig、Hive、Jaql 等	Scope、Dryad LINQ
数据存储	本地文件系统、NFS 等	GFS(Google)、HDFS(Hadoop)、KFS、Amazon S3 等	NTFS、Cosmos DFS
任务划分	手动进行任务划分	自动化	自动化

（续）

比较项	MPI	MapReduce	Dryad
通信	消息传递、远端内存访问	Files（Local FS、DFS）	Files、TCP Pipes、shared - memory FIFOs
容错	Checkpoint	任务重做	任务重做

为提高并行计算平台上的并行软件开发效率，目前出现了一些以提高 HPC 并行软件效率和生产率为目标的并行语言，如 UPC、Chapel、Fortress、X10 等。

4. 地理计算并行算法

从近些年发展的总体来看，地学算法的多级并行化是发展高性能地理计算的主要内容之一。当前研究者所考虑的地学算法并行化主要有单机多核并行、GPU 与 CPU 混合并行和多节点集群并行等形式。从并行化算法的内容看，主要是将传统的矢量空间索引、经典矢量算法和栅格算法、网络分析算法等发展成为可并行化的算法。

空间索引并行化是解决海量地学数据快速检索、查询和访问的重要基础。并行空间索引算法的应用可以极大减少检索访问时间，为后续地学计算效率的提升提供高效的数据访问机制。

高性能地理计算并行算法研究的主要内容可以分为相互关联的两方面，即计算体系的构建和并行计算策略的研究。前者主要涉及针对不同的地学计算特点和应用需求来构建数据存储与访问、资源管理与调度、算法执行和监控等计算构架和管理体系。此方面的内容通常是结合地学计算的特点并借鉴集群计算的通用模式来进行定制和改进。并行地学计算策略研究的主要目的是将地学算法改造为适合并行计算体系的高性能计算方法。计算任务分解的思路是当前大多数研究所采用的基本思想，分解策略主要包含诸如按照空间数据量的划分、按照空间位置的邻域划分以及混合划分等。针对不同的地学算法，其划分策略也不尽相同，在数据量均衡的基础上，往往还需要考虑计算节点、进程之间通信与数据交换的代价和调度的复杂性。

5. 大规模分布式计算技术

大规模分布式计算侧重于强调数据、运算任务的多节点配置及协同计算能力，以形成新型科研支撑环境。为实现大规模计算资源、数据资源、设备资源的分布式协作，网格计算成为了计算机科学发展的热点。从现行技术研究特点来看，网格计算是一个一致、开放、标准的计算环境的信息基础设施，支持地理上广泛分布的高性能计算资源、大容量数据和信息存储资源、高速处理和获取系统、软件和应用系统以及人员等各种资源的聚合。目前，在网格计算系统层面上，若干面向科学计算的超大规模网格计算计划已经启动建设，如欧洲 EGEE（Enabling Grids for E－sciencE)、美国 OSG(Open Science Grid)等，通过高速网络实现大规模计算资源、数据资源、设备资源的分布式协作。基于这些超大规模网格计算系统，在 E－Science(欧洲)或 CyberInfrastructure(美国)的理念下正在发展跨地域、跨学科的大规模协作科研环境，即大规模的科研设备资源、数据资源和知识资源等的协同和创新环境。

为满足不同用户对于软硬件资源的多样性、伸缩性计算服务需求，近年来发展出云计算，云计算是分布式处理、并行处理和网格计算的发展，或者说是这些计算机科学概念的商业实现。目前，在云计算系统层面上已发展出大规模云计算中心(如 Microsoft Azure、Google Application Engine、Amazon Cloud Platform 等)，通过形成公共云计算解决方案平台开发维护 Portable、Scalable 的应用软件，服务于超大规模用户访问(亿人次)对资源伸缩性的需求以及大规模企业信息设施的外包需求。在云计算技术层面上，通过虚拟化技术实现多种资源的高效管理(如 Virtual Machines、Virtual Clusters、Virtual Storage 和 Virtual network)，满足外部用户对计算资源的多样性、伸缩性需求，目前并行超级计算机的虚拟化是正在发展的重点研究领域。

1.3.4 面向时空大数据的制图与可视化

时空大数据的制图与可视化，是在对时空大数据进行分析和处理的基础上，将时空数据分析结果转化为直观的图形、图像，对于动态、形象、多视角、全方位和多层面描述客观现实，以及虚拟化研究、再现和预测地学现象都有重要意义。然而，在大数据时代，这显然是一个挑战[26]。当前的地理信息系统主要是处理数字式的地图，大部分是二维地图或静态的三维显示。在科学研究中，用户往往不仅对传统的静态地图、电子地图感兴趣，更需要对地理现象的演化过程进行可视化和动态分析、动态模拟。交互式、探索式的可视化环境本身也成为大数据分析过程的一部分。目前主要的发展包括且不局限于如下内容：

1. 地图自适应可视化

地图可视化隶属于更为广阔的信息可视化领域，给受众的视觉信息并不是内容越多细节越丰富就越好，过多的信息往往会淹没主体信息，同时增加受众不必要的视觉认知负担。因此，最终呈现给用户的可视化效果一定是根据用户需求经过加工、处理、过滤、提炼后的信息。地图自适应可视化需要在合适的时间、合适的场所、向正确的人提供所需的地理相关信息。

地图自适应可视化可定义为电子地图或地理信息可视化系统能够根据用户的需求或兴趣(如地图交互方式、显示设备规格、用户环境上下文、地图使用目的等)自动地改变其本身的特性(要素选取、表达方式、内容详略、细节层次、配色方案、符号配置等),以提高受众的地理信息认知效果。地图自适应可视化的关键是建立用户驱动机制,实现用户和信息服务的显式联系,自适应的实现机制根据自动化和智能程度划分为用户自定义、预定自适应模版、实时在线自适应、智能推荐以及多种模式的结合等方式。

与传统的地图可视化相比,自适应可视化将地图制作由数据驱动转变为用户驱动,同时将地图的功能由空间信息可视化发展为空间知识可视化。地图自适应可视化的发展方向体现在两个方面:一是地图制作数据资源的自适应加工处理,二是地图受众用户的自适应服务。前者包括多源异构、多尺度、多形式地图数据的智能化处理、适应可视化表达的数据集成匹配与变换。后者体现在针对不同用户群在地图内容、形式、应用环境方面能够因人而异、量体裁衣地输出地图服务,彰显以人为本的特点。地图自适应可视化的应用种类繁多,因此研究通常针对某一种或几种类型进行。在地图自适应可视化的概念框架中,计算机领域的自适应用户界面也纳入研究范畴,提高人机交互操作自适应能力,降低软件交互时的认知负荷。

地图自适应可视化目标是以人为本和"个性化"实时服务,当前技术尤其是移动互联网、智能手机、传感器网络和泛在计算的发展为地图自适应可视化从理论走向实践提供了丰富的现实基础。未来,用户模型依然是研究的重点,对用户的需求进行分类、聚类、匹配,需要通过地图应用受众分析、地图认知实验等方法获得用户的分类。用户需求获取方式可通过用户设定、交互学习(统计分析用户的地图交互操作方式,建立同类用户群体)、基于阅读环境传感器的主动感知。技术方面,实时在线制图综合算法、与多种载体相匹配的地图可视化方法、地图设计模版的用户匹配技术、针对地图阅读分析的感应器技术,以及三维印刷和大数据的地图表达等亟待解决。

2. 大规模复杂时空数据真实感可视化

真实感可视化指的是通过用计算机描述场景中物体间的相对位置关系、相互遮挡关系以及物体自身的纹理颜色、外观形状与内部细节等信息,从而转换成人的视觉可感受的与现实对应的真实场景,实现辅助或提高人类对地理世界现象与规律的认识与理解。时空数据的真实感可视化在地理信息系统、战场模拟、飞行和地面驾驶模拟等领域都有着重要和广泛的应用。大规模复杂时空数据真实感可视化强调实时性、低延迟、稳定的图像质量和逼真的场景效果。但对一个复杂的时空场景来说,其不仅包含三维地形数据,还包含很多实体的几何结构和形态描述,以及地理现象与过程的动态反演与预测,随着逼真度的提高,图形的实时绘制工作量将显著增加。场景的复杂性与实时绘制之间的矛盾一直是真实感可视化研究的核心问题。提高真实感三维图形可视化效率的途径主要有简化场景细节层次、图形硬件加速和并行绘制等。

在大范围地形景观的实时可视化方面，较好地解决了漫游过程中不同层次细节模型(Level of Detail，LOD)拼接和变换过程中的裂缝与突跳等关键问题，视点相关的LOD技术已经相对成熟并被普遍采用。近年来，有研究针对海量复杂三维城市模型的实时可视化难题，提出了基于感知测度的细节层次定量化分析和复杂建筑物实体模型综合简化的数学形态学方法、三维景观中大规模矢量数据的高效简化与视点相关的可视化方法、面向大规模车载激光扫描点云的自适应可视化方法，以及兼顾几何与纹理简化的三维城市建筑物模型高效可视化方法等。有研究针对大型建筑内部导航和应急响应需要，建立了一种表达建筑内部结构和路径的多层次节点模型，并发展了兼顾室内拓扑和行为的疏散规划方法。

随着计算机硬件和高性能计算技术的发展，GPU加速的并行计算和LOD技术在复杂空间环境和时空过程模拟的真实感可视化方面也取得了一定突破。随着时空信息的规模不断扩大，数据的可视化处理对计算性能的需求也不断提升。GPGPU(图形处理器通用计算)的兴起，使多核并行计算得到广泛的关注。多核CPU与多核GPU的协同计算环境提供高效性的同时也造成了计算环境的异构复杂性，这也为复杂时空数据的可视化带来了机遇和挑战。

3. 虚拟地理环境

虚拟地理环境是现实世界在计算机中的一种并行映射，并提供超越现实的多维动态表达、交互操纵和可视化探索能力。如果说地图、GIS是地理学的第二代、第三代语言，那么，虚拟地理环境被认为是地理学的新一代语言。作为地理学语言与空间认知探索的最新发展工具，虚拟地理环境具有许多鲜明的特征，如对现实世界抽象表达的多维特征、时空过程、多视点和多重细节的多模态可视表现，多种自然交互交融方式和跨时间、空间与尺度的地理协同，多感知、多模式时空综合认知与地理思维，地理科学与美学的集成统一等。虚拟地理环境提供了一种综合表意系统和更接近自然的多感知的空间交互认知能力，在强调地理信息使用者身临其境感受的同时，提供了超越现实的抽象表示与解析理解能力，达到了增强现实的目的。2007年，*Science*发表的文章"The Scientific Research Potential of Virtual Worlds"指出构建虚拟空间将成为新一代科学实验和分析的方法，微软亚洲研究院也在2012年指出"利用虚拟世界对现实世界进行有效管理及分析是一个值得探索的研究领域"。王家耀院士认为，"作为地理信息表达与创新思维的空间信息可视化与虚拟地理环境，是信息时代地图学的一个新的生长点，对于拓宽学科领域和促进地图学理论、方法与技术的深化发展必将产生深远的影响。"

近年来，随着地理学与地图学、认知与思维科学、图形学与虚拟现实、网络通信计算、复杂性与视觉文化等多学科的交叉融合，虚拟地理环境研究在数据环境、模型环境、表达环境、协同环境和社会环境等方面取得了突破性进展。EPIC公司研发的虚幻引擎(Unreal Engine 5)采用了最新的即时光迹追踪、HDR 光照技术、虚拟位移等新技术，能够每秒实时进行两亿个多边形运算，实时运算出电影级的画面，为虚拟地理环境、数字孪生可视化等展示了无限的想象空间。

GIS 领域一方面通过研究新型的可视化范式和方法[26](如数据摘要、聚类、高亮显示、视觉启发等方法)来减少可视化时加载的数据量；另一方面，利用云计算、并行处理、索引和查询等技术提高可视化效率。时空大数据可视化应用，对研究人员、决策人员和公众用户都可以提供方便的分析和查询。例如，地理门户提供访问海量地理空间数据集的窗口，INSPIRE Geoportal(http://inspire-geoportal.ec.europa.eu/)可以访问来自欧洲的 10000 多个地理空间元数据记录，通过地图和标签云帮助用户浏览丰富的地理空间数据资源。智慧城市的推动，使我们能够访问更多的城市实时数据和历史数据，如城市大数据中心(UBDC)(http://ubdc.ac.uk/)和澳大利亚城市研究基础设施网络(AURIN)(http://aurin.org.au/)之类的大型项目正在努力开发“大数据”可视化工具和技术以支持智慧城市的实现。当前，面临的挑战是不仅要为研究人员提供这样的数据可视化界面，而且还要为城市规划提供更好的决策支持。通过 AURIN 门户可以访问超过 60 亿个数据元素，涵盖健康、住房、交通、人口、经济和其他重要领域的“大数据”丰富内容，基本覆盖了澳大利亚主要城市。此外，来自腾讯、Twitter 等平台的实时众包大数据流的可视化可以提供如何应对洪水、火灾以及其他自然和人为灾难等事件的关键信息。典型的平台包括腾讯位置大数据(heat.qq.com，图 1-6)、Ushahidi(http://www.ushahidi.com/)和 Cognicity(http://cognicity.info/cognicity/)以及 Peta Jakarta 项目(http://petajakarta.org/banjir/en/)等。

图 1-6　腾讯位置大数据发布的人口迁徙地图

1.4 高性能地理信息系统概念与内涵

1.4.1 高性能地理信息系统概念的形成

我国地理信息产业快速发展壮大和转型升级,对地理空间信息的战略需求持续增加,社会需求日益旺盛。但是,伴随而来的数据规模爆炸式增长和服务领域迅猛式拓展给当前国内外地理信息系统平台软件带来了严峻挑战。现有地理信息系统平台由于计算模式和平台架构方面的局限,无法有效应对地理信息应用服务中的大规模空间数据实时处理、精细化大范围空间分析、复杂地理信息可视化等问题。

公共互联网地图服务平台采用大数据管理架构,面向大规模公众用户提供地图可视化浏览交互,但是功能单一,不关注 GIS 处理和分析能力,难以满足国家重大行业需求。而专业 GIS 能够在行业领域得到普遍应用,处理分析功能丰富,但普遍采用传统的单机计算架构,难以满足时空大数据的处理分析需求。

目前高性能计算技术、云计算环境正在蓬勃发展,而在高性能计算应用中心和云计算数据中心,越来越多的数据库服务器都采用多核处理器架构,例如,我国研制的排名世界前列的“天河”一号千万亿次超级计算机就是采用多核CPU + GPU 的混合架构,正需要研发大批量的高性能计算系统软件和应用软件。但是据 2010 年 28 期《计算机世界》报道:美国橡树岭国家实验室科学计算,运行3 万个核以上任务占到50% ;而我国上海超算中心,60% 的科学计算都运行在 16 个核以下,由此可见,我国高性能计算还处于“相对过剩”的阶段,需要大力开发应用软件发挥高性能计算的应用潜力。

此外,现有的先进计算设施应用主要集中于地震勘探、气象预报、流体分析、热分析、电磁场分析等领域科学计算,很少用于地理信息分析和计算。因此,高性能 GIS 的研发,将进一步推动和拓展高性能新型硬件架构在地理信息技术方面的应用。

在此背景下,国内外几乎同时开始基于高性能计算的地理信息系统技术研究。美国国家自然科学基金委员会于 2010 年 10 月启动了 CyberGIS 研究项目,面向美国多个高性能计算中心构成的计算网格,开展分布式地理计算研究。该项目的目的是建设一个无缝集成信息化基础设施、GIS、空间分析和建模功能的新的基础软件框架,充分发挥信息化基础设施(Cyber - Infrastructure)的能力,并深化和拓展相关 GIS 应用。CyberGIS 增强了高性能和协作式地理空间问题求解能力,同时还能通过多用户在线协作增进研究者之间的共享,并促进不同领域的互动。我国“十三五”国家科技创新规划和国家地理信息产业发展规划指出，我国在多源多尺度时空大数据分析与地球模拟、地理信息系统在线可视化研究上有重大国家需求，需要发展大型地理信息平台软件。而国家科技部从“十五”期间开始，连续部署多个重点项目、主题项目和科技支撑计划，从空间数据库、网格GIS、复杂地理计算、地理空间信息处理分析与服务工具集等多个方面持续攻关，采用高性能集群架构的并行地理计算路线，开展了高性能 GIS 关键技术与软件系统的研发，参见图 1 - 7。国内外开展的一系列系统和基础研究工作，也基本展现了高性能 GIS 概念的发展脉络。

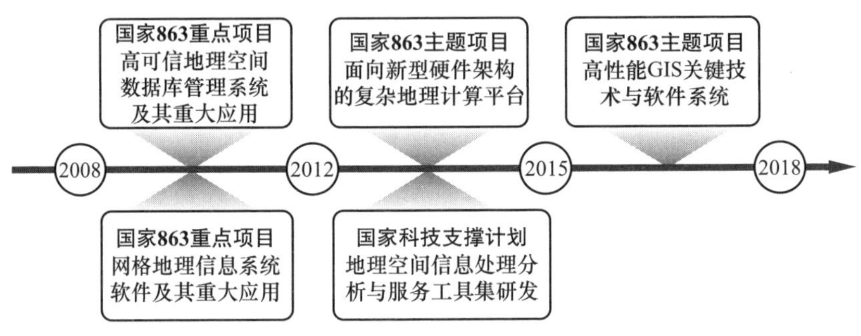

图 1 - 7　国家科技部近三个五年计划在高性能 GIS 研发方面的项目部署

1.4.2　高性能地理信息系统内涵

随着网络的普及和信息采集技术的进步，人们面对的数据量日益增长，传统的地理信息系统软件已无法满足在资源环境、公共卫生、城市规划、灾难预防、应急响应等众多应用领域中涉及海量数据处理和复杂分析、建模等的需求，而高性能的信息基础设施整合了海量数据管理、高性能计算、高端可视化的能力，为 GIS 解决这类复杂科学应用问题提供了可能。

高性能 GIS 的目标是面向大数据时代位置服务深化发展和社会公众对空间信息知识化服务的需求，研究开发高性能、高扩展、高可用性的地理信息系统平台、地理空间信息处理分析与服务工具集软件，突破核心关键技术，提升地理信息系统知识发现和决策支持能力，发展新一代地理信息系统软件平台，为位置服务产业技术的跨越发展提供技术支撑。具体包括：

1. 实现高性能 GIS 核心关键技术的突破与创新

面向行业应用和公共服务领域中时空数据复杂性、地学数据综合处理、多维数据相关性和时空知识挖掘与服务等问题，利用高性能计算、大数据分析等先进技术手段，从数据存储、组织、分析、可视化和共享服务等角度入手，创新 GIS 体系架构，重点突破高性能计算架构下地学大数据组织管理、空间分析与处理、大规模地图渲染与可视化等关键技术，实现地学大数据的存储访问性能、地学计算性能和展现交互性能上的大幅提升。

2. 实现自主知识产权地理信息系统软件向新一代的跨越

面向时空数据资产化和服务化的趋势，以及移动互联网下时空应用模式的革命性变化形势，研究新时代下地理信息系统软件架构、服务接口、增值开发、应用支撑方式等核心问题，基于高性能 GIS 核心关键技术成果，发展以高性能、分析型为主要特色的新一代地理信息系统，实现由三维处理向多维时空处理、由面向地图处理向面向时空实体及其关联关系处理、由管理型向分析决策型的跨越。

3. 实现空间信息知识化服务水平的跃升

面向行业和公众服务应用中时空数据资产化和规模化带来的价值挖掘和利用需求，研究移动互联网和云计算环境下地理空间信息应用新模式，实现地理空间信息服务模式由数据服务向知识服务的转变，推动空间信息知识化服务水平的跃升。

高性能地理信息系统通过构建高性能地理计算架构，从空间数据管理、计算处理和服务引擎全流程建立多种时空并行计算模型，将基于桌面计算的传统地理信息系统提升为基于高性能计算的服务化地理计算平台，为以网络为基础、以数据为驱动、以计算为核心、以空间决策支持为目标的新型地理空间信息应用奠定核心技术与平台支撑。

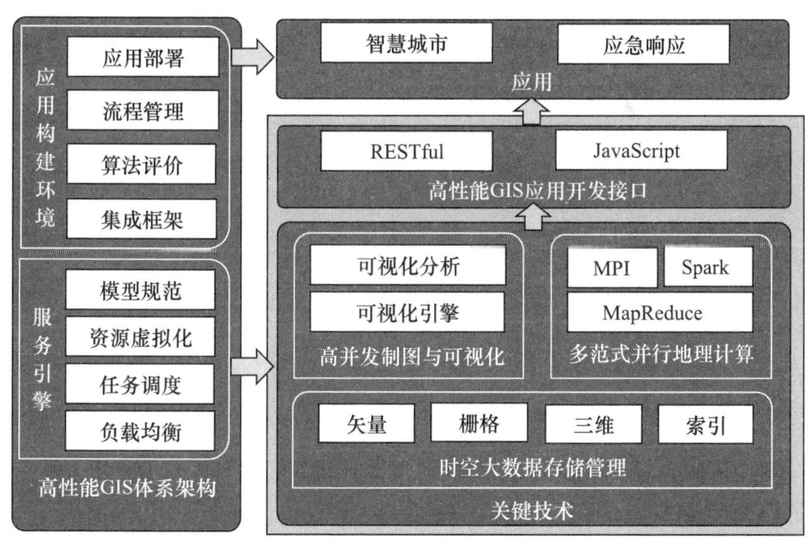

图 1－8　高性能 GIS 研究内涵

高性能 GIS 的研究内涵如图 1－8 所示，主要包括以下内容：

（1）全面提高和改进时空大数据处理分析功能，开展高性能 GIS 体系架构设计，采用统一的模型规范，实现高性能计算和存储资源的虚拟化、任务调度和负载均衡，形成高性能 GIS 服务引擎。构建全新的应用部署方式、灵活可扩展的流程管理，能够对高性能算法的运行进行评价，提供应用集成框架，形成高性能 GIS 应用构建生态环境。

（2）研究高性能 GIS 平台的底层数据模型和关键技术问题，主要包括面向复杂地理计算的时空大数据存储管理模型、适应不同并行处理架构的多范式并行地理计算技术、时空大数据高并发制图与动态可视化技术等。

（3）在研究解决各项关键技术的基础上，采用自底向上的系统实现方法，规范化定义与实现各种基于网络的应用开发接口，以支撑智慧城市、应急响应等典型需要高性能分析计算和态势展现能力的应用。

参考文献

[1] 左尧，王少华，钟耳顺，等．高性能 GIS 研究进展及评述[J]．地球信息科学学报，2017，19（4）：437－446.

[2] Ye J. Big Data at Didi Chuxing[C]. International ACM SIGIR Conference on Research and Development in Information Retrieval. New York：ACM，2018：1341－1342.

[3] Yang C，Huang Q，Li Z，et al. Big Data and Cloud Computing：Innovation Opportunities and Challenges[J]. International Journal of Digital Earth，2017，10（1）：13－53.

[4] 李德仁．论时空大数据的智能处理与服务[J]．地球信息科学学报，2019，21（12）：1825－1831.

[5] 王爵．13 亿张！有 AI 的百度地图打造业内最大规模全景数据库[EB/OL].［2019－07－04］. http：//software. it168. com/a2019/0704/6013/000006013724. shtml.

[6] 王瑜．自然资源部启用天地图二〇二〇版[N]．中国自然资源报，2020－04－23.

[7] 腾讯公司．腾讯位置大数据[EB/OL].［2020－05－18］. http：//heat. qq. com.

[8] 董锐．面对百亿用户数据，日均亿次请求，携程应用架构如何涅槃？[EB/OL].［2016－10－07］. https：//www. infoq. cn/article/ctrip－big－data－high－concurrency－applications－architecture.

[9] 淘宝网．淘宝简介[EB/OL].［2020－05－18］. www. taobao. com.

[10] 朱建章，石强，陈凤娥，等．遥感大数据研究现状与发展趋势[J]．中国图象图形学报，2016，021（011）：1425－1439.

[11] 王少勇．全国土地利用状况首次实现数字化管理[N]．中国国土资源报，2014－01－08.

[12] 谢宏．国家地质大数据共享服务平台——“地质云 2. 0”上线服务[N]．科技日报，2018－10－20.

[13] 郭斯杰，贾宏晖，熊劲．互联网海量数据存储及处理调研综述[J]．信息技术快报，2009，7（5）：1－29.

[14] 王家耀,武芳,郭建忠,等. 时空大数据面临的挑战与机遇[J]. 测绘科学,2017,42(7):1 -7.

[15] Vavilapalli V K, Murthy A C, Douglas C, et al. Apache Hadoop YARN: Yet Another Resource Negotiator [C]. Proceedings of the 4th annual Symposium on Cloud Computing. New York: ACM, 2013:1 -16.

[16] Dean J, Ghemawat S. MapReduce: Simplified Data Processing on Large Clusters[J]. Communications of the ACM, 2008, 51(1):107 -113.

[17] Saha B, Shah H, Seth S, et al. Apache Tez: A Unifying Framework for Modeling and Building Data Processing Applications[C]. In Proceedings of the 2015 ACM SIGMOD International Conference on Management of Data(SIGMOD'15). New York: ACM, 2015:1357 -1369.

[18] Iqbal M H, Soomro T R. Big Data Analysis: Apache Storm Perspective[J]. International Journal of Computer Trends and Technology, 2015, 19(1):9 -14.

[19] Parunak H V D. Large - scale Graph Processing Using Apache Giraph[J]. Computing Reviews, 2017, 58(12):717 -718.

[20] Zaharia M, Xin R S, Wendell P, et al. Apache Spark: A Unified Engine for Big Data Processing [J]. Communications of the ACM, 2016, 59(11):56 -65.

[21] Gropp W, Gropp W D, Lusk E, et al. Using MPI: Portable Parallel Programming with the Message Passing Interface[M]. Cambridge: MIT press, 1999.

[22] Mapbox. COVID -19[EB/OL]. [2020 -05 -19]. https://www.mapbox.cn/coronavirusmap.

[23] 林德根,梁勤欧. 云 GIS 的内涵与研究进展[J]. 地理科学进展,2012(11):107 -116.

[24] 程学旗,靳小龙,王元卓,等. 大数据系统和分析技术综述[J]. 软件学报,2014,25(9):1889 -1908.

[25] Chen M, Mao S, Liu Y. Big Data: A Survey[J]. Mobile Networks and Applications, 2014(19):171 -209.

[26] Song N L, Suzana, D, Francesc C, et al. Geospatial Big Data Handling Theory and Methods: A Review and Research Challenges[J]. Isprs Journal of Photogrammetry & Remote Sensing, 2016, 115:119 -133.

第 2 章　高性能 GIS 架构

2.1　时空数据模型

随着数字地球、智慧城市的建设，地理测绘信息日渐积累，各类传感器无所不在，时空数据的更新、积累的频率不断加快，与之相关的实际应用如城市化的扩张、环境的污染、土地利用的演化、道路交通的拥堵、传染病的传播、突发事故的疏散与撤离、战场环境的描述与军事态势的推演等，对时空数据建模与表达提出了更高的要求：不仅要能反映时空数据在时间上的变化，还要能理解和分析出变化如何发生以及变化为什么会发生，甚至是变化将怎样发生。但是已有的时空数据模型大多是通过引入地理事件来试图解释地理实体变化的原因，仅能反映外部事件是如何触发地理实体的变化，不足以探索地理实体真实的变化机制；而已有的时空过程模拟模型尽管能有效地模拟和预测时空演化过程及其发展变化趋势，但却缺乏对时空过程变化信息的描述和表达。

时空数据模型的目标就是从时空实体以及实体间的相互关系出发，既考虑外部的地理事件和约束规则，也涉及实体内部的相互反馈作用，直观呈现时空过程变化信息，揭示时空过程变迁和演化的规律以及趋势，更好地为时空应用和时空数字地球服务。

时空数据模型用于表达现实世界的时空大数据如何映射到高性能计算环境中，而时空数据组织、管理、表达、分析等完整技术和应用体系，在高性能地理信息系统技术层面对时空数据模型又提出了全新的需求。一方面，需要突破以几何图元组织地理数据的方式，转而以地理实体为基本建模粒度构建地理信息数据模型，无缝嵌入和表达实体的时空特性，进而为地理实体信息一体化组织和一致性表达提供有效的基础结构。另一方面，需要具有可扩展性，并能支持高效的时空数据的管理、查询和快速访问，能够将复杂空间对象映射为适合分布式并行处理的表达方式，并具备并行支持能力。

时空数据模型的设计可以参考本体论、实体－关系（E－R）模型和面型对象（OO）模型，支持继承、多态、组合等面向对象特性，具备良好的封装性，支持抽象数据类型（ADT），可以扩充实体内部以及实体之间的空间、时间、逻辑、语义关联关系，形成融合时空特性、多粒度多尺度特性、时空关联特性的新型时空实体模型。以下将从时空实体、时空关联、时空演变等多个角度来进行描述。

2.1.1 时空实体模型

时空实体是具有现实对象指代性的，拥有时间、空间属性的事物和客观存在。一般地，时空实体都具有空间特征、时间特征、属性特征，是空、时、属性的抽象统一体，可以指代现实世界中绝大多数客观事物。时空实体内部包含自有的逻辑、语义关系，实体之间又存在各式各样的关联关系。在时空实体之上可以构建时空演变过程模型，实现对现实世界全方位、全时空的模拟。

1. 概念模型

时空实体包含空间、时间、属性三个层面的特征，其概念模型如图 2－1所示。

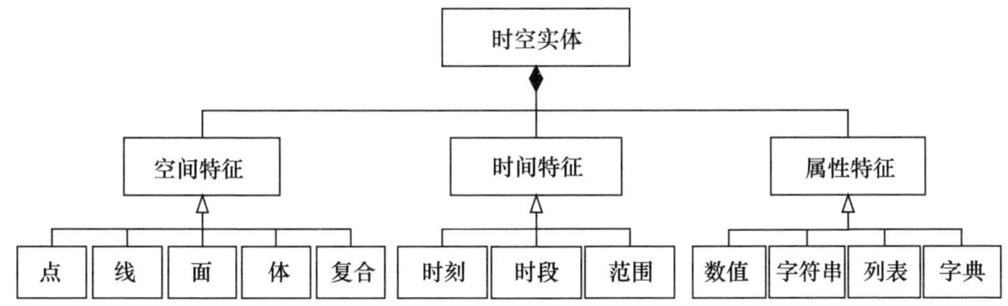

图 2－1　时空实体概念模型

按类型区分，时空实体可以分为地理实体、主体实体、感知实体三大类，如图 2－2所示。

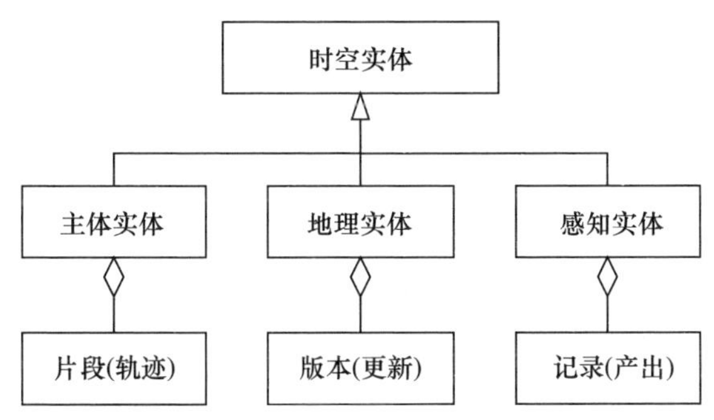

图 2－2　时空实体分类

（1）地理实体指现实世界中具有共同性质的自然或人工地物。具体指采用面向对象的思想，描述客观世界中的独立存在的地理物体或人工概念，其特点是以点、线、面集合图元为空间数据表达与分类分层组织的基本单元,组合而成具有唯一标识的地理实体,实现与相关社会经济、自然资源、军事情报等信息的挂接。

地理实体包括基本实体和复合实体两类。其中基本地理实体是指能够比较方便地从基础地理信息数据成果中提取整合的实体对象;复合地理实体由地理实体生产部门及应用部门根据具体数据源及应用情况而定义并整合,成员可以包括多个基本地理实体,是基本实体在现实世界中作为一个逻辑统一体的体现。

在生成与转换方法方面,地理实体数据是对基础地理信息数据进行内容提取、模型对象化重构等处理形成,其保密等级不低于相应数据源,公开使用时须依据国家有关规定对其进行涉密信息过滤、空间精度降低等解密处理。

地理实体继承时空实体的基本结构,具有空间、时间和属性上的特征:在空间上,可以是点、线、面、体、场的类型;由于地理实体在一定时间段内具有相对稳定的结构和性质,所以其在时间上的特性一般表现为时间段;在属性上既有自然属性,如面积、长度、坡度、海拔等,也有人工属性,如区划名、用途、道路等级、河流等级等。

地理实体的时空特性表现为版本,在一定的时空范围内,地理实体以一个稳定的版本表现出其专有性质,其概念模型如图 2 - 3 所示。

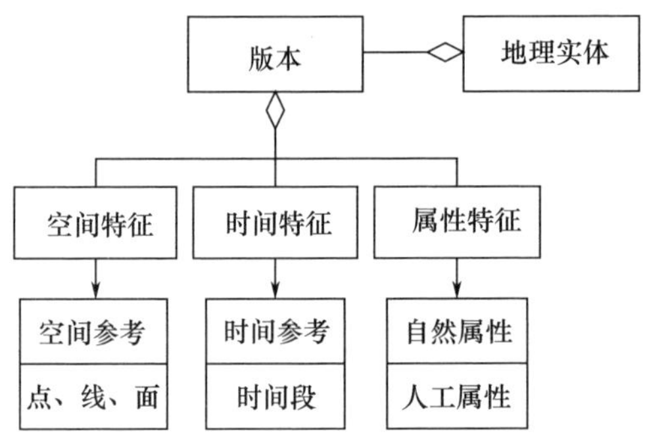

图 2 - 3　地理实体概念模型

(2) 主体实体指具有一定自主性的可运动实体。主体实体同样继承时空实体结构,具有空间、时间和其他属性。主体实体的时空特性表现为一系列动态的实体片段,这些片段在时间上无缝、有序,同时每个实体片段内部的变化模式是一样的。片段反映了主体实体随时间的变化,这些变化既可以是离散变化,由离散状态表达;也可以是连续变化,用连续方程来描述。

主体实体与地理实体最大的区别在于,主体实体可以产生决策行为,具有能动性的决策行为能力;在与地理环境或者其他的主体对象进行相互反馈作用后,主体对象做出决策，并产生相应的行为，引起自身的状态或者地理环境的变化，进而驱动整个时空过程的演变。主体实体的概念模型如图2－4所示。

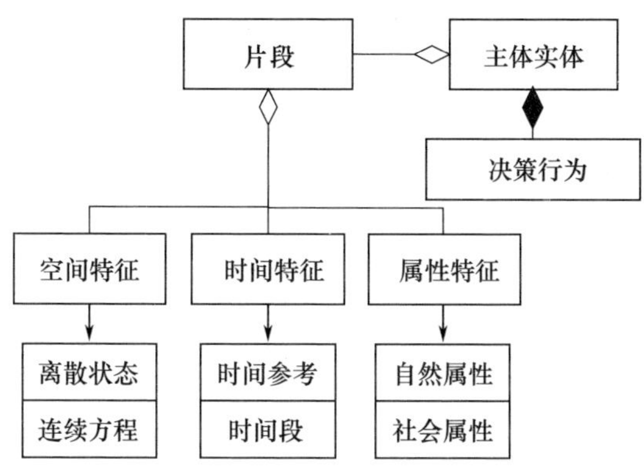

图2－4　主体实体概念模型

（3）感知实体指具有感知能力的各类移动、固定的传感器，例如各类监控摄像头、GPS或北斗定位装置、各类光电磁声波传感器等。随着社会安全体系的建设，感知实体的数量飞速增长，在人们的社会生活中发挥着越来越重要的作用，在各职能部门、机构的日常业务流程中成为越来越不可或缺的一环。

感知实体同样具有空间、时间和属性上的特征，其时空特性表现为该实体记录的不同形式的数据，可以为图形图像、视频影像、声音、信号、海拔、速度、各类物理参数等，如图2－5所示。

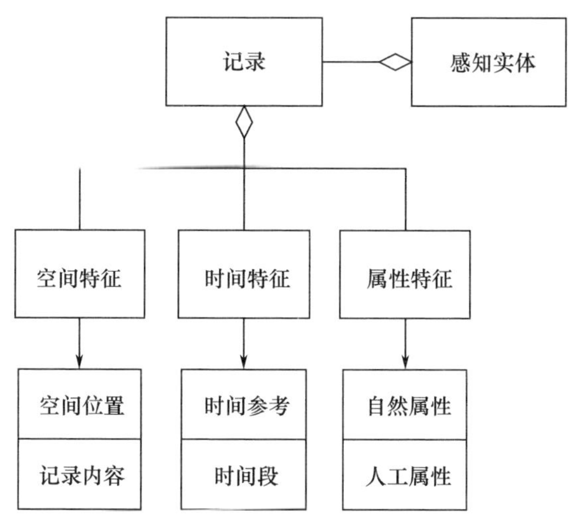

图2－5　感知实体概念模型

2. 逻辑模型

基于时空实体的概念模型，将客观空间世界的主体和地理对象以实体的方式进行抽象、描述与分析表达。时空数据模型包括时空参考、空间位置、空间形态、组成结构、空间关联和属性特征六方面。

(1) 地理实体逻辑模型如图 2-6 所示。

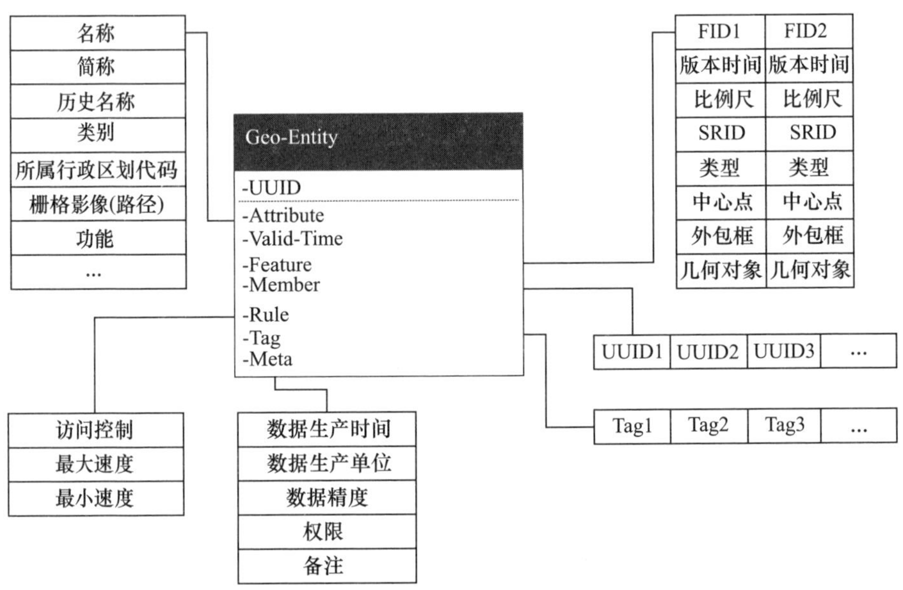

图 2-6　地理实体逻辑模型示例

(2) 主体实体逻辑模型如图 2-7 所示。

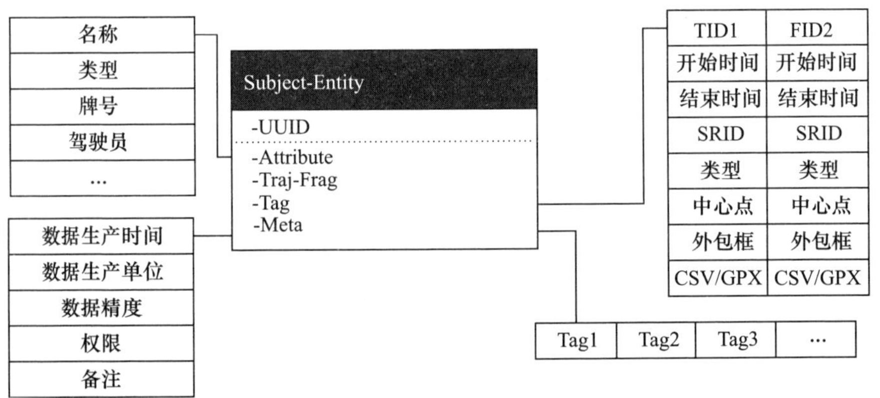

图 2-7　主体实体逻辑模型示例

(3) **感知实体逻辑模型如图 2-8 所示。**

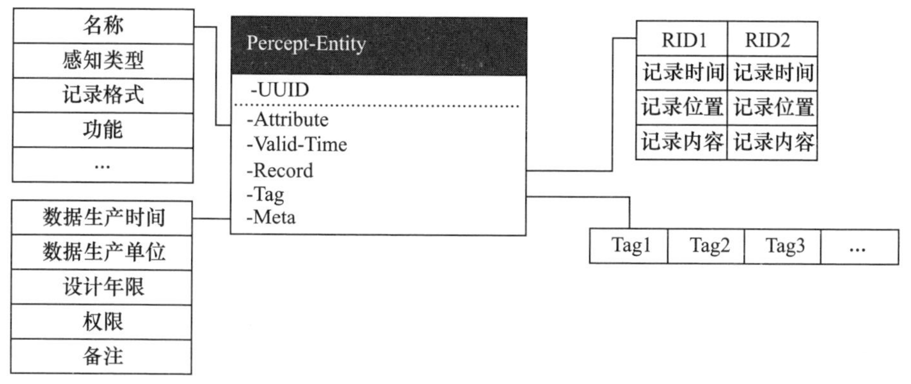

图 2-8 感知实体逻辑模型示例

3. 物理模型

物理模型可以采用 GeoJSON 的格式保存实体信息。因为 GeoJSON 采用一种类似字典的方式组织数据内容,常作为网络间的数据交换格式,表达能力强、迁移性和扩展性好。对象关系型空间数据库 PostgreSQL、NoSQL 数据库 MongoDB 或其他文件系统都提供了对 GeoJSON 的格式支持,甚至可以直接基于 GeoJSON 文件建立空间索引,进行空间查询。多种地图绘制引擎提供了对 GeoJSON 格式的可视化支持,可以实现实体数据的快速可视化。

在时空实体的物理模型中,GeoJSON 的字段为实体的各项空间、时间、属性特征,字段值可以为数值、字符串、列表、空间信息等,也可以是一个嵌套的字典类型,以描述更为精细的信息结构。

2.1.2 时空关联模型

在时空实体模型的基础上,时空实体之间不同类型的关联关系称为时空关联模型。时空关联也包含空间、时态和属性三个层面的关联,具体内涵如图 2-9所示。

空间关联是指时空实体在空间上的相互关系,由实体的空间特征引起,通常涉及拓扑关系、度量关系和方向关系:

(1) 空间拓扑关系是最基本的也是最重要的关系,描述的是拓扑变换下的保持不变的关系。常见的拓扑关系有相离、相邻、相交、相等、包含、覆盖、重叠等。

(2) 空间度量关系描述的是实体之间的距离远近程度。采用定量和定性相结合的表达方式,定量的有欧氏距离、曼哈顿距离以及轨迹间的豪斯多夫距离、

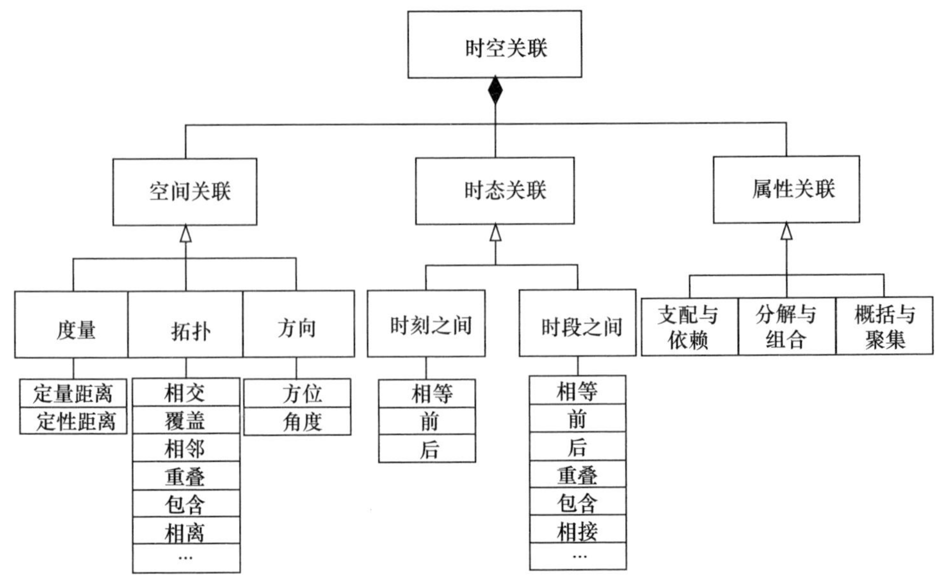

图 2-9　时空关联模型

弗雷歇距离等,定性的描述方式是用距离分级的方法,如远、中和近等。

(3) 空间方向关系描述的是实体之间的顺序关系。采用方位来描述,如东、西、南、北、东北、东南、西北和西南等,同时可以计算它们之间的方位角进行定量描述。

时态关联是指时空实体在时间上的相互关系。时间可以表示为时刻或者时段,因此时态关系包括时刻之间的时态关系、时刻与时段的时态关系和时段之间的时态关系。在应用中一般只比较时刻与时刻之间,以及时段与时段之间的时态关系:

(1) 两个时刻之间的关系有之前、之后和相等。

(2) 两个时段之间的关系有之前、之后、相接、被相接、重叠、被重叠、开始、被开始、包含、被包含、结束、被结束和相等。

属性关联是指时空实体在属性语义上的相互关系,由实体的属性特征引起,包括:

(1) 依赖与支配关系,一个对象的变更会引起另一个对象的变化,例如一辆汽车跟随另一辆汽车,后面汽车的行驶模式依赖于前面的汽车,前面的汽车支配后面的汽车。

(2) 分解与组合关系,各个组成部分合并为一个整体,一个整体拆分为各个组成部分的关系,例如很多个晶体管组装成一个元件,一块大的宗地被分割成若干个小的地块。

(3) 概括与聚集关系,多个同类实体聚集成一个整体,如人群、机群、车队等。

(4) 一般关联关系,实体之间普通的相关关系,如老师和学生之间的指导关系、父母和子女之间的血缘关系等。

按涉及的关联实体类型区分,时空关联还可以分为以下几种类型,如图2-11所示。

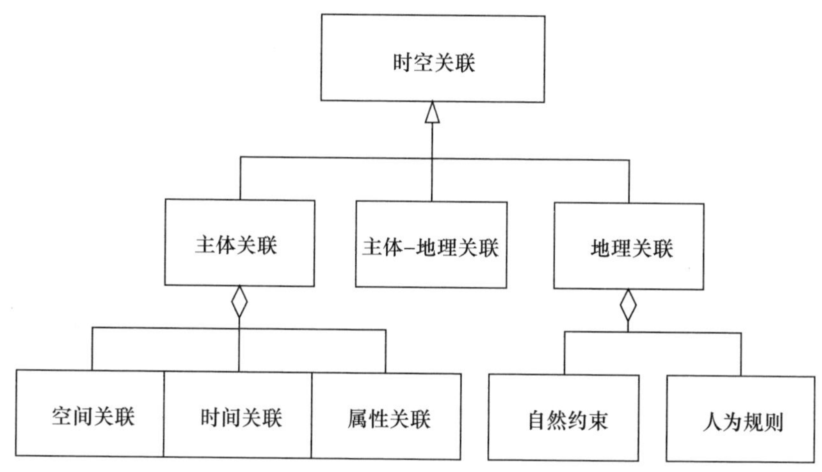

图2-10 时空关联类型

(1) 地理关联。

地理关联是指地理实体之间的关联关系,根据人为的参与情况分为自然规则和人为规则两类。自然规则就是地理实体之间依靠本身的自然属性联系在一起的关系,包括空间上的拓扑、方位关系,时态上的前后关系,以及属性上的整体部分、支配依赖、分解组合关系;人为规则就是人为定义或建立的一些规则关系,例如两地的隶属管辖关系、国家地区间的友好互助关系、高速公路的限速规则等。具体的约束规则也可按照类型分为空间约束、时间约束和属性约束。

(2) 主体关联。

主体关联描述主体实体之间的关联关系,主要继承时空实体关联的定义,分为空间、时间和属性三个层面的关联关系。例如A和B在某时间都去过某地、A在B做完某事一段时间后做了某事等。

(3) 主体-地理关联。

主体-地理关联描述同时涉及主体实体和地理实体的关联关系,包含主体实体成员和地理实体成员,以及他们之间特定的空间、时间和属性上的关联关系。例如某人的故乡和工作地点、车辆在某时行驶在某个路段、飞机的航线和起飞降落的机场、舰船停泊的港口等。主体－地理关联的结构如图2－11所示。

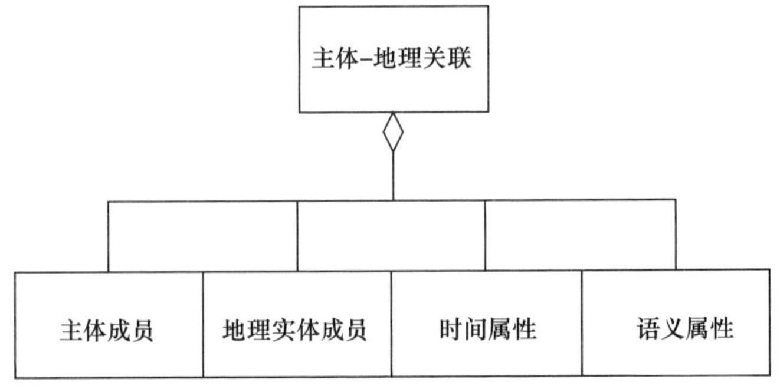

图2－11　主体－地理关联结构

以湘江水系为例，其实体内部以及与其上级长江水系之间的关联关系，如图2－12所示。

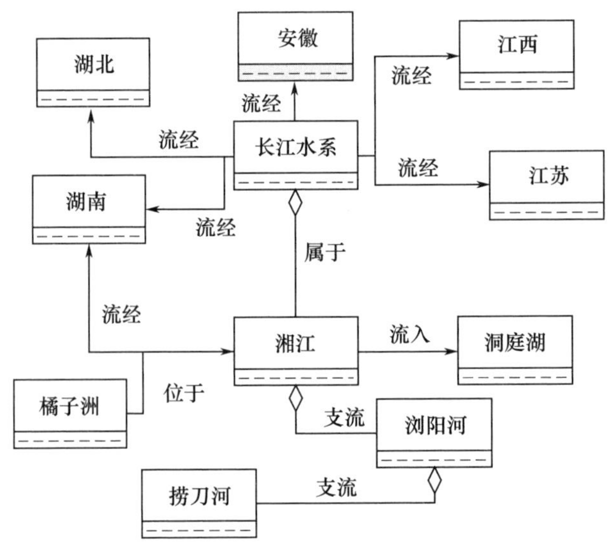

图2－12　主体关联示意

2.1.3　时空演变模型

在时空实体的基础上，可以更加便捷、有效地描述时空维度上的各种事件、现象、场景等，使时空演变不仅是文字的描述，而且是建筑在实体模型、蕴含内部逻辑关系、囊括外部关联关系的时空复合体，更加真实地描述出现实世界中的各类变化过程，实现理念世界与现实世界更大程度的贴合与模拟。

1. 时空事件

时空事件是发生在现实世界中的客观存在的事件。如图 2－13 所示，时空事件由发生地点区域、发生时间范围和参与事件的时空实体集合组成。也就是说，时空事件是由一定时空范围内的时空实体参与，对特定时空实体产生作用。

时空事件是突发性的，不是一直存在的。时空事件会改变地理实体的属性性质、影响主体实体的决策行为，进而引起其他相关的时空实体的变化。例如，突发性的气象灾害（降雨或降雪等），会影响人们日常的出行；突发性的交通事故，不仅造成人员的受伤和车辆的损坏，而且会在事故发生后的一段时间内，影响事故点附近车辆的行驶。

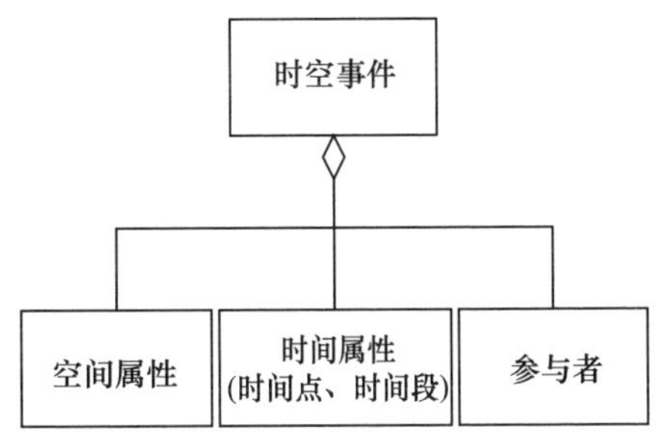

图 2－13　时空事件模型

时空事件的具体逻辑模型结构如图 2－14 所示。

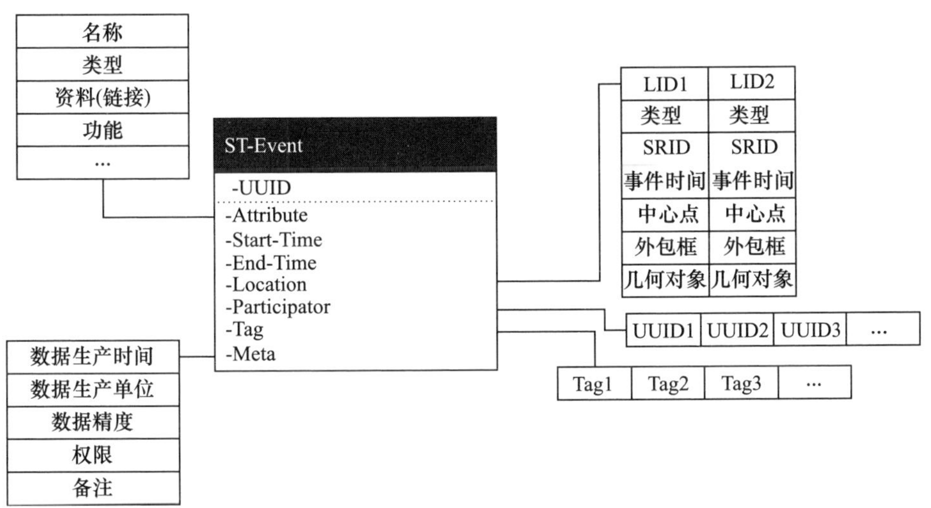

图 2－14　时空事件逻辑模型

2. 时空现象与时空场景

以时空实体为基本单元，结合时空关联模型，还可以描述某些不便于结构化表达的时空现象，见图 2－15，例如，雾霾、台风、地震等气象现象和自然灾害，洋流、海潮等水文现象。

对某个时空范围内的地理实体按照时空语义背景进行组合，还可构筑某些特定的、非永久的时空场景，例如，公共安全事件的现场还原、城市环境动态的模拟等。

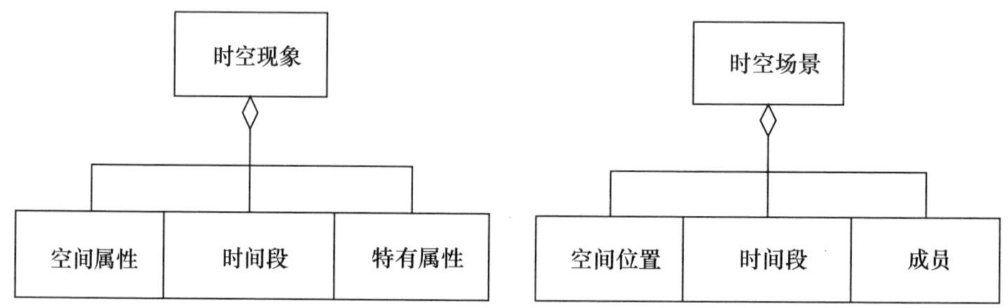

图 2－15　时空现象与时空场景模型

3. 时空演变

时空演变包括事件、现象场景以及在此基础上的时空变化、过程等，多个事件串联形成时空事件流，多个现象、场景的转换形成过程演变的条件流，综合时空现象、时空场景、时空事件，融合进丰富的地理环境实体要素，包括气象条件、建筑、地形，从而共同模拟出较为复杂的、具有内部逻辑与外部关系的时空演变过程，如图 2－16 所示。

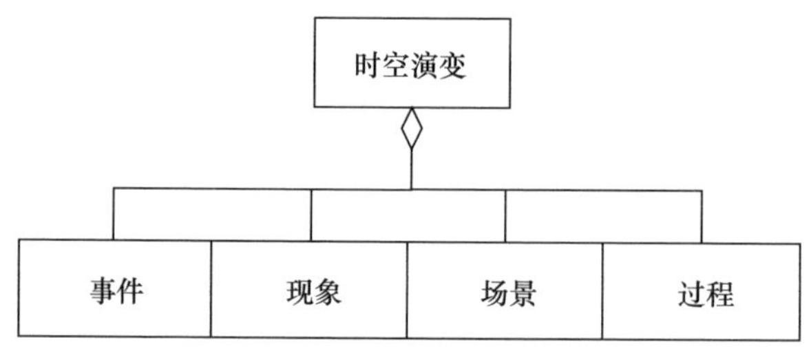

图 2－16　时空演变模型

2.2　技术体系

目前国内外在基于高性能计算架构开展地理空间信息处理、建立地理信息系统方面开展了一系列研究工作，构建高性能地理信息系统的主要技术路线大体上可以划分为以下几类：

2.2.1 基于桌面超算架构

当前主要的桌面超算架构是 GPU 众核计算架构。众核计算是指在处理器中集成成百上千个计算引擎内核，它们可以独立运行计算机命令，并基于并行计算执行多任务处理操作，从而使性能大幅提升。由于 GPU 在带宽和访问频率方面均很高，因此其访问显存效率明显高于 CPU 访问内存的速率。在处理像元重复访问较多的遥感影像数据时，基于 GPU 技术可快速实现影像的可视化和分析处理。在存储器组织方面，GPU 采用多级访问策略。对于复杂的海量空间运算，可不采用共享存储而是在全局存储进行运算分析。而对于简单计算，从局部计算出发则更便捷，将一个块存储数据组织到共享存储中，然后再进行访问。以 NVIDIA 免费的 CUDA 编译器为主，GPU 已经广泛用于地学计算，硬件架构和编程模型如图 2－17 所示。Intel 的众核协处理器因价格昂贵，所需的 icc 编译器也不是免费的，普及性不及 NVIDIA 公司的图形处理器。而图形处理器因其可并行性高，近年来已广泛应用于地理信息和遥感领域，还包括用图形处理器来处理高光谱图像、图像切割和分类等。栅格数据格式非常适合图形处理器的架构，有一些基于光栅栅格数据的计算已在图形处理器上完成。例如，各种空间插值的算法、可视域计算、空间索引构建、分区统计、直方图、矢量多边形栅格化等。

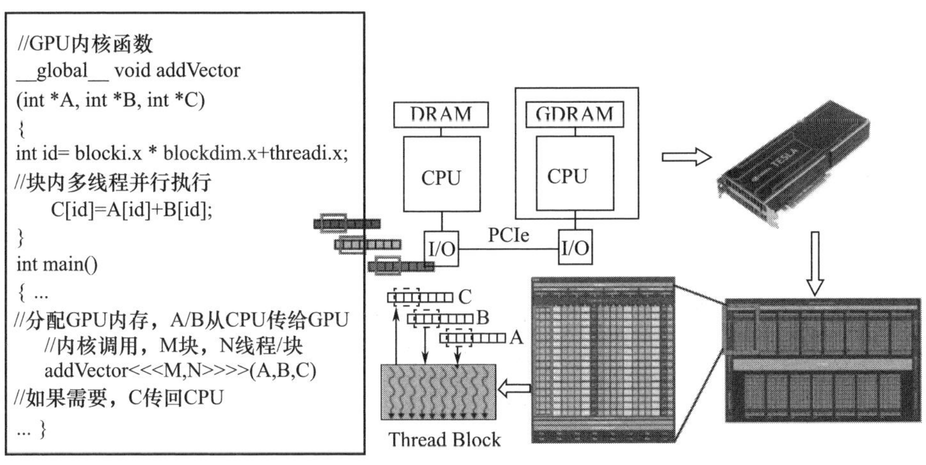

图 2－17　GPU 硬件架构和编程模型

桌面超算架构具体实现可以分为三种:第一种技术着重于提高桌面计算,或单计算节点情况下的地理计算能力。通过面向众核编程的理论与方法,充分发挥专用硬件架构中计算单元相对简单,但并行度高的特点,提高了单点环境下的地理计算性能。第二种技术着重于提高基于服务器的多用户、多作业情况下的地理计算能力。基于多核、众核以及分布式计算集群,采用分布式并行计算的理论与方法,发挥高性能计算服务器系统的计算优势,提升服务器环境下的地理计算性能。第三种技术则着重于提高分布式地理计算资源的协同共享能力、可扩展性,提高系统的应用性能。该技术采用不同类型的分布式信息系统架构,将各分布式节点的地理计算资源集成起来,通过分布式协同计算的方式解决大规模地理计算问题。上述三种技术路线各自面向不同的研究对象和研究问题。最新的信息技术发展还催生了云计算环境下地理计算与地理信息应用的研究,但目前还处于研究的初级阶段。

美国纽约城市学院 Jianting Zhang 及其团队开展了基于 GPU 的地理空间数据处理和管理方面的研究工作[1],在并行时空聚集查询处理、面向 R 树和四叉树的并行空间索引、并行拓扑关系检测等方面进行了较为深入的研究,建立了基于 GPU 众核架构的桌面高性能地理计算系统 CUDA GIS。美国阿肯萨斯州立大学 Xuan Shi 团队也开展了基于 GPU 的矢量数据几何计算的工作[2]。

2.2.2 基于集群计算架构

从当前的研究来看,用于地理空间信息处理和系统构建的集群计算架构主要分为两种技术路线:一是基于 MPI 并行编程模型的高性能计算集群;二是基于 MapReduce 编程模型的分布式计算集群(图 2 - 18)。

在基于高性能计算集群的技术路线方面,美国航空航天局(NASA)在埃姆斯研究中心建造了哥伦比亚超级计算机集群,采用了 10240 个 CPU、20TB 的内存和万兆以太网互联,用于海量遥感数据的并行处理。欧洲航天局(ESA)在巴塞罗那超算中心建造了 MareNostrum 专用系统,采用了与 NASA 类似的体系结构,但使用了 Myrinet 技术实现互联,同样也用于遥感数据的并行处理。上述两个系统专注于遥感数据处理,还不能算得上是严格意义上的 GIS。而在面向 GIS 功能的高性能化方面,国际上开展过针对 GRASS GIS 的并行化改造,使之具备在 Linux PC 集群上运行空间分析并行算法的能力。但从文献上看,这些算法还是面向遥感数据处理问题为主,如植被指数处理、大气校正等。国内方面,国防科技大学于 2011 年在国家 863 计划“面向新型硬件架构的复杂地理计算平台”项目支持下,成功研制了高性能地理计算平台 HiGIS[3]。该平台能运行于自主知识产权的 64 位软硬件环境中,是一款专门面向高性能集群的地理计算平台,已用于流域过程模拟与情景分析、SAR 数据处理与模式识别、地质空间信息制图与发布等方面。超图公司于 2013 年面向 PC 集群，提出了 SMPP（SuperMap Parallel Processor）技术架构，采用消息服务总线调度，通过任务协同方式实现类 SPMD 处理任务，应用于地图切图、SRTM 和 TM 数据处理方面。

在基于分布式计算集群的技术路线方面，2011 年，美国亚特兰大埃默里大学的 Ablimit Aji 等基于 Hadoop 架构设计了高性能 GIS——Hadoop－GIS，但严格来说，该系统是一个空间数据仓库系统，主要用于提升海量空间数据管理性能。该系统基于 MapReduce 架构进行数据分区，基于 Hive 进行空间要素查询。在公开的文献中看到，该系统虽然做过基于 OpenStreetMap 地理数据的实验，但主要用于海量医学影像管理。类似的系统还有 SpatialHadoop。近年来，基于 Spark 的大数据并行计算方案日渐成熟，在 GIS 领域有了很多最佳实践，基于这种分布式内存集群架构的包括 SpatialSpark、GeoTrellis、GeoSpark 等[4]。

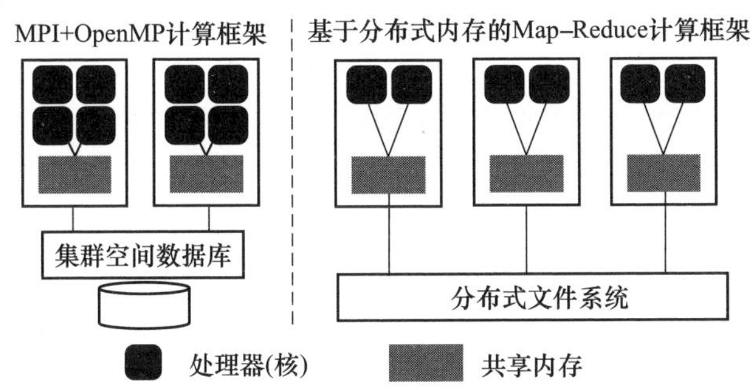

图 2－18　高性能集群计算架构与分布式计算集群架构对比

考虑到单个图形处理器的内存和宽带有限，当处理大数据时，有时采用异构集群来做计算工作。异构集群通常将多个中央处理器和图形处理器整合为一个超算系统，用 MPI 指令控制中央处理器完成数据读写和任务分割，用 CUDA 编程在图形处理器上进行计算[5]。近年来，研究者利用这种系统已经完成一些地学计算工作，如超光谱图形处理和分析、异常检测、多种算法的插值计算、非监督图像分类、元胞自动机（Cellular Automata）模拟、多智能体建模（Agent－based Modeling）。

2.2.3　基于网格计算架构

网格（Grid）以互联网为中心，实现计算机、传感器、设备平台、控制总线的融合。网格使我们能够像使用水电一样通过各种设备方便地使用信息网格，获得各种信息服务、计算服务和知识，而不关心提供这些服务的人和地理位置。网格技术将和分布计算技术、商业计算技术相结合，共同发展，为用户提供功能强大的系统。

网格的行为是采用新型技术通过高速网络连接并集成地理上分布的、异构的各种高性能计算机系统、软件系统、大型数据存储系统、数字化仪器设备和控制系统等各种资源为一体，实现跨地域的、天地一体的、分布的高性能联合、协同计算，为用户提供一体化的高性能计算服务、信息处理服务和决策支持服务，发挥网络上资源的综合效能。

网格的本质是大规模的资源共享，它提供资源发现、调度、访问、应用环境构造以及多个组织中广泛分布的计算、数据、设备等资源的共享和管理策略。需要指出的是，资源的共享不仅是文件的交换，而且是对计算机、软件、数据和其他资源的高度可控制的共享访问。网格的新意不仅是网络化的数字计算，而且是强调了传感器的联网和执行机构的联网，是更高层次上的协同处理。

从现行技术研究特点来看，网格是一个一致、开放、标准的计算环境的信息基础设施，支持地理上广泛分布的高性能计算资源、大容量数据和信息存储资源、高速处理和获取系统、软件和应用系统以及人员等各种资源的聚合。

从本质上来说，网格 GIS 是网格技术在空间信息领域的具体应用。空间信息应用是网格技术的一个非常典型的实际应用领域，空间信息应用与服务是一个典型的网格问题。将网格计算技术应用于空间信息访问与处理，通过对空间信息网格关键技术的重点研究，可以较好地解决目前空间信息应用中存在的主要问题。例如，可以充分利用网格技术来建立能够汇集和共享的空间信息资源，对其进行一体化组织与处理，具有按需服务能力的空间信息网格。Globus 对资源的管理、安全、信息服务和数据管理等网格计算的关键技术和方法进行研究，屏蔽了网格计算的底层硬件、软件和系统等方面的异构性，提供了一整套的软件开发工具包(Software Development Kit，SDK)和 API，用户可任意选择其模块进行高层次的应用开发[6]，如图 2－19 所示。

网格计算(Grid Computing)通过利用大量异构计算机的闲散资源完成共同的任务。例如美国的地球系统网格(Earth System Grid，ESG)[7]，用 Globus 的关键技术和工具包构造原型系统(ESG－I)。在原型系统中采用数据网格技术对大规模数据集的移动和复制进行管理，实现了远程气候数据交互式分析。ESG－I主要解决网格环境下如何管理和定位气候数据文件，从而优化分析性能的问题。ESG－Ⅱ主要利用 Globus 工具包提供核心服务，实现高速数据移动、高层数据复制管理、复杂的网格安全模型以及远程数据访问和处理，包括核心网格服务(安全服务、信息服务和资源管理服务)、目录服务(元数据目录、复制目录和软件目录)和数据管理服务。同时 ESG－Ⅱ又开发新的复杂算法和启发式策

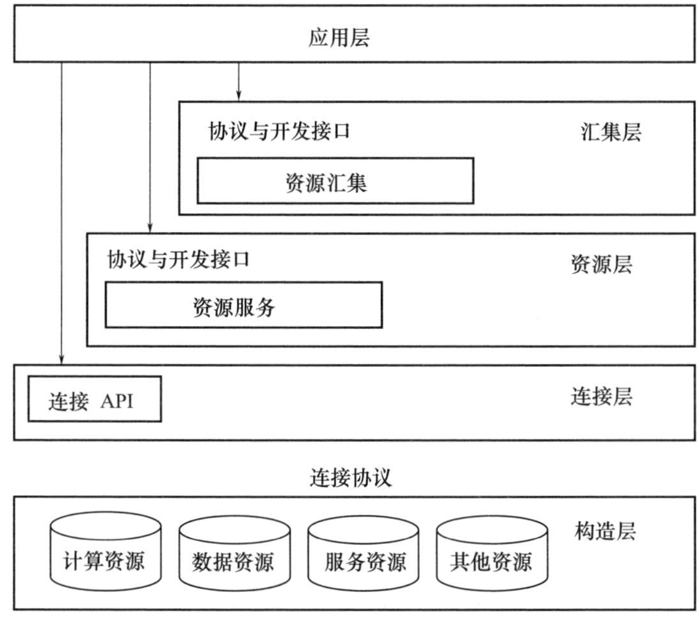

图 2-19 Globus 体系结构

略进行智能化的请求管理，根据过去的知识以及当前、未来终端用户的活动和请求解决数据移动策略问题。开发过滤服务器使数据放在最近的存放节点进行处理，并对数据进行抽取，减少数据传输量。美国伊利诺伊大学香槟分校的王少文教授主持的 CyberGIS 项目，是基于网格技术建立的信息化基础设施，集成了地理信息分析平台 GISolve，实现了对地理数据、知识挖掘、可视化和高性能计算系统的协作。该项目的目的是要建立一个无缝集成网格信息化基础设施、GIS、空间分析和建模功能的基础软件框架，以便充分发挥网格信息化基础设施的能力。该项目成果主要用于辅助对地理信息科学和信息化基础设施的研究和教学，例如促进对灾难预防、灾后响应、全球气候变化影响等方面的理解。CyberGIS 基于高性能计算基础设施，使在线 GIS 工具与海量数据集相连接的能力能够满足未来智慧城市数字孪生建设的需要[8]。

由日本政府主持的 GEO Grid 项目，建立了一种基于网格计算的分布式遥感数据处理和服务的系统架构，通过把网格框架下的分布式网格资源组织成虚拟组织(Vritual Organization)来管理分布的遥感数据，允许不同用户相互授权和共享遥感数据。该项目的应用目标是用分布遥感数据源做灾害监督工作。

在国内，中科院计算技术研究所在“十五”期间联合多家单位研发了具有网格特征的地理信息系统中间件平台 VegaGIS(“织女星”地理信息系统)，在水利、公安等领域开展了示范应用。

2.2.4 云计算与 GIS

在当前地理信息应用中数据、计算、并发访问以及时空都密集的背景下，地理信息科学面临着大量信息技术的挑战。这些挑战要求计算基础设施做好充足的准备。云计算提供了经典的基础设施即服务（IaaS）、平台即服务（PaaS）和软件即服务（SaaS）三层架构，云 GIS 构架在承继三层架构的基础上融合 GIS 的技术特性展开演变升级，增加了数据即服务（DaaS），如图 2-20 所示。

图 2-20 云 GIS 架构及建设流程

IaaS 层根据基础云平台对硬件平台展开池化管理方法，完成基础的云计算功能。云 GIS 资源管理器负责连接基础云平台与 GIS 软件平台，包含对 GIS 资源、GIS 镜像系统、GIS 服务的管理、监控等。由于 GIS 信息量大，数据信息类型复杂，相较别的技术行业对数据信息的依赖感更强，更需要对时空数据的浏览与访问，因此 DaaS 是云 GIS 十分重要的建设流程。PaaS 层除去包括应用服务器、Web 服务器、分布式数据库、开发环境、云环境等基础平台服务外，还包含 GIS 服务、GIS 门户、GIS SDK、空间数据库等，从而提供强大的应用构建能力。云 GIS 的 SaaS 层，则提供了部署在云、端不同种类的 GIS 运用，例如，考虑制图业务流程要求的桌面端应用，部署在 Web、移动端的应用，及其他可跨平台部署的应用等。

空间云计算是支持地理空间科学的云计算平台，空间云计算的架构包含物理计算基础设施、分布在多个区域的计算资源，以及一个空间云计算虚拟服务器。一些机构和企业，如 FGDC、NOAA、NASA 及微软、亚马逊、ESRI 等，正在研究如何在云计算环境部署地理空间应用，并且探讨如何适应这个新的计算模式[9]。

在数据密集型应用领域，NASA 的 GFSC、芝加哥的伊利诺伊大学等机构，基于开放云服务共同开发了旨在利用遥感卫星图像做洪涝灾害评估分析的马祖(Matsu)计划。开放云服务是用亚马逊的开源 Eucalyptus 框架建立起来的分布计算体系，其基础设施包括 300 个计算核心、80TB 存储和 80Gbs 的网络。Google 提供了大量的空间数据的分布式存储服务，也提供了针对卫星图像数据操作服务，但难以发现其提供真正的 GIS 空间分析功能。

在计算密集型应用方面，佐治亚州立大学基于微软 Azure 云计算平台，提出了 Crayons 开放式体系结构，实现了基于云计算环境的矢量数据空间分析系统，它可以在 Azure 云平台上进行多边形叠加分析。Crayons 系统提供三种负载均衡策略：集中式动态负载均衡、分布式静态负载均衡、分布式动态负载均衡。在 Crayons 的开放式体系结构下，能很好地集成第三方程序。使用 100 个 Azure 处理器时，地理空间数据存取性能可以提升十几倍。GIS 及卫生政策的研究者们已经在主要科学应用领域开始使用 Crayons。

在高并发的应用中，Google Earth 通过其 SaaS 支持数百万互联网用户并发访问。这些访问在某一时间(例如 2011 年 3 月日本海啸和地震期间)非常密集，而在其他时间则很少。为更好地满足这些并发访问，空间云计算需要弹性调用更多的来自不同区域的服务进程来应对访问峰值。

随着空间云计算概念的出现，云 GIS 的概念也被提出。ESRI 推出的 ArcGIS 10 中已经提供对云计算的支持，但从其发布的文档、发布会及网络报道来看，ArcGIS 10 的云计算能力是与亚马逊云平台相结合所提供的一种公有云产品 ArcGIS online，并不提供对建设企业级私有云的支持。GISCloud 是一个基于云的 GIS，用户可以通过互联网使用其所提供的服务上传、编辑、转换和可视化 GIS 数据，同时，它还提供了一定的空间分析能力，如缓冲区分析。国内 SuperMap SGS 平台与 RedHat 合作发布了基于开源的云计算平台架构的 GIS 平台解决方案。中地数码公司发布了地理空间信息共享服务平台解决方案产品 MapGIS IGSS，在超大规模、虚拟化的硬件架构基础上，提供以微内核群(MicroCore)为支撑的高效可靠的地理空间信息数据中心(DataCenter)和可快速搭建配置、跨平台、可扩展的设计开发中心(Designer Center)，以“按需服务”的模式提供多层次的应用服务及解决方案。国防科技大学研发的 HiGIS，也已经成功部署在亚马逊的 EC2 云上。HiGIS 与现有云 GIS 产品的区别在于，以高性能为核心，同时将高性能的 GIS 功能以 SaaS 方式服务化，既可以私有云的方式部署，也支持公有云的服务方式。

2.2.5 小结

在高性能 GIS 技术体系方面，现有系统面向的硬件架构、存储模式和计算模式相对较单一，在时空大数据背景下，难以满足多种类型地理空间数据的复杂处理需求。而且现有系统关注的重点或者集中于数据管理，或者集中于算法性能，缺乏对数据管理、地理计算和可视化的整体性解决方案。在服务层面，现有系统更强调服务的扩展能力而非高性能。

当前，国内外均采用结合最新计算机技术和信息技术，以大规模地理信息应用问题解决为导向，结合移动互联网等新兴应用环境，加强 GIS 技术与相关领域应用的融合发展，在新型计算架构支撑下，研发新型 GIS 软件平台，在底层构建高性能地理计算、空间分析和存储环境，在上层打造广域而多重的地理信息服务体系。

2.3 技术总体架构

在寻求发展和推动新一代地理信息系统以及应用的过程中，高性能 GIS 技术架构的目标是能够厘清高性能 GIS 与 IT 基础设施、空间信息基础设施和应用之间的关系与定位，梳理出一个明晰的关键技术体系脉络。同时，该架构应该支持开放的技术和标准，从而能够不断吸纳能在已有平台上实现，并能够促进平台功能性能提升和应用推广的相关技术，以推动建立一个开放的高性能 GIS 技术研究环境。

高性能 GIS 是地理信息科学和高性能计算学科交叉的方向，主要核心问题是复杂地理问题建模和复杂模型的高性能计算求解。在地理问题建模方面，需要基于地理学、统计学、空间分析等方面的理论知识，而在计算求解方面，则需要借助于高性能计算方面的研究思路和方法。通过对高性能计算的发展历程进行分析可以看出，每一个阶段都是从硬件体系结构发展开始，接着是系统软件、应用软件，最后随着问题求解环境的发展而达到顶峰。因此，按照“结构→算法→编程→应用”的思路，来描述高性能 GIS 及其应用问题，如图 2－21 所示。

其中，结构指的是适合地理计算平台运行的软、硬件系统结构，既包含新型硬件架构，也包含普通架构；算法指的是各种地理计算问题的求解模型和算法，既包含算法的设计分析模型，也包含形成的算法库和测试库；编程指的是基于平

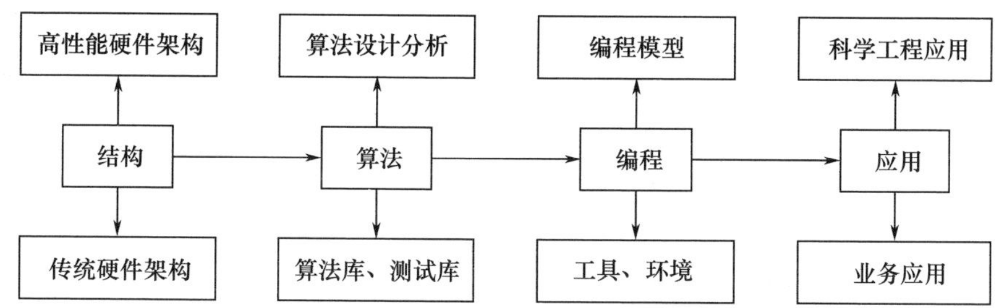

图 2-21　高性能 GIS 技术思路

台结构来实现算法的具体编程模型及其编程工具和测试工具环境；应用指的是地理计算平台可支撑的各类科学工程应用，以及可能的业务应用。

高性能 GIS 将新型高性能计算资源和海量时空大数据资源有机结合，快速形成能够为人们决策服务的地理信息和知识，这涉及从硬件环境、数据模型、计算分析到信息表达等一系列关键技术。按照层次化系统分析方法，从基于高性能硬件架构，到面向最终应用，与高性能 GIS 密切相关的技术拟分为五个层次，如图 2-22 所示。

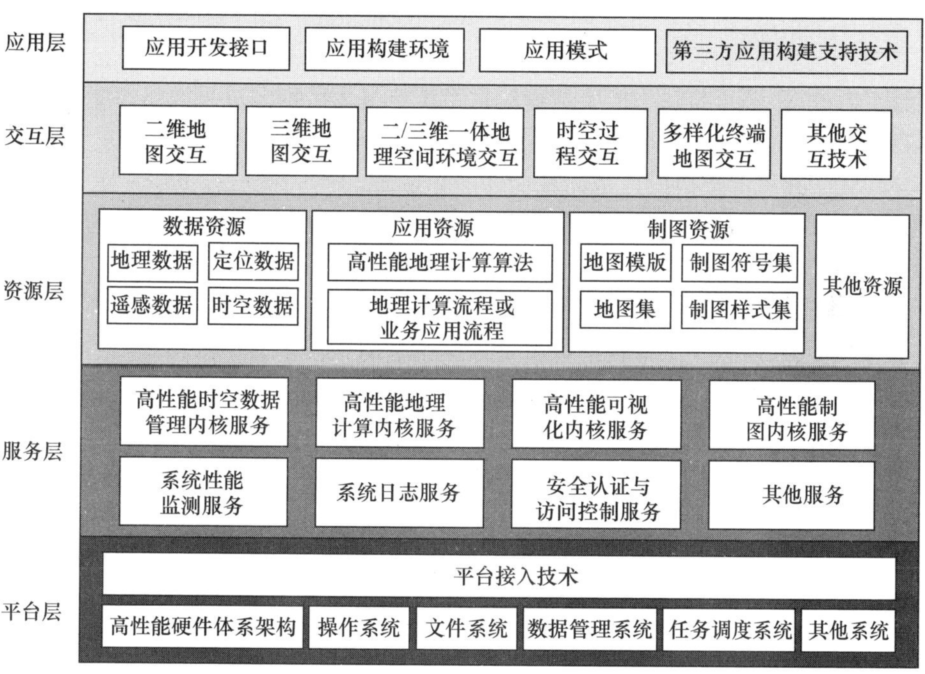

图 2-22　高性能 GIS 技术架构

最贴近硬件架构的是平台层技术，主要包含高性能硬件体系架构、所运行支持的操作系统、文件系统、数据管理系统、任务调度系统以及其他相关系统等方面的技术。该层技术主要用于描述和定义支撑高性能 GIS 运行的软硬件平台环境。其中最为关键的是面向不同应用环境的平台接入技术,用于保障高性能 GIS 在各种平台下的可靠运行。

平台层技术之上为服务层技术,主要包含为实现高性能地理信息各项功能服务相关的关键技术,包括时空数据管理、地理计算、可视化与制图等核心功能服务,以及性能监测、日志、安全认证、访问控制等保障功能服务。

服务层之上为资源层技术,主要包含为高性能 GIS 和应用提供资源的关键技术,包括数据、地图等应用资源、计算资源和其他资源。

资源层之上为交互层技术,主要包含为改善高性能环境下地理信息应用交互方式的各种技术,包括:二维、三维地图交互技术,二/三维一体的地理空间环境交互技术,面向时空过程的交互技术及面向多样化用户终端的交互技术等。

交互层之上为应用层技术,主要包含各种支撑应用开发与应用构建的技术,包括应用开发接口技术、应用构建环境技术、应用模式以及支撑第三方开展高性能地理信息应用构建的相关技术等。

高性能 GIS 架构是支撑高性能 GIS 研发和应用构建的总体框架。高性能 GIS 运行的硬件基础、软件基础、网络基础以及面对的数据管理、空间分析和空间信息可视化等问题都与传统地理信息系统有很大区别。对于以高性能计算架构为特点的高性能 GIS 软件系统,其规模和复杂性比传统 GIS 软件要大得多。因此,良好的系统架构设计是高性能 GIS 研制成功的关键。以下分别展开介绍存储架构、计算架构和可视化架构。

2.3.1 时空大数据多态存储架构

时空大数据的一个重要特征就是数据类型的不断丰富和数据规模的快速增长,另外,大量用户对在线时空数据服务的需求也在悄然增长,而不同类型数据的处理模式也有很大差异。高性能 GIS 的数据存储是为高效分析计算和可视化服务的,面向丰富的地理计算模式,要求提供不同的存储管理方法。例如,消息传递计算模型对地理空间数据存取要求关注于高吞吐量和并发性;而映射 - 归约计算模型更侧重于地理空间数据访问的高可扩展性、负载均衡和容错;而地理元数据的管理又对数据一致性和完整性有着更严格的要求。因此,兼顾多种应用需求不但增加了系统的技术复杂度,而且相应的性能优化也将变得十分困难。因此,单一的存储模式已经无法满足用户对地理数据处理和可视化实时性与高效性的需求,而依据应用本身的不同需求来定制与简化是解决上述问题行之有效的方法之一。

因此,高效结合分布式/并行文件系统、空间数据库、NoSQL 数据库和大容量内存,形成多态存储组织架构的方案,有助于解决大规模时空数据高效存储与快速访问[10]。利用分布式/并行系统成熟的大文件组织管理技术来存储遥感影像、三维模型等海量大文件。同时,充分考虑内存随机读取、读写速度快的特点,可以用于矢量数据和地图瓦片的快速访问及服务。而结构化的地理空间元数据,则可以利用空间数据库集群进行管理。内存中直接存放"热点"数据,针对内存断电会丢失数据的特点,需要定时备份到硬盘文件或数据库作为灾备,同时建立内存可靠性保护,实现多副本管理。这样时空大数据将呈现为内存、数据库、文件系统等多种存储形态。

面向分布式计算、实时计算和批处理计算等不同计算模型,需要建立与计算模型适配的时空大数据多态(内存、外存或远程等)逻辑模型。基于并行文件系统、分布式文件系统、空间数据库、NoSQL 数据库、大容量内存等多种存储模式,提供时空大数据存储模型和虚拟存取接口。考虑不同计算模型下时空大数据存储调度代价模型和多态缓存机制,并根据存储调度代价模型,在内存、数据库和文件系统中合理分布时空数据,实现时空大数据存储的负载均衡和并行存取能力。支持时空大数据融合查询与高性能处理的多态存储架构如图 2-23 所示。

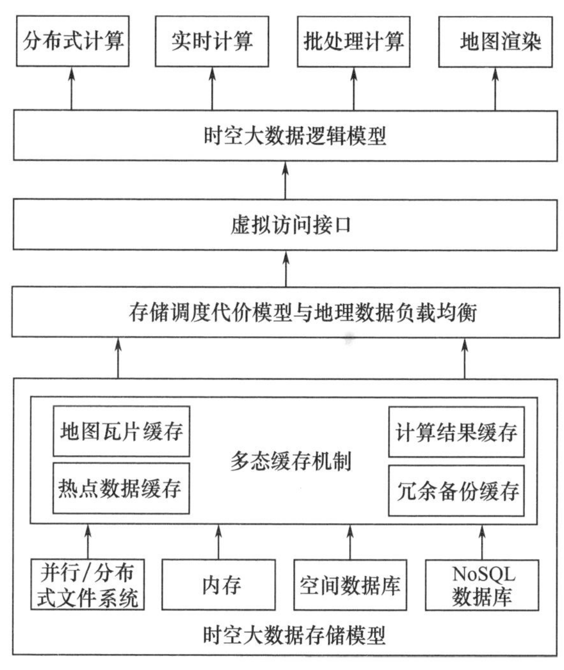

图 2-23 时空大数据的多态存储架构

表2－1对比了现有时空大数据管理框架体系架构、空间索引和空间查询模式，可以看出，采用多种存储方式、索引结构、查询模式才能适应时空大数据的管理需求。

表2－1 时空大数据的管理框架对比

框架	体系架构	空间索引	空间查询
MD－HBase	HBase	Quad Tree，K－D Tree	Range Query，KNN
CloST	Hadoop	R－Tree	Range Query，Spatial Join，KNN
Hadoop－GIS	Hadoop	Grid	Range Query，Spatial Join，KNN
VegaSTDE	Hadoop HBase	Quad Tree	ST－Range Query
SpatialHadoop	Hadoop	R－Tree，Quad Tree，Grid，K－D Tree	Range Query，Spatial Join，KNN
Parallel SECONDO	Parallel DB	—	Range Query，Spatial Join
ScalaGiST	Hadoop	B＋－Tree，R－Tree	Range Query，Spatial Join，KNN
GeoMesa	HBase	Geohash	Range Query
GeoSpark	Spark	R－Tree，Quad－Tree	Range Query，Spatial Join，KNN
Sphinx	Parallel DB	R－Tree，Quad－Tree	Range Query，Spatial Join
Simba	Spark	R－Tree	Range Query，Spatial Join，KNN
ST－Hadoop	Hadoop	ST－Index	ST－Range Query，ST－Join
LandQ	Parallel DB	Grid	Range Query

2.3.2 高性能地理计算架构

地理计算是借助计算科学并利用丰富的地理空间数据求解复杂地理问题的过程，是地理信息科学的核心内容，重点研究地理信息科学的方法学问题，包含数据处理、空间分析、过程模拟等多种类型的操作。得益于测绘手段的不断提高和改进，地理学家们可获得的地理时空数据呈指数级增长，而高性能计算能力的突飞猛进也极大提高了计算机的计算能力以及海量数据存储能力和共享程度。同时，分析和处理这些海量数据的应用程序也相应的更加复杂。传统的地理信息系统工具设计思想主要是在单工作节点上执行地理算法，其缺点就是不能有效地处理海量数据以及不支持复杂的地理计算。尤其是随着海量空间数据在地理计算中的应用，针对海量空间数据的高效处理与分析、过程模拟与空间决策支持等方面，传统的地理信息系统工具存在着技术瓶颈。而基于新型硬件架构的高性能复杂地理计算成为新型GIS发展的核心技术，是新一代GIS不可缺少的组成部分。

为满足用户对特定领域复杂问题的分析与处理需求，通常需要一系列专门的算法和工具对地理时空数据进行查找、移动、分析、处理及可视化等操作，在实现层面需要按照特定的业务逻辑，将多个地理时空数据资源及地理计算任务进行组合，形成相应的地理计算流程。随着地理计算问题的日益复杂和计算规模的不断增大，通过手工对复杂地理计算流程进行控制是不切实际的，在地理计算和发现过程中亟需采用自动化流程管理。科学工作流管理系统（Scientific Workflow Management Systems，SWfMS）正是在这种背景下成为辅助地理学家进行复杂地理计算的必要工具。作为一种辅助科学家进行科学实验的手段，科学工作流管理系统能够对复杂应用程序及各程序间的数据依赖关系进行组合，并控制各部分在时间、空间以及资源等约束条件下按序完成[11-20]，对比参见表2-2。

表2-2　科学工作流管理系统对比分析

开源系统	流程建模										资源调度								容错			应用领域
	建模能力				组合方法			模型验证	组合对象		资源类型				调度方式							
															静态		动态					
	顺序	并行	条件分支	循环迭代	文本编辑	图编辑	语义推理		应用程序	服务	单机	集群	网格	云	自定义	模拟	预测	运行时	系统级	流程级	任务级	
DAGMan	+	+			+				+		+	+	+					+	+	+	+	通用型
Pegasus	+	+					+		+	+	+	+	+		+			+	+	+	+	宇航学、高能物理、地震科学
Triana	+	+	+	+		+		+	+	+			+					+				信号、文本与图像
Taverna	+	+					+	+		+			+					+			+	生物、生物信息
Karajan	+	+	+	+		+			+				+					+		+		通用型
Swift	+	+	+	+	+			+	+		+	+	+	+	+			+	+	+	+	高能物理
Kepler	+	+	+	+		+		+		+			+	+				+		+		通用型
Gene Pattern	+	+				+				+	+				+							生物、生物信息

Taverna、Triana 以及 Kepler，这些科学工作流系统主要用于解决分布式环境下 Web 服务调用的协同。Pegasus 和 DAGMan 支持网格环境下的大规模计算调度，DAGMan 提供了一种工作流引擎来管理有向无环图形式的 Condor 任务，缺少对条件分支和迭代的建模支持。Pegasus 本质上是一套 DAG 转换器，能够将工作流图转换为一种 DAGMan 输入支持的文件格式。GenePattern 聚焦应用程

序的组合,采用的是图形编程方法,但缺少对大规模并行处理的支持。Google 的 MapReduce 也用于对大规模数据的分析,但仅支持键值对数据,且运行环境必须是 Google 文件系统。Swfit 起源于 GriPhyN 虚拟数据系统(Virtual Data System, VDS),最初用于辅助高能物理实验的大规模数据分析,通过 XDTM 支持不同文件系统上的异构数据格式,使用 CoG Karajan 的库实现任务调度、数据迁移和网格任务提交,并增加了对并行计算抽象描述、数据抽象、工作流重启以及在多站点可靠执行等功能。

高性能环境下复杂地理计算流程如图 2-24 所示。地理计算流程建模阶段对地理计算算法按照应用需求进行组合,形成抽象的流程描述;地理计算流程调度阶段将建模阶段得到的流程模型进行解析并将地理计算任务调度到具体资源得到可执行流程;执行阶段根据流程解析和调度阶段的结果,把地理计算任务分配给对应的计算资源上执行并监控其执行过程;元数据来源捕获阶段在以上阶段中记录元数据及数据的来源信息,包括流程建模过程中相关组件的元数据提取与记录、执行阶段中与计算资源和计算环境相关的实时信息及数据的来源信息等。

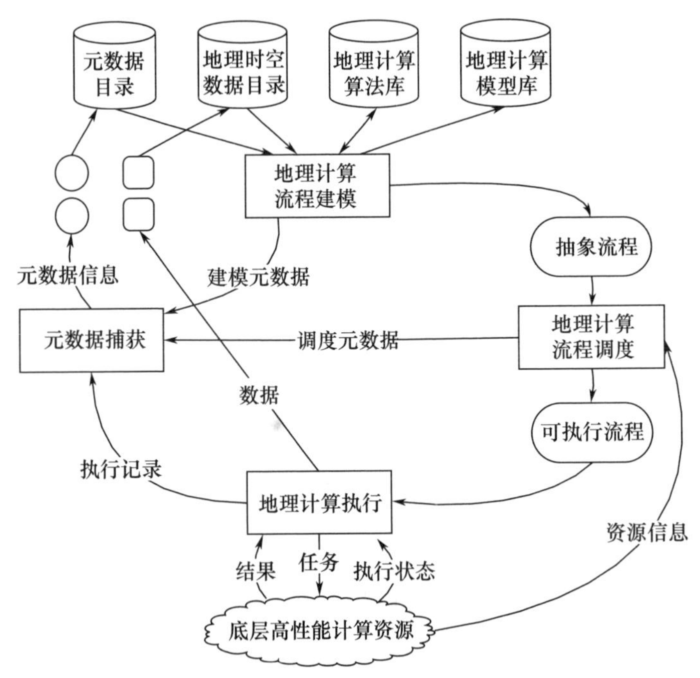

图 2-24　高性能环境下复杂地理计算流程

地理计算流程管理主要分为流程建模和驱动引擎两大功能,如图 2-25 所示。

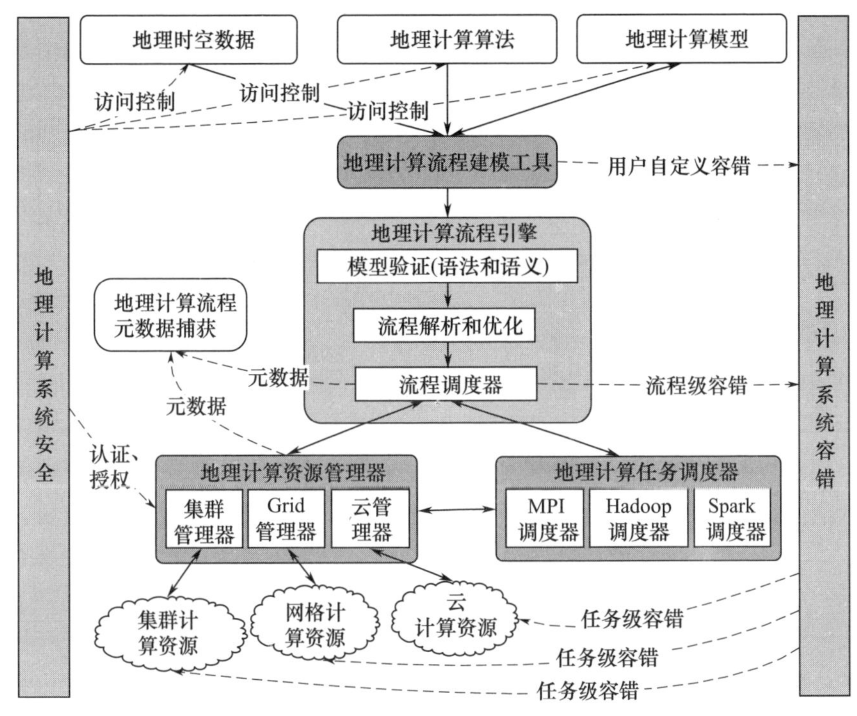

图 2－25　高性能地理计算流程处理系统架构

在流程建模过程中，地理学家通过流程定义工具从地理时空数据库、地理计算算法库或地理计算模型库中获取建模所需的数据、算法和模型，按照地理计算的需要进行流程组合并形成抽象的地理计算流程描述。在流程定义完之后，系统将地理计算流程及地理学家定义的约束一起发送到地理计算流程引擎，引擎对抽象流程进行验证、解析、调度、执行和监控。同时，在地理计算流程定义和执行过程中，需要对时空数据、计算算法、计算资源、计算环境的元数据信息进行捕获和记录。由于地理计算运行在高性能环境下，因为各种资源与生俱来的分布性、动态性和脆弱性，所以系统的容错和安全也成为其重要的功能。

高性能地理计算是多元多态时空大数据的处理和应用，需要能够综合消息传递、映射－归约、内存计算、实时计算、流式计算等计算架构优势的多范式高性能地理计算解决方案。多范式高性能地理计算框架如图 2－26 所示。

首先，为解决时空大数据处理具有的高并发问题，可以将每种不同类型的作业或者服务作为一个独立的集群，从而避免相互干扰。如此，一个大的集群将会被分割成多个小集群。这种策略的好处是，不同范式计算任务之间不会互相影响，能够保证运行的可靠性，不足之处在于由于不同类型的作业或者服务需要的

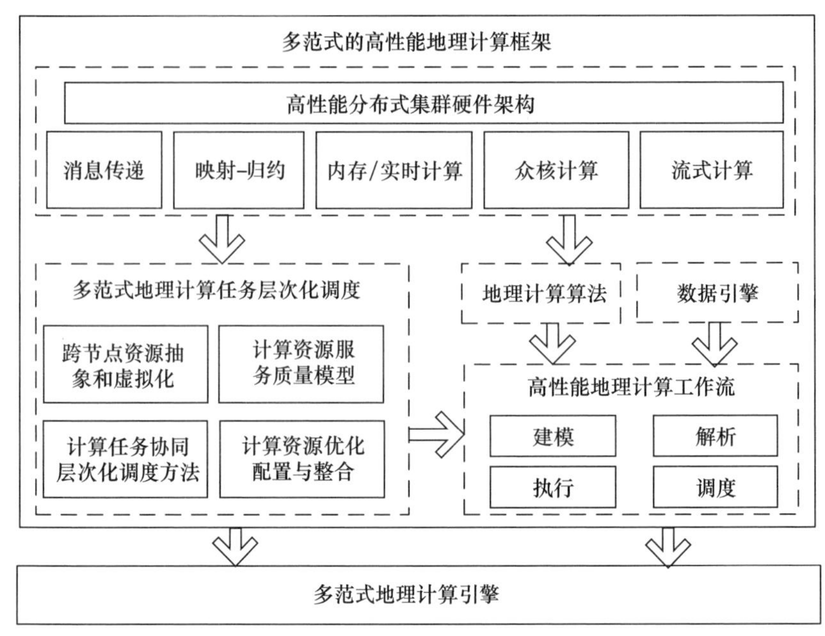

图 2-26 多范式高性能地理计算框架

资源量不同,这些小分散的集群的利用率很不均衡,有的集群满负载、资源紧张,而另外一些集群则长时间闲置、资源利用率极低。由于这些集群之间资源无法共享,因此造成了不同时间段不同的集群资源利用率不同。其次,为提高资源的整体利用效率,从逻辑上将这些小集群合并成一个大集群,共享大集群资源,对资源管理和分配进行统一调度。将消息传递、映射-归约、内存计算、实时计算、流式计算等各种计算范式框架运行在它之上,根据时空大数据的计算需求匹配计算范式,实现框架的资源统一管理和优化配置,使它们共享一个集群,降低运维成本和硬件成本。

2.3.3 时空数据动态可视化架构

面向高并发时空大数据动态制图,需要解决基于高性能架构下的大区域多尺度地图处理和制图渲染技术,提供面向专业领域的制图语言,支撑高并发的众包制图方法等。通过对泛在时空大数据的深层次可视化,揭示地理现象的时空演变和发展传播规律,为大众科学和社会科学提供决策支持。

1. 基于并行架构的时空大数据地图可视化基础框架

定义时空大数据动态并行可视化的框架,需要针对海量多用户并发显示数据区域不确定性、内容不确定性、数据时序不确定性等特点,考虑时空大数据动态并行可视化模型,突破传统 GIS“数据－图层－地图”可视化模型不利于并行化处理的限制。在用户可视化视图模型中,要解决不同用户视图对时空数据以及同类视图不同用户对时空数据的动态显示与浏览问题。针对高并发制图数据及其异构特点,能够实现快速在线制图数据融合技术,包括大规模制图数据分类、制图数学模型、制图数据处理等。

分布式高性能计算基础设施提供了多层次并行计算环境,这样就能够支持时空大数据在时间、空间、尺度等多个维度上的可视化任务划分,构建时空大数据动态并行可视化模型,利用全球多层网格剖分技术,并行显示处理的时空数据统一到全球剖分的格网中。通过合理的时空大数据多层次多粒度任务划分、调度与负载均衡算法,形成地图并行可视化的基础软硬件框架。图 2－27 展示了时空数据动态可视化框架的基本结构与组件。

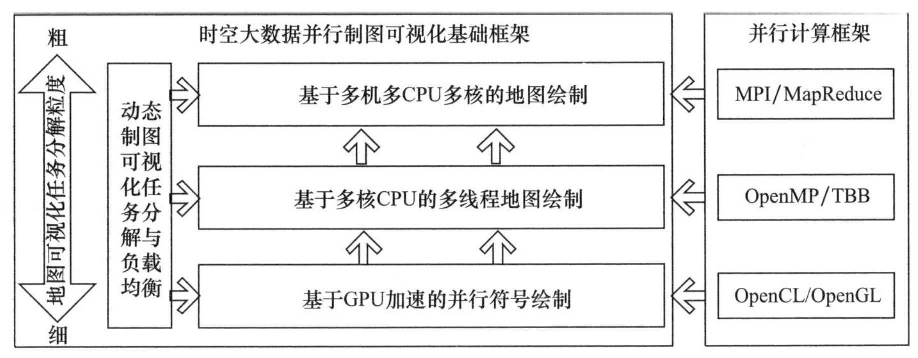

图 2－27　高并发时空大数据动态制图可视化基础框架

2. 制图领域专用语言与地图模版构建技术

制图领域专用语言通过对地图制图领域中的基本操作与要素进行抽象,归纳出制图领域基本的语法与语义要素,再通过对现有的一种高级计算机程序设计语言进行定制,实现强大的、高度抽象、高度可扩展和重用的地图制图样式表达能力。

这种制图领域专用语言可以充分考虑利用高性能计算环境提供的并行处理能力,采用支持高并发的语言解释器,以支持将其描述的复杂地图样式的高层抽象翻译为高效的地图渲染指令。

基于制图领域专用语言,可降低地图制图样式与地理空间数据之间的耦合,实现地图制图领域的“表现－内容分离”,因而能够通过参数化模版的方法提高地图制图样式的重用度,如图 2－28 所示。面向在线应用时,制图语言完全可以采用版本管理系统,实现符号化编辑的协同,将传统 GIS 领域协同制图中的冲突

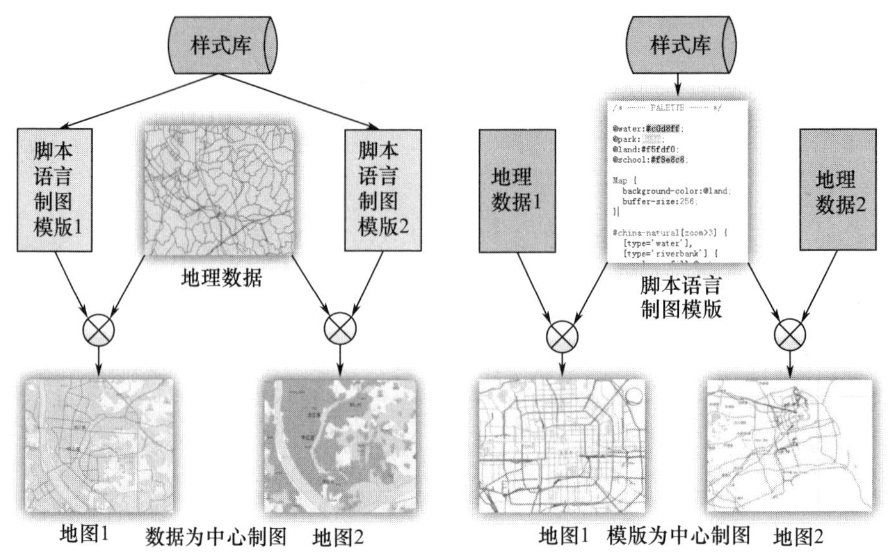

图 2-28 数据+模版的地图制图机制

消解难题交给版本管理系统解决。此外，根据数据设计符号化样式，或者定制模版，同类型数据可以实现一键制图，基于脚本制图语言模版的 Web 制图机制，可以灵活支持以数据为中心、以模版为中心的制图应用，并实现制图知识共享。

3. 云端协同的多样化可视化技术

除了服务器具备提供基础底图、进行地图设计的能力，用户可在基础底图已经具备的条件下进行动态专题制图。用户动态制图在技术架构上要考虑云端协同的可视化方法：

(1) 客户端。客户端技术是一种较为灵活的技术方案，用户上传的数据保留在客户端或浏览器，动态制图过程由浏览器绘图程序控制，并在浏览器生成图形。该技术的优势在于充分利用端的计算能力，图形表达的灵活性较高，有大量前端图形库可供选择，能够提供更加丰富的表达手段，特别适合动态内容的制图表达(动画)；不足之处在于前端能够容纳的数据量有限，图形质量与服务器端技术比较弱，难以利用高性能计算。

(2) 服务器技术。服务器技术采用与传统 Web 切片服务器一致的技术框架，不同之处在于地图设计只针对用户提供的图层，由用户设计的制图模版和参数将上传服务器，最终的可视化结果是在服务器端的图形引擎和切片服务器共同作用下生成。该技术的优势在于用户动态制图可复用服务器端的高性能制图引擎(图形质量、绘制效率、并行架构)，具备“大数据”级地理数据可视化能力(数据存储能力、并行绘制能力)，擅长处理流式数据、三维数据的可视化，而且与服务器的高效数据组织管理密切相关;不足之处在于该方案会受限于后端制图引擎所提供的制图手段,对于“特型”地图符号、专有表示方法和时空动态信息的支持不够。

参考文献

[1] Zhang J T, You S, Gruenwald L, et al. Large - scale Spatial Data Processing on GPUs and GPU - Accelerated Clusters[J]. Sigspatial Special, 2015, 6(3): 27 - 34.

[2] Shi X, Lai C, Huang M, et al. Geocomputation over the Emerging Heterogeneous Computing Infrastructure [J]. Transactions in GIS, 2014, 18(S1): 3 - 24.

[3] Xiong W, Chen L. Hi GIS: An Open Framework for High Performance Geographic Information System [J]. Advances in Electrical and Computer Engineering, 2015, 15(3): 123 - 132.

[4] Eldawy A, Mokbel M F. The Era of Big Spatial Data[C]. International Conference on Data Engineering. Helsinki: IEEE, 2016: 1424 - 1427.

[5] Guan Q, Shi X, Huang M, et al. A Hybrid Parallel Cellular Automata Model for Urban Growth Simulation over GPU/CPU Heterogeneous Architectures[J]. International Journal of Geographical Information Science, 2016, 30(3): 494 - 514.

[6] Foster I, Kesselman C. Globus: a Metacomputing Infrastructure Toolkit[J]. International Journal of High Performance Computing Applications, 1997, 11(2): 115 - 128.

[7] Cinquini L, Crichton D J, Mattmann C A, et al. The Earth System Grid Federation: An Open Infrastructure for Access to Distributed Geospatial Data[J]. Future Generation Computer Systems, 2014, 36: 400 - 417.

[8] Sara S, Willie T, Samad M E S. Digital Twin and Cyber GIS for Improving Connectivity and Measuring the Impact of Infrastructure Construction Planning in Smart Cities[J]. ISPRS Int. J. Geo - Inf, 2020, 9(4): 240.

[9] Shekhar S, Gunturi V, Evans M R, et al. Spatial Big - data Challenges Intersecting Mobility and Cloud Computing[C]. Data Engineering for Wireless and Mobile Access. New York: ACM, 2012: 1 - 6.

[10] Yao X C, Li G Q. Big Spatial Vector Data Management: a Review[J]. Big Earth Data, 2018, 2(1): 108 - 129.

[11] Sun C, Wang Z, Wang K, et al. Adaptive BPEL Service Compositions via Variability Management: A Methodology and Supporting Platform[J]. International Journal of Web Services Research, 2019, 16(1): 37 - 69.

[12] Oinn T, Greenwood M, Addis M, et al. Taverna: Lessons in Creating a Workflow Environment for the Life Sciences[J]. Concurrency and Computation: Practice and Experience, 2006, 18(10): 1067 - 1100.

[13] Taylor I, Shields M, Wang I, et al. Visual Grid Workflow in Triana[J]. Journal of Grid Computing, 2005, 3(3 - 4): 153 - 169.

[14] Ludäscher B, Altintas I, Berkley C, et al. Scientific Workflow Management and the Kepler System [J]. Concurrency and Computation: Practice and Experience, 2006, 18(10): 1039 - 1065.

[15] Deelman E,Vahi K,Rynge M,et al. Pegasus in the Cloud:Science Automation through Workflow Technologies[J]. IEEE Internet Computing,2016,20(1):70 - 76.
[16] Kalayci S,Dasgupta G,Fong L,et al. Distributed and Adaptive Execution of Condor DAGMan Workflows [C]. Proceedings of SEKE 2010,Red Wood City:DB2P,2010:587 - 590.
[17] Reich M,Liefeld T,Gould J,et al. GenePattern 2.0[J]. Nature Genetics,2006,38(5):500.
[18] Maitrey S,Jha C K. MapReduce:Simplified Data Analysis of Big Data[J]. Procedia Computer Science, 2015,57:563 - 571.
[19] Liew C S,Atkinson M P,Galea M,et al. Scientific Workflows:Moving Across Paradigms[J]. ACM Computing Surveys(CSUR),2017,49(4):66.
[20] Von Laszewski G,Hategan M,Kodeboyina D. Workflows for e - Science[M]. London:Springer,2007.

第 3 章　时空大数据的组织管理

时空数据是一个科学严密的概念，它是指以地球（或其他星体）为对象，基于统一时空基准，与位置相关联的地理要素或现象的数据集，具有空间维（S）、属性维（D）和时间维（T）等基本特征，时空大数据是大数据与时空数据的融合。其中，空间维指地理信息具有精确的三维空间位置或空间分布特征，具有可量测性，需要一个高精度的空间基准；属性维指空间维上可加载的各种相关信息（属性或专题信息），具有多维特征，需要一个科学的分类体系和标准编码体系；时间维指地理信息是随时间的变化而变化的，具有时态性，需要一个精确的时间基准。

3.1　高性能 GIS 空间数据组织模型

3.1.1　key－value 存储模型

现有的基于关系数据库的空间数据库在应对大规模时空数据的存储时，数据存储模型和查询能力难以扩展。面向大规模非结构化数据管理的 key－value 存储成为一种可选的存储模型。从 key－value 存储的角度对空间数据建模，可以更好地满足后续的并行查询处理。

1. CAP 理论

key－value 存储模型与 CAP 理论[1]息息相关，根据 Eric Brewer 提出的 CAP 理论（后来由 Gilbert 和 Lynch 证明[2]，图 3－1），在大型分布式系统中，一致性（Consistency）、可用性（Availability）和网络分区容忍性（Network Partition

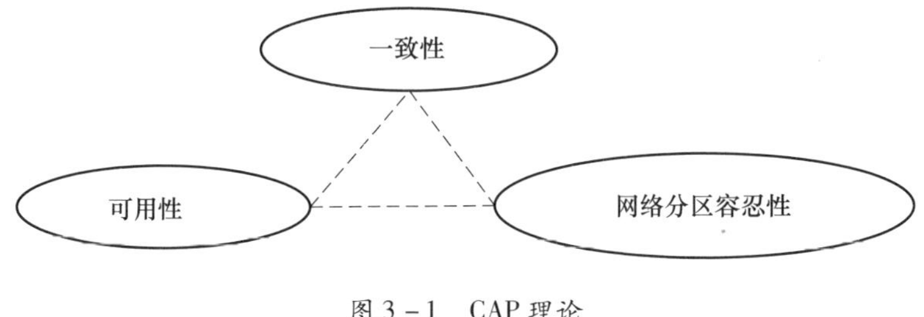

图 3－1　CAP 理论

Tolerance)这三个目标中,只可以获得其中两个特征,追求两个目标将损害另一个目标,三个目标不可兼得。

也就是说,如果追求高度的一致性和可用性,则网络分区容忍性不能满足。基于关系模型的空间数据库通过 ACID 协议来保证数据的一致性,并且通过分布式执行协议来保证事务的正确执行,追求系统的可用性,从而丧失了网络分区容忍性,导致空间数据库很难部署到大规模集群系统中。相反,key - value 存储模型放松对数据的 ACID 的一致性约束,允许数据暂时出现不一致情况,接受最终一致性,从而达到提升系统可扩展性的问题。

2. key - value 存储模型

key - value 存储模型是目前 NoSQL(Not Only SQL)技术的主流存储模型,根据不同需求衍变成三类不同的存储模型:简单 key - value 存储模型、列族存储模型和文档存储模型等[3]。key - value 存储模型的出现主要解决大数据存储中的可扩展性问题。

简单 key - value 存储模型在 key 和 value 间建立一定的映射关系,其中 key 和 value 可以是任何类型的数据结构,没有模式束缚,这种数据模型有利于系统扩展,支持大规模数据的存储和高并发查询操作,非常适合于通过主键进行查询和遍历,典型系统有 Dynamo/SimpleDB[4]。下面以 Hadoop 中基于 key - value 的 SequenceFile[5] 文件格式来描述其数据结构。

如图 3 - 2 所示,SequenceFile 文件结构主要包括 Header、Record 和 Sync 三类信息。其中 Header 包含 key 和 value 的数据类型、用户自定义的元数据以及异步标识等;Record 表示每条记录,主要包含记录的长度、key 的长度以及 key 和 value 等信息;Sync 标识便于读取文件时界定 Record 的边界。SequenceFile 的文件结构是 MapReduce 数据处理中最常用的 key - value 存储结构,如 Mahout 中底层的存储结构就采用了 SequenceFile 文件结构[6]。

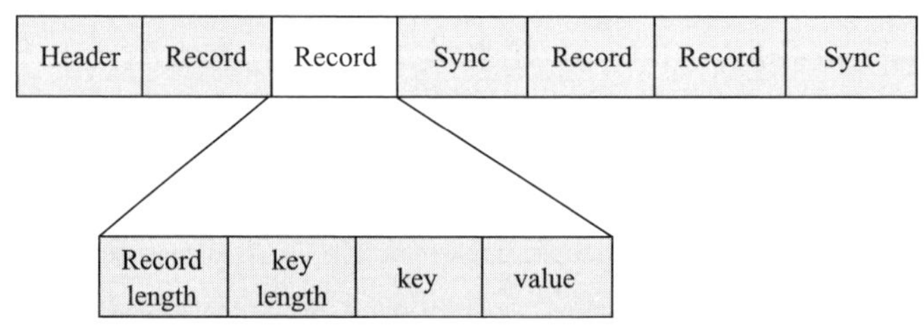

图 3 - 2　SequenceFile 文件的 key - value 存储结构

列族存储模型是一种更复杂的 key - value 模型,但 value 可以表示为多列,适合于对某一列进行随机查询处理,但是对于穷举式遍历,其效率反而不如行存储模型，采用该存储模型的有 Bigtable、HBase[5] 和 Cassandra[7] 等。文档存储模型在存储格式方面十分灵活，比较适合于存储系统日志等非结构化数据，CouchDB[8] 和 MongoDB[9] 是采用这种存储模型的典型系统；但是不太适合于遥感影像这种栅格数据模型[10]，特别地，文档模型为支持灵活性而导致的效率的降低也会成为大规模空间数据管理的性能瓶颈，因此，不太适合存储大规模的空间数据。

总体来讲，简单 key - value 存储和列族存储模型较为适合存储大规模的空间数据。采用简单 key - value 存储模型来构建空间数据的存储模型，建模主要从逻辑层次考虑，其物理层次的建模，则可以交付给具体的存储系统如 HDFS、HBase 实现。

3.1.2 基于 key - value 的空间数据组织

构建空间数据 key - value 模型的基本思想是将空间数据库的模型迁移到 key - value 存储模型中，将扩展对象的关系存储模型改为 key - value 存储模型，以利于数据切分和分布式存储。下面分别介绍空间栅格数据和空间矢量数据的 key - value 存储模型。

1. 空间栅格数据的 key - value 存储方式

空间栅格数据可以采用两个表来进行存储，栅格表 RDT 存储具体的分块栅格数据，而地理栅格表 GRT 存储对应分块栅格数据的属性数据，二者通过属性 RasterID 进行关联。在进行 key - value 存储方式设计时，key 设计为栅格数据分块在 key - value 存储中的序列号；value 是一个分块栅格数据和其多个属性的集合，包括 RasterID、最小外包矩形框（Minimum Bounding Rectangle/Box，MBR/MBB）、栅格分块数据及其他属性信息。空间栅格数据具体的 key - value 存储模型如图 3 - 3 所示。

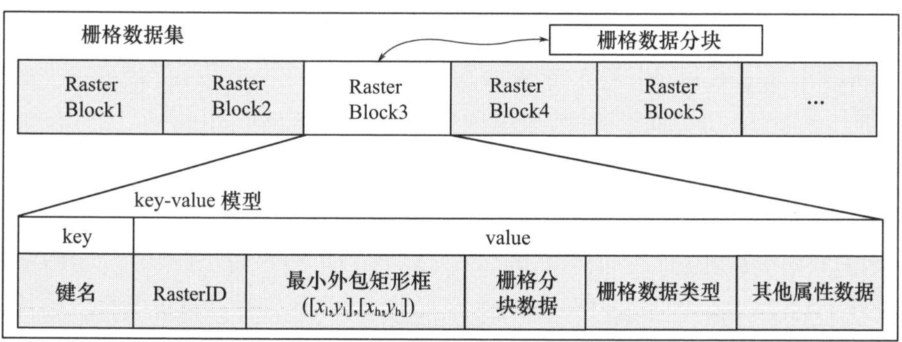

图 3 - 3　空间栅格数据的 key - value 存储模型

在数据类型设计上，传统的字符类型、数值类型以及抽象数据类型并不适用 key - value 存储模型中的空间对象各个属性信息，主要原因在于 key - value 存储中的空间数据需要进行网络传输和数据持久化，因此，需要进行序列化（Serialization）和反序列化（Deserialization）处理。序列化是将一个结构化的对象转变成一个字节流进行网络传输或持久化处理的过程，反序列化则是其逆过程。在 MapReduce 的数据处理中，节点间的数据通信是通过远程过程调用（Remote Procedure Call，RPC）实现的，RPC 协议使用序列化将消息转变成二进制字节流传递给远程节点，然后远程节点使用反序列化将二进制信息流转变成原始的消息。

为实现空间数据的序列化和反序列化处理，以 HDFS 为例，在 key 和 value 数据类型的实现上，可以继承 HDFS 中的 Writable 接口，该接口使用 write 方法将状态写入 DataOutput 二进制流，而用 readFileds 方法读取 DataInput 中各个字段的二进制流状态。在 key 的设计上，采用 HDFS 已有的 LongWritable 类来封装各个 key；在 value 设计时，采用继承 Writable 接口的 RasterWritable 类来封装各个 value，每个 value 表示为一个具体的栅格分块。

图 3 - 4 描述了 RasterWritable 类中两个关键方法 write 和 readFileds 的伪代码，以描述其 value 的实现过程。在 RasterWritable 类的 readFileds 方法实现时，依序从数据分块中读取栅格分块标识 RasterID、MBR（由左下角坐标[xl，yl]和右上角坐标[xh，yh]表示），分块栅格数据和类型信息，在 write 方法中，采用同样顺序将分块栅格数据的属性信息写入到 value 中。

```
public void readFields(DataInput in){
        rasterid = in.readLong();
        minx=in.readDouble();
        maxx=in.readDouble();
        miny=in.readDouble();
        maxy=in.readDouble();
        int length=in.readInt();
        rasterdata=new byte[length];
        in.readFully(rasterdata,0,length);
        int len=in.readInt();
        georastertype=new byte[len];
        in.readFully(georastertype,0,len);
}
```

```
Public void write(DataOutput out) {
        out.writeLong(rasterid);
        out.writeDouble(minx);
        out.writeDouble(maxx);
        out.writeDouble(miny);
        out.writeDouble(maxy);
        out.writeInt(rasterdata.length);
        out.write(rasterdata);
        out.writeInt(georastertype.length);
        out.write(georastertype);
}
```

图 3 - 4　RasterWritable 类中关键方法实现

在 key - value 存储模型设计时，空间栅格数据分块中最基本的栅格数据和属性数据，默认采用 Plate Carree 投影的地图投影方式。在实际应用过程中，可以考虑更多的属性，但均可在 RasterWritable 类中进行扩展。此外，空间栅格数据特别是遥感影像数据，具有数据量大的特点，并不适合在计算机内存中进行处理。同时，大多遥感影像像素坐标并不与 Plate Carree 投影下的空间参考坐标平行，存在倾斜度问题。基于上述两种情况，在对空间栅格数据进行 key - value 存储时,可以预先采用一种基于递归区域划分的栅格数据分块方法。基于分治思想,根据原始空间栅格数据空间范围和可用内存大小自适应地调整所需的存储空间,从而达到适应内存处理需要。

基于 MapReduce 计算模型,设每个 Mapper 进程的可用内存为 M_A,对任一输入原始空间栅格数据 A,分块方法描述如下:

(1) 若 A. size < M_A,计算 A 的最小外包框 MBR,并将 A 按空间范围映射到该 MBR 内,空白区域进行补零操作形成 A',然后将 MBR 和 A'作为键值进行存储。

(2) 若 A. size > M_A,将 A 按空间区域划分为 2 ×2 栅格分块。对 2 ×2 中每一分块 A_i,计算其 MBR,并对该 A_i 内的空白区域进行补零操作。若 A_i. size < M_A,将 MBR 和 A_i 作为键值存储,否则重复(2)。

如图 3 –5 所示,空间栅格块大小大于 M_A,该栅格块按 2 ×2 区域划分成四幅栅格块,进行补零操作后,形成 key – value 存储模型。经过分块操作后,空间栅格块的像素空间与坐标空间平行,可方便地进行像素坐标与空间地理坐标的转换操作。

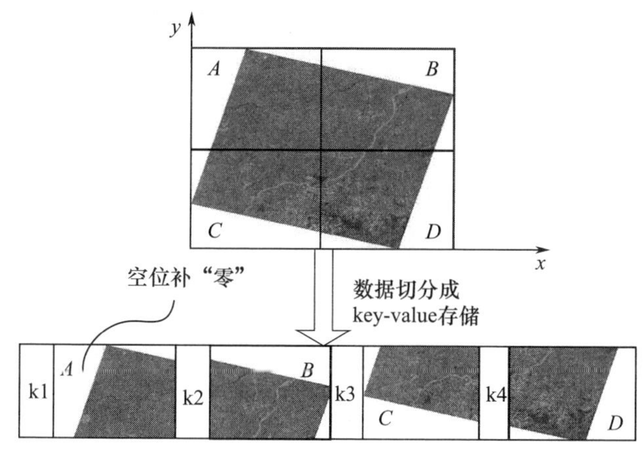

图 3 –5 空间栅格数据分块处理

2. 矢量数据的 key – value 存储方式

空间矢量数据模型是一种基于对象的空间信息模型。其数据类型包括点(Point)、线(Curve)、面(Surface)和几何体集合(Geometry Collection)四类[9]。几何体集合通常包括多点(Multi Points)、多线(Multi Curve)和多面(Multi Surface)三种。不管是点、线、面还是几何体,其共同特征都是空间实体采用几何实体(Geometry)来进行表示,具有空间位置属性,从可读性角度考虑,Geometry 原始数据采用 WKT 格式描述。

矢量数据除了包含空间实体数据即几何数据外，还包含一系列属性数据。在数据库中进行存储时，一个空间要素应由唯一标识符、空间实体数据、属性数据三部分组成。唯一标识符作为该空间要素在数据集中的唯一识别符来进行识别，在整个数据集中不允许重复，相当于关系数据库中的主键；空间实体数据存储实际的空间几何数据，是对要素位置、形状等的描述，是空间要素的主体部分；属性数据是对空间要素特征、性质的描述，一个空间要素可以对应多个属性数据，比如长度、宽度、地物名称等。矢量要素的逻辑结构如表3－1所示。

表3－1　矢量要素的逻辑结构

<table>
<tr><td rowspan="5">要素标识符(feature_id)</td><td>几何数据</td></tr>
<tr><td>属性1</td></tr>
<tr><td>属性2</td></tr>
<tr><td>…</td></tr>
<tr><td>属性 N</td></tr>
</table>

空间矢量数据 key－value 建模的基本思想同样是将基于关系表的空间存储模型转变为 key－value 模型，即将空间对象的几何信息和非几何信息组合在一起，并删除关系存储中多余的关联信息。图3－6列出了空间矢量数据 key－value 模型，其中 key 表示键名，标识空间对象存储的位置信息，value 包括空间对象的对象标识符、最小外包矩形框、几何实体及其类型、要素类名及其他属性信息。要素类名说明了空间对象所属的类别，在空间查询如连接查询中，要素类名更大的作用在于区分数据来源。

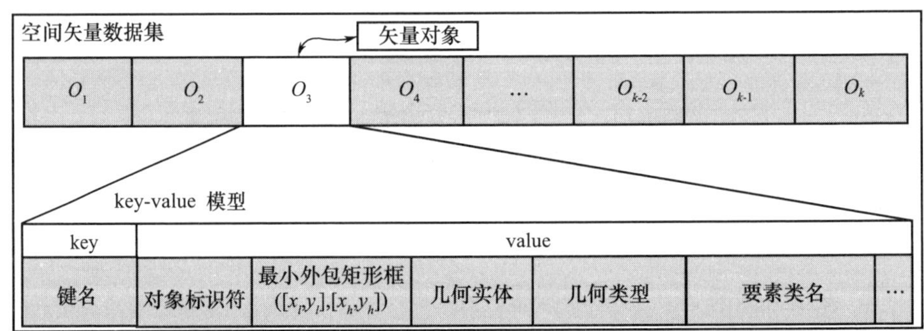

图3－6　空间矢量数据 key－value 存储模型

仍以 HDFS 为例，在 key 的设计上，通过 LongWritable 类来封装各个 key（键名）；在 value 设计时，采用继承 Writable 接口的 VectorWritable 类来封装各个 value，每个 value 表示为一个具体的空间矢量对象，包含其对象标识符、最小外包矩形框、几何实体、类型等各种几何信息和非几何信息，其具体实现与 RasterWritable 类似，在此不作详述。

基于分布式集群的大量内存，要充分利用内存相比于磁盘存储的优势，需要针对内存空间存储特点来设计相应的数据结构。当前内存中较为成熟的数据管理方式是采用 NoSQL 架构实现的内存数据库，其内部大多采用 key - value 结构组织数据，而 key - value 型结构也很适合于扩展成高性能 GIS 中分布式计算框架的内部组织数据结构。

3.1.3 基于分布式内存的矢量数据组织

空间数据库中包含大量的矢量数据集，类似关系数据库中包含大量的数据表；每个数据集由一个或者多个数据图层组成，这些图层具有相同的空间参考，采用相同的坐标系统；矢量要素是空间数据库管理中的基本单元，每条数据对应一个空间实体，一个图层包含大量矢量要素。采用以上分级结构，可以实现对空间数据的有效管理。

由于矢量数据规模较大、种类繁多，为有效地管理这些数据，需要对矢量数据进行分级组织。具体来说，可分为数据库（Spatial Database）、空间数据集（Dataset）、数据图层（Layer）和矢量要素（Feature）四个层次，如图 3 - 7 所示。

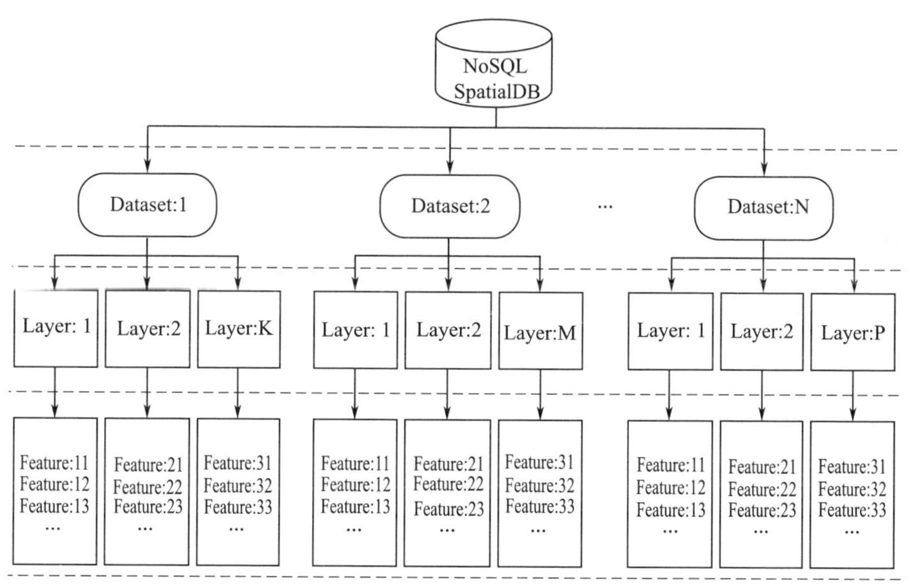

图 3 - 7 内存空间数据库分层组织结构

矢量要素是数据库中的基本存储单元，其存储结构是否高效与合理直接关系数据库性能的好坏。矢量要素相比传统数据更加复杂多变,且每个矢量要素对应数目不定的属性数据。根据 key - value 结构特点以及应用场景,可以采用内存中矢量要素的几何数据与属性数据分开存储的数据结构。

设计分布式空间数据模型的 key 为空间对象的索引字符串拼接而成,具体构成如下:

〈数据集 ID,图层 ID,节点 ID,网格 ID,对象 ID〉

其中,数据集 ID 和图层 ID 是空间数据所述的不同概念层级;节点 ID 为此数据位于分布式集群的节点的唯一标示符,可以是节点 IP、节点编号等;网格 ID 即是将数据划分后形成的数据块 ID,有简单网格划分和 Hilbert 网格划分两种方式;对象 ID 是空间对象的标识符,是数据输入时系统赋予的唯一编号;若数据集只包含一个图层,则图层 ID 可以省略。图层 ID 和网格 ID,相当于分层排序,通过前缀匹配或查找,就可以实现空间数据的粗粒度查询和粗过滤,在未建立专门的空间索引时也能适应部分空间查询需求。

分布式空间数据模型的 value 结构如图 3 - 8 所示,将矢量要素的几何数据

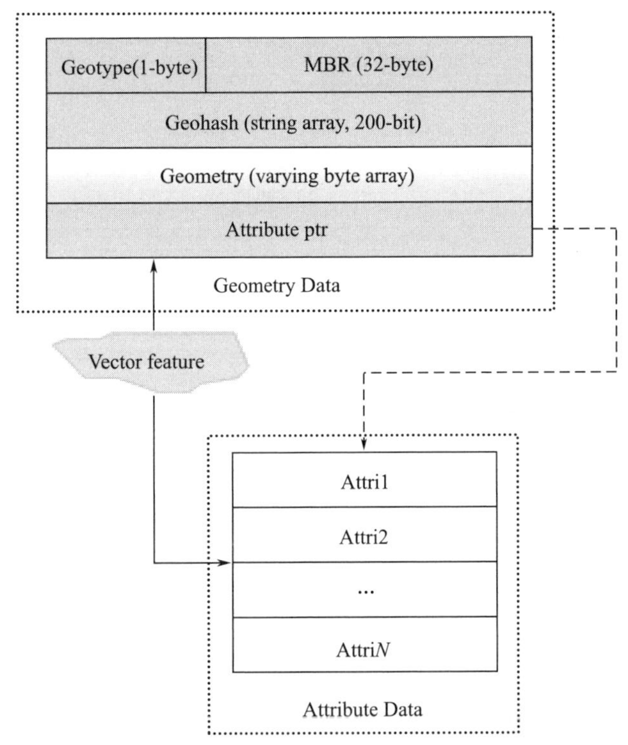

图 3 - 8 适合分布式内存的高性能 GIS 空间数据组织模型

与属性数据分开存储，其中几何数据中包含一个指向属性数据的指针，MBR 包含四个 double 类型的数值，分别对应左下角和右上角的经纬度坐标，共占用 32 个字节；Geohash 字段用来存储该矢量要素的空间编码，该空间编码可将矢量要素的二维位置坐标转化为一维的字符串，一个矢量要素可能对应多个 Geohash 编码，以 String 类型存储；要素的几何数据采用 WKB 的格式进行表达，WKB（Well – Known Binary）相比 WKT（Well – Known Text）更加节约内存空间和易于在内存中直接操作。

该组织模型具有以下优点：

（1）几何数据和属性数据相分离，可以减少空间查询时需要访问的数据量。采用这种数据存储结构，空间查询做相交判断时，可以只读出需要的几何数据，而无需读出全部数据后再进行几何数据的提取，减少需要读取的数据量。同时，属性数据的存储基于 BSON 结构，可以很方便地对其进行修改，比如添加、删除、更新等，特别适合处理属性个数不确定的矢量要素。

（2）将点、线、面三大类矢量要素统一进行管理。以 WKB 格式存储矢量要素的几何数据，无需对点、线、面进行分类存储。进行空间几何中心点抽象后，对抽象点可以方便地进行 Geohash 空间编码等索引构建。

（3）从实现角度来看，对空间数据按此结构组织后可以直接存进分布式内存数据库中，HBase、Redis 等 key – value 数据库均可衔接此结构，给空间数据的存取管理带来极大的便捷；具有较好的迁移能力，可以转换为多种开源分布式计算平台上的内部数据结构，不必再进行数据格式的重新解析和组织。

面对分布式集群的硬件基础，必须根据多节点的特点对空间数据的组织模型和数据结构进行重新设计。因为要满足集群节点的可扩展性，就要求数据的存储也必须支持分布式，这就要对一个概念上统一的空间数据集进行必要的数据块划分，再将各数据块分配到各节点上。分布式数据分块策略直接影响系统中数据存储节点的均衡、分布式查询优化，进而影响空间数据处理与分析的响应时间，因此选择合适的数据块划分方法是分布式内存空间数据管理至关重要的步骤，接下来就对这个问题进行讨论。

数据分块应遵循以下三个原则：

（1）完整性原则。

若 $R=\{R_1,R_2,\cdots,R_n\}$，如果 $a\in R$，则必有 $a\in R_i,i=1,2,\cdots,n$。

（2）可重构原则。

$R=\cup R_i,i=1,2,\cdots,n$。

（3）不相交原则。

$R_i\cap R_j=\Phi,i\neq j,i,j=1,2,\cdots,n$。

一般的数据划分会考虑到水平切分和垂直切分两种方式，但不将空间数据的位置属性纳入数据划分的设计中势必会拖慢上层处理应用，所以针对空间数据的划分，必须考虑其空间位置属性，这样空间数据块划分实际上可以作为一种初步的空间索引使用。采用基于位置的数据块划分方法，主要有以下两种。

(1) 空间格网划分。

每一个空间数据集都覆盖着一定的地理范围，所以最直接的数据划分方法就是在这个范围内均匀地划出网格。每个网格对应一个数据块，一个网格内的空间对象归在一个数据块内。在这里需要将网格划分与网格索引区别开来：网格索引是指对空间对象进行基于网格的组织索引结构，通常用网格编号表示单个空间对象，且每个对象的网格编号是唯一的，可以作为对象检索的依据。而网格划分是指对数据集的空间划分，每个网格内包含一定数量的空间对象，这些对象对应的网格编号都是一致的。

(2) Hilbert 曲线划分。

Hilbert 曲线原本是作为一种空间填充方式出现的，是一种著名的分形结构。Hilbert 曲线作为一维的线，却可以填充固定区域的所有空间，因为其具有良好的局域性和连续性，Hilbert 曲线在空间索引方面也有重要应用。只要设定合适的曲线阶数，就可以实现不同尺度的 Hilbert 空间填充，其填充结构如图 3－9 所示。也存在其他形式类似的填充曲线，如 Peano 填充曲线、基于 Gray 码的填充曲线。

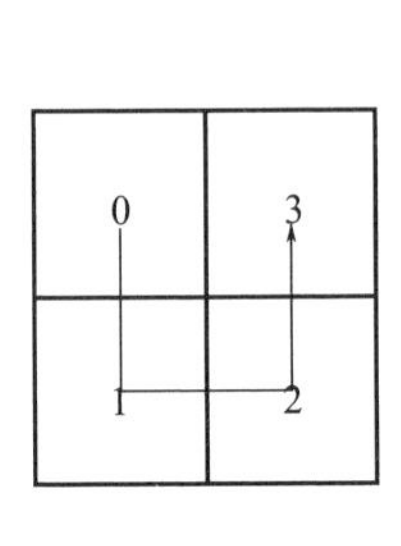

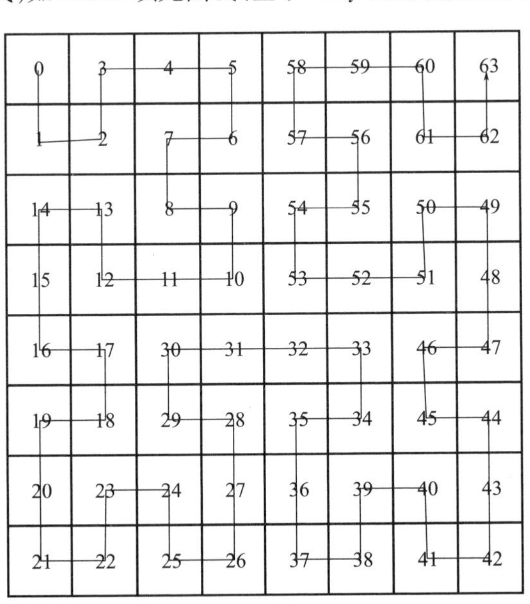

图 3－9　Hilbert 空间填充曲线划分

3.1.4 瓦片组织管理

瓦片地图金字塔模型是一种多分辨率层次模型，对原始影像按照分辨率不断地切割成各个级别的影像瓦片数据，每次只加载当前视窗范围内对应层级的瓦片，从而可以大幅加快浏览速度，而这些不同层级的瓦片数据就构成了瓦片金字塔。瓦片金字塔模型通常基于四叉树结构，按层级分块进行构建。另外，其每层所表示的总体地理覆盖范围不变，但随着逐级切分，从上到下对应的地图比例尺越来越大，表示的分辨率也越来越高，如图 3－10 所示。

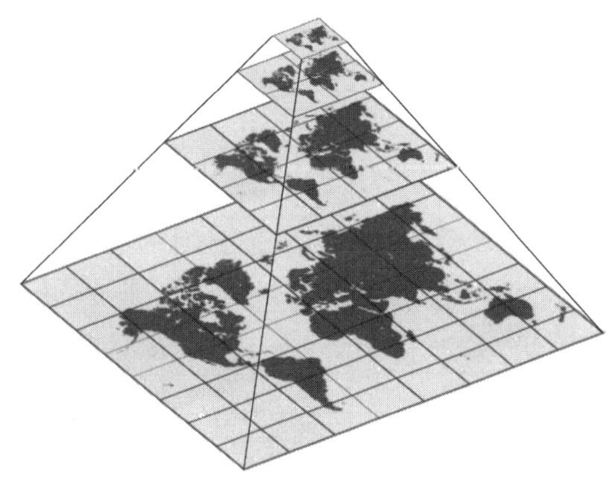

图 3－10 瓦片金字塔模型示意图

瓦片编号是指在全球剖分网格体系下，按照墨卡托投影或其他投影方式生成的二维平面地图上的该瓦片所在的层级、行号、列号，能够通过瓦片编号直接找到该瓦片对应地理坐标的经纬度，如图 3－11 所示。瓦片坐标编号范围指的是按照投影规则所对应该层级的分辨率下，所有瓦片对应的网格坐标编号范围，即行号、列号范围。

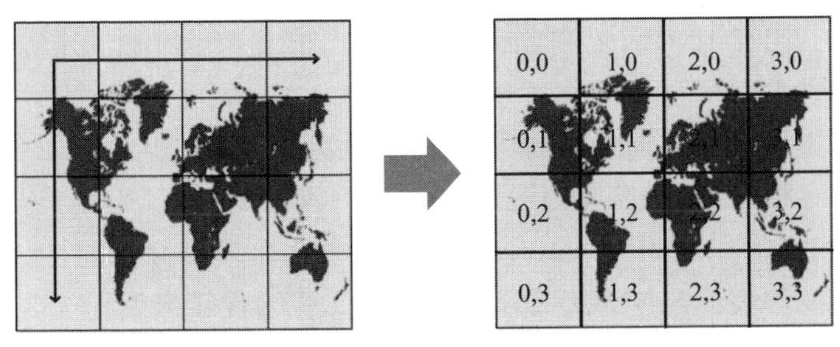

图 3－11 瓦片坐标编号示意图

1. 基于文件的瓦片组织管理

在地理信息服务中,减少影像瓦片的存储空间是提升 GIS 地图服务响应速度的关键。对大规模影像数据进行压缩是一种减小数据存储空间的方法,而压缩时也面临一系列问题,压缩比越高,所需存储空间越小,但图像质量的还原会越差;反之则达不到减少存储空间的目的。因此必须考虑影像瓦片在存储过程中的存储格式,使得在保证图片质量的前提下尽可能压缩影像瓦片的存储空间。

JPEG 格式具有超强的压缩能力,现已广泛应用于各类地图缓存服务机制中。但其不支持背景透明色,由于影像数据的复杂性,在利用瓦片金字塔模型生成影像瓦片缓存时,多数情况下影像边界不会与 JPEG 格式的切片图框位置无缝结合,如图 3 - 12 所示。此时生成的缓存瓦片图片,会按照白色处理超出影像边界的像素,当多个子金字塔模型的瓦片影像进行叠加时,就会出现图中的"项圈"现象,因此,需要对图像的边缘进行透明化处理。

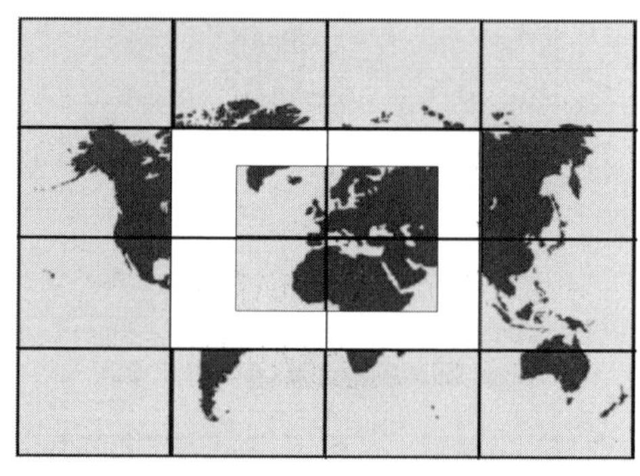

图 3 - 12 "项圈"现象示意图

图像的透明显示是指图像中的一部分按照原内容真实地显示在屏幕上,而其余部分被背景色所取代,即不覆盖底层的颜色。PNG 兼有 JPEG 的色彩模式,还提供了透明的属性信息,可以让图像覆盖在任何背景上且无接缝,对所有浏览器支持良好。虽然 PNG 拥有极高的图像质量,但其压缩文件体积较大,不利于大规模影像数据的缓存。

为节省影像瓦片数据的存储空间,有方法采取了融 JPEG 与 PNG 于一体的混合格式缓存模型,即影像周边区域和位于边界上的瓦片,采用 PNG 格式图片存储,位于内部的采用 JPEG 格式存储,以最大化压缩存储空间,但需要计算出影像边界区域与影像瓦片的位置关系以判断瓦片的存储格式。

WebP 格式是由 Google 推出的新一代图片格式,其同时提供了有损压缩和无损压缩的图片存储格式,在图片质量相同的情况下其压缩性能上甚至比 JPEG 更优越,而且支持透明色功能,非常适合用于影像瓦片的缓存存储。但 WebP 格式的缺点是其图像的编码时间较长,且一些浏览器暂不支持该图片格式[11]。

2. 基于数据库的瓦片组织管理

MBTiles 是一种基于 SQLite 数据库的瓦片组织格式,并可快速使用、管理和分享地图瓦片数据。通过把大规模瓦片数据存储在 MBTiles 格式的文件中,既满足了查询和读取速度快的要求,又满足了可移植性好、操作简便的要求[12]。利用 MBTiles 规范对瓦片数据进行存储可提高海量影像瓦片的读取速度,比传统的读取瓦片文件方式快很多,且存储瓦片数量没有固定限制。

基于 MBTiles 的瓦片存储结构如表 3-2 所示,其中 map 表中包含 zoom_level,tile_column,tile_row,tile_id 四个字段,分别存储瓦片所在层级、位置坐标和瓦片字符串标识,以(zoom_level,tile_column,tile_row)为主键。images 表中包含 tile_id 和 tile_data 字段,分别存储瓦片的字符串标识和瓦片的影像数据,以 tile_id 为主键。其中瓦片的影像数据 tile_data 转化为二进制 BLOB 格式存储于 MBTiles 中。

表 3-2 MBTile 文件表结构

map 表结构		
字段名	数据类型	注释
zoom_level	INTEGER	瓦片所在层级
tile_column	INTEGER	瓦片列号
tile_row	INTEGER	瓦片行号
tile_id	TEXT	瓦片字符串标识
images 表结构		
字段名	数据类型	注释
tile_id	TEXT	瓦片字符串标识
tile_data	BLOB	二进制影像数据

在 MBTiles 文件存储所有瓦片数据后,可以根据表结构,对 MBTiles 文件进行进一步优化。由于一个 MBTiles 文件内可能会存储大量瓦片数据,在查询指定的瓦片影像数据时会耗时很长,需为 map 表和 images 表建立索引以提升查询效率。对 images 表,建立 tile_id 字段的索引;对 map 表,需建立 tile_column 字段和 tile_row 字段的联合索引。另外,在 images 表内,根据 tile_data 字段的内容,去除冗余瓦片数据。索引关系由普通数据库一对一关系,变为多对一关系,能够有效去除冗余瓦片,提高瓦片调用效率。

3. 瓦片文件的并行存储

以 MBTiles 为代表的存储方式并发读写方面存在严重的性能缺陷,即在处理多进程或多线程任务时，数据库可能会被写操作独占，从而导致其他读写操作阻塞或出错，将生成的影像瓦片直接缓存到 SQLite 中的效率极低。因此，针对瓦片写入并发性能存在的瓶颈，通过在内存中瓦片生成与存储的优化调度策略，即通过并行任务划分来将瓦片写入到不同 MBTiles 文件，可以改善总体的存储效率[12]。

首先获取包含各层级瓦片的影像瓦片数据，并且设置每个 MBTiles 文件内瓦片的存储数量 $c \times r$，其中 c 为列数，r 为行数。其次，读取该影像瓦片数据中最大层级内的瓦片数据，并获取该层级所有瓦片的位置信息、瓦片坐标编号范围。

计算在当前层级下共需要生成的 MBTiles 文件数量和需要生成的每个 MBTiles 文件对应的文件坐标编号。假设该层的瓦片坐标编号范围是一个矩形四边形[min_col，min_row，max_col，max_row]。min_col，min_row 为左上角列行号，max_col，max_row 为右下角列行号。假设该范围对应生成的 MBTiles 文件坐标编号范围为[$\text{min\_}C$，$\text{min\_}R$，$\text{max\_}C$，$\text{max\_}R$]，则对应关系应满足如下公式：

$$\text{min\_}C = \lfloor \text{min\_col}/c \rfloor, \text{min\_}C = \lfloor \text{min\_row}/r \rfloor$$
$$\text{max\_}C = \lfloor \text{max\_col}/c \rfloor, \text{max\_}C = \lfloor \text{max\_row}/r \rfloor$$

在存储目录下创建该层级的目录，并根据列值 c 的范围分别创建目录，在逐列的目录内创建空的 MBTiles 文件并以行值 r 命名，即按照“指定目录/当前层级/Cc/Rc. mbtiles”的路径建立空 MBTiles 文件如图 3－13 所示，由此建立起 MBTiles 文件在文件系统中的组织形式。

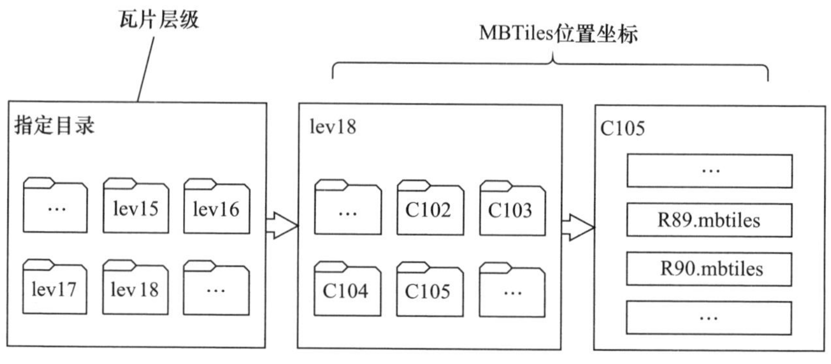

图 3－13　文件存储组织形式

之后，把已读取的该层级所有瓦片，按照每个瓦片的位置信息，计算出对应的 MBTiles 文件，并按照规范存储于文件内。假设某个瓦片的坐标编号为 tile_col 列和 tile_row 行，则对应的 MBTiles 文件坐标列 C 和行 R 值应满足：

$$C = \lfloor \text{tile\_col}/c \rfloor, \quad R = \lfloor \text{tile\_row}/r \rfloor$$

由于在瓦片金字塔地图中，通常将影像瓦片按照其位置坐标顺序存储在一起，可以根据先前设置的 MBTiles 文件内瓦片存储数量，按照坐标以每 $c \times r$ 个瓦片作为一个瓦片数据集，将每个数据集存储于对应的 MBTiles 文件内。假设一个 MBTiles 文件的位置坐标列号为 C、行号为 R，则其应存储的瓦片数据集应是位置坐标范围在 $[C \times c, R \times r, (C+1) \times c - 1, (R+1) \times r - 1]$ 区间内的所有瓦片，如图 3－14 所示。

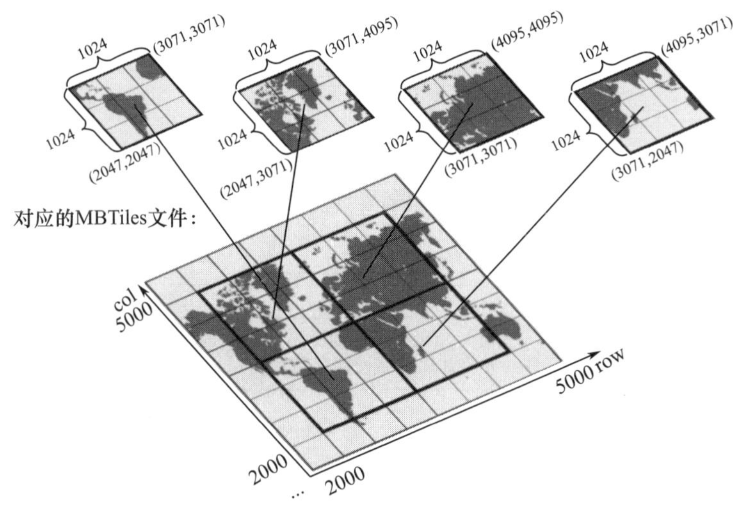

图 3－14　瓦片存储过程示意图

该层级的所有瓦片存储完毕后，开始存储下一层级的瓦片。往下各层级瓦片的存储操作类似于上述步骤，直至全部数据存储完毕。将数量庞大的影像瓦片按一定规则在指定目录下存储于一个或多个 MBTiles 文件中，极大地减少了文件数量，提高了文件备份、移动的速度，具有极强的可移植性。

存储过程流程如图 3－15 所示。首先获取包含各层级瓦片的地图瓦片数据，定义迭代变量 k 记录当前层级，初始值为该地图瓦片的最大层级数。其次，设置每个 MBTiles 文件内瓦片的存储数量 $c \times r$，其中 c 为列数，r 为行数，以便于后续的 MBTiles 文件坐标编号的计算。根据 k 的值进入循环体，读取第 k 层级的所有瓦片数据和对应的瓦片坐标编号，并根据已设置的每个 MBTiles 文件内瓦片存储数量 $c \times r$，计算在该层级下共需要生成的 MBTiles 文件数量和每个 MBTiles 文件对应的文件坐标编号，从而在指定路径下按一定的组织形式创建这些空的 MBTiles 文件以便后续瓦片数据的存储。最后，把已读取的第 k 层级所有瓦片，按照每个瓦片的瓦片坐标编号，找到其对应存储的 MBTiles 文件，并按照存储规范将每个瓦片存储于对应的 MBTiles 文件内。将当前层级数 $k-1$，若

当前层级数 $k>0$，则返回循环体，按照同样的方式对下一层级的瓦片进行存储；若当前层级数 $k \leqslant 0$，则原始的地图瓦片数据已采用 MBTiles 文件的格式存储完毕。

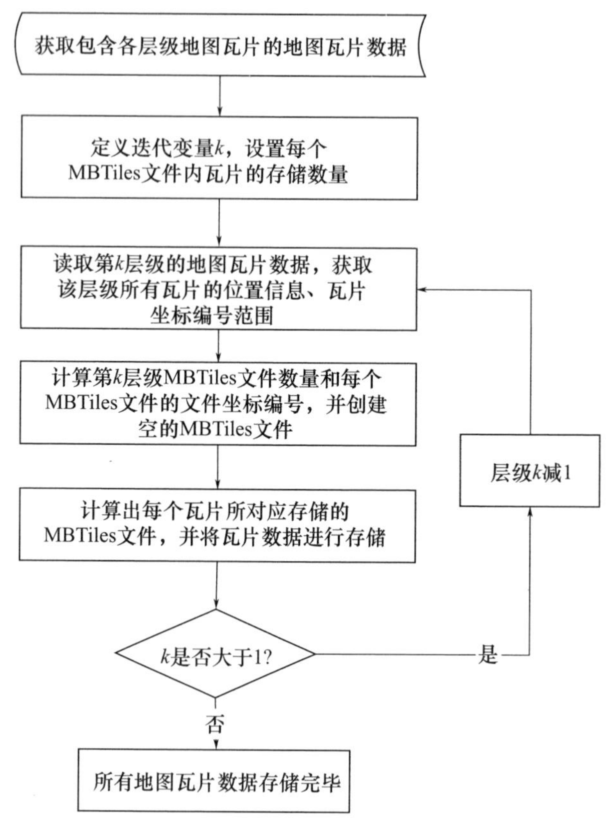

图 3-15 存储过程流程图

4. 并行瓦片读写

瓦片生成的全部过程包含地图样式渲染和瓦片写入等，是一个 CPU 密集、I/O 密集的操作，比较耗时，如下述公式：

$$T_s = T_r + T_w$$

式中：T_s 为总耗时；T_r 为地图渲染时间；T_w 为瓦片写入时间。

如果 $T_r > T_w$，那么可以采用多进程通过多任务并行渲染缩短 T_r，有效提升总体瓦片生成性能。

针对瓦片写入并发性能存在的瓶颈，通过在内存中瓦片生成与存储的优化调度策略，即通过并行任务划分将瓦片写入到不同 MBTiles 文件时，可以提高瓦片存储效率，一定程度上缩短 T_w，将生产影像瓦片总耗时优化为

$$T_s = \frac{T_r}{n} + T_{w'}$$

式中:n 为多进程的进程数量;$T_{w'}$ 为优化后的瓦片写入时间。

在瓦片写入过程中,以瓦片数据集为单位采用车轮法,将任务进行划分。图中描述的是文件坐标编号范围为[102,89,105,93]的 20 个 MBTiles 文件,被 8 个进程进行切分的任务划分示例,每个 MBTiles 文件存储对应的瓦片数据集。其原理就是各进程按照进程号从小到大的顺序,根据 MBTiles 行号和列号的顺序依次进行分配。以进程数为周期循环重复进行任务分配操作,直至所有 MBTiles 文件被各进程分配完毕。假设 i 为第 i 个任务进程,则属于第 i 个任务需要存储的 MBTiles 文件的位置坐标编号满足:

列号为

$$\min\_C + [i\% (\max\_C - \min\_C + 1)]$$

行号为

$$\min\_R + i\% (\max\_C - \min\_C + 1)$$

其中% 为模运算。

每个进程再根据进程总数 n,按照进程号的顺序将任务依次分配,根据任务,找到对应的 MBTiles 文件和瓦片数据集,多进程同时对瓦片数据进行存储。

采用此车轮法将任务分配到多进程同时处理,每个进程只把对应的瓦片数据集存储到 1 个 MBTiles 文件,最大化地利用多核硬件环境,极大地提高了瓦片数据的存储效率,缩短了存储时间,如图 3-16 所示。

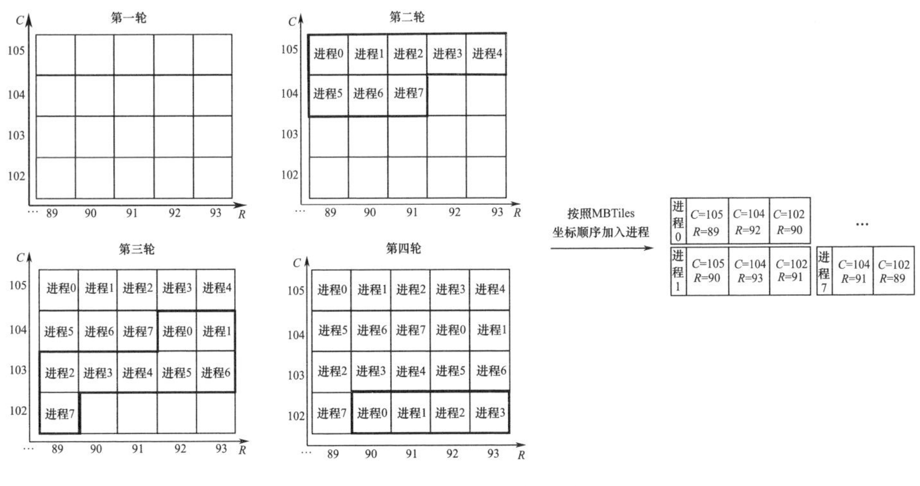

图 3-16　并行任务划分

3.2 高性能时空索引

3.2.1 Geohash 空间编码

Geohash 是一种基于经纬度的地理编码技术，通过将经纬度不断二分，实现对空间点的逐渐逼近，从而将空间范围上的经纬度坐标转化为一个可排序、可比较的一维字符串编码[13]。Geohash 的编码规则如下：①将地球表面展开为一个 360°×180°的二维矩形平面，表示整个地表空间范围。在进行第 1 层编码时，首先沿经度方向进行二分，若待编码位置点位于左侧，编码为 0，反之，编码为 1；其次沿纬度方向进行二分，若待编码位置点位于上方，编码为 1，反之，编码为 0。经纬度编码交替进行，经纬度每完成一次编码称为一层。②每一层根据其前一层的空间范围递归地对经纬度进行二分，达到指定编码精度后编码完成。Geohash 编码划分示意图如图 3-17 所示。Geohash 编码具有以下特性：

（1）编码的一维性。Geohash 编码将二维空间区域转化为一维的字符串，将原来在二维空间的表示降低到一维空间。并且，空间上相近位置的 Geohash 编码一般具有相同的前缀，距离越近，相同的前缀越长。

（2）编码的全球唯一性。根据 Geohash 的编码规则，在编码时不断对经度、纬度进行二分，从而将地表划分为逻辑上的一系列网格，每个网格都对应地球表面特定的一块空间区域，从而使 Geohash 编码具有全球唯一性，可以作为全球唯一标识。

（3）编码的区域性。一个编码对应一块特定的空间范围，而不是一个特定的点。划分次数越多，编码的长度越长，对应的空间范围越小，相应的编码精度也越高。

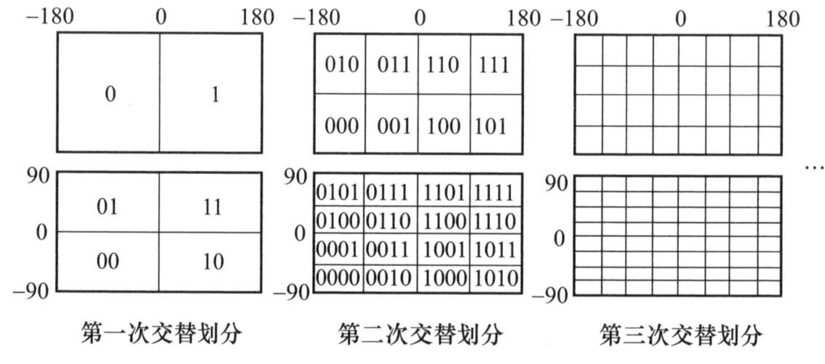

图 3-17 Geohash 编码划分示意图

下面以对长沙火车站（113.019，28.20）进行 Geohash 编码为例，详细介绍 Geohash 编码生成过程，经过如图 3－18 所示的编码步骤，经度 113.019 被编码为二进制串 1101000001，纬度 28.20 被编码为二进制串 1010100000，为了得到最终的 Geohash 编码，需对经纬度编码进行合并，合并规则如下：经度编码的每一位依次作为合并后二进制串的奇数位，纬度编码的每一位依次作为合并后二进制串的偶数位。合并后得到 20 位二进制串 11100110010000000010。接下来将该二进制串按 Base32 标准进行编码，每 5 位编码为一个可见字符。采用 Base32 编码的好处在于：可见易读，且不会出现易混淆的字符对（如“0”与“o”“1”与“l”等）；Based32 字符中不包括“/”“ * ”等特殊字符，可以直接作为文件名、URL 使用等。Base32 编码与 5 位二进制串及十进制数对应关系如表 3－3 所示，对二进串进行 Base32 编码后得到最终的 4 位 Geohash 编码：wt02。至此，原来经纬度表示的二维坐标（113.019，28.20）就转化为了一维的字符串。

经度 113.019：1101000001

-180～0	0~180	1
0～90	90～180	1
90～135	135～180	0
90～112.5	112.5～135	1
112.5～123.75	123.75 ～135	0
112.5～118.125	118.125～123.75	0
112.5～115.3125	115.3125～118.125	0
112.5～113.90625	113.90625～115.3125	0
112.5～113.203125	113.203125～113.90625	0
112.5～112.8515625	112.8515625～113.203125	1

纬度 28.20：1010100000

-90.0 ～0.0	0.0～90.0	1
0.0 ～45.0	45.0～90	0
0.0 ～22.5	22.5 ～45.0	1
22.5～33.75	33.75～45.0	0
22.5～28.125	28.125～33.75	1
28.125～30.9375	30.9375～33.75	0
28.125 ～29.53125	29.53125～30.9375	0
28.125～28.828125	28.828125 ～29.53125	0
28.125～28.4765625	28.4765625～28.828125	0
28.125 ～28.30078125	28.30078125～28.4765625	0

图 3－18　点对象 Geohash 编码示例

Geohash 编码位数越长，精度越高，4 位 Geohash 编码大概能达到 40km 的精度，精度较低，无法对坐标点位置精准表达，因此，实际点的编码中为满足一定精度，Geohash 编码一般在 8 位以上。

表 3－3　Geohash Base32 编码对应表

二进制串	00000	00001	00010	00011	00100	00101	00110	00111	01000	01001	01010	01011	01100	01101	01110	01111
十进制	0	1	2	3	4	5	6	7	8	9	10	11	12	13	14	15
Base32	0	1	2	3	4	5	6	7	8	9	b	c	d	E	f	g
二进制串	10000	10001	10010	10011	10100	10101	10110	10111	11000	11001	11010	11011	11100	11101	11110	11111
十进制	16	17	18	19	20	21	22	23	24	25	26	27	28	29	30	31
Base32	h	j	k	m	n	p	q	r	s	t	u	v	w	X	y	z

Geohash 的解码是 Geohash 编码的逆过程，但 Geohash 解码后得到的不是一个坐标点，而是一个大小与编码长度对应的空间范围。例如，上述 4 位 Geohash 编码经过解码运算后，会得到一个以坐标（112.852，28.125）为西南角、以坐标（113.203，28.301）为东北角的矩形框，表示大概 35km × 19km 的空间范围。

一般来说，从 Geohash 的编码原理可以看出，对于空间上位置相近的点，它们的编码具有相同的前缀，且相同前缀越长，表示位置越接近。这一特性使得 Geohash 十分适合对空间中的点对象进行编码，在解决附近地点查询的问题上具有天然的优势。在查询时，首先对查询点进行 Geohash 编码，再从编码中根据要查询的附近空间范围的大小选择相应长度的前缀，其次搜索编码中具有该前缀的其他点。通过以上步骤，即可粗略地选出位置上相邻的点，过滤掉大量距离较远的点，接下来就可以对选出的点进行精确的距离计算，最终得到结果。

需要指出的一点是，通过 Geohash 编码后，空间上相近的位置并不一定总具有相同的前缀。这是因为 Geohash 的编码思想与 Peano 空间填充曲线具有相同的本质，因此，Geohash 编码同样具有空间突变性。例如，坐标（-0.0001，-0.0001）与坐标（0.0001，0.0001）在空间位置上相距只有几十米，而二者的 Geohash 编码 7zzzzzzzmtm7mzm00yd 与 s0000000d6dsd0dzz1m 却没有相同的前缀。在通过上述方法进行最近邻查询时，这种方法会漏掉这种突变点，因此需要额外考虑相应的编码层级上相邻的周围 8 个空间编码块。当前，Geohash 编码在 LBS 社交类服务中应用广泛。

3.2.2 基于自适应 Geohash 空间编码的索引

二维矢量对象包含点、线、面三大类，Geohash 的编码原理决定了 Geohash 十分适合对点对象进行编码，一个空间位置点对应一个 Geohash 编码，并且理论上可以达到任意的精度。

但 Geohash 对线对象和面对象如何编码却并不直观，目前尚缺乏有效方法。一般来讲，为了降低查询时的复杂度，减少编码个数，一个空间对象应该对应一个 Geohash 编码，即待编码的空间对象被某层级的一个网格完全包含。采用这种编码方式时，设计编码方法如下：

（1）计算待编码对象的 MBR，分别取出 MBR 的左下角及右上角坐标。

（2）分别对两个角点坐标进行 Geohash 编码，编码以 01 串的形式表示。

（3）对两个角点的 Geohash 编码 code1、code2，取它们的最大相同前缀 max_prefix，则 max_prefix 就是该 MBR 的编码，也即该矢量对象的 Geohash 编码。这是因为 MBR 的左下角对应空间对象的最小坐标，而右上角对应空间对象的最大坐标，若使整个空间对象被一个网格完全包含，则二者必须在同一个网格内，即具有相同的编码。反过来结论同样成立。

通过上述方法,就可以完成对线对象以及面对象的编码。这种编码方法有以下特点:①一个空间对象只对应一个 Geohash 编码串。②编码长度与空间对象的大小相关:一般来讲,空间对象范围越小,两个角点的距离越近,则编码串长度越长;反之,编码越短。例如,对空间线对象 Line1:“LINESTRING(110 60,120 68,160 80)”和 Line2:“LINESTRING(46 40,92 44,120 68,160 80)”进行 Geohash 编码,结果如图 3-19 所示。Line1 跨越空间范围较小,因此编码层级较高,编码相应也较长。

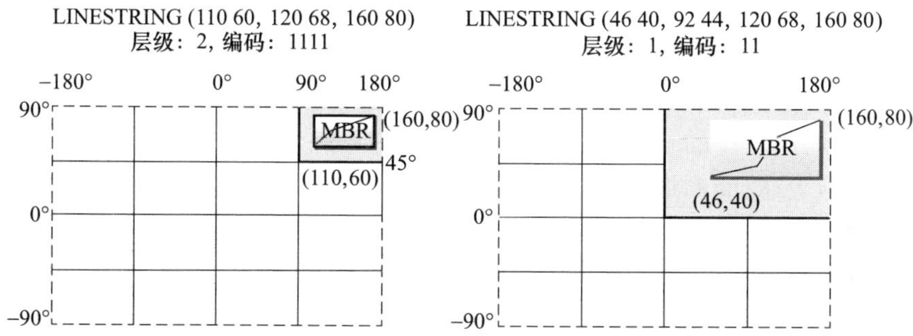

图 3-19 线对象 Geohash 编码示例

通过上述策略,原来只适合对点对象进行编码的 Geohash 被扩展到二维的线、面对象上来,从而能够完成对二维线、面对象的编码。然而这种直观的编码方法存在一个严重的缺陷,该缺陷会导致基于 Geohash 编码构建的空间索引效率严重下降,如图 3-20 所示。

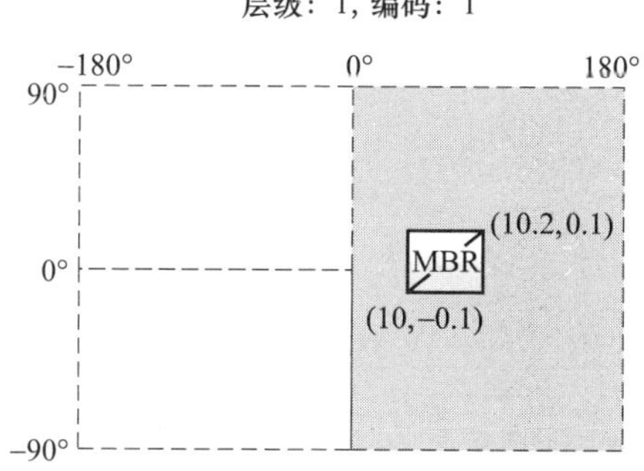

图 3-20 Geohash 线对象编码缺陷示例

对线对象“LINESTRING(10 -0.1,10.1 0.1)”进行编码,编码所在层级为

1,对应的二进制编码为 1。可以发现,虽然该线对象的空间跨度仅为 0.2°,但其对应的编码网格却覆盖了整个东半球,编码误差极大、精度极低。若在空间范围查询时对查询框采用这种编码,则所有分布在东半球的空间对象都会被包含进来,从而使编码索引失去意义。这种现象是由 Geohash 编码的突变性造成的,由于将空间不断二分,对于跨越分割线的空间对象,编码误差将会非常大。

从以上分析可以看出,Geohash 十分适合对一维点对象进行编码并用于空间范围检索,但在对二维的线、面对象进行编码以及空间检索方面存在明显不足。

由 Geohash 的编码原理可知,通过不断二分,Geohash 可将地球表面划分为若干形状规则的格网,不同层级的格网大小不同,定义初始划分时的整个地球表面(360°×180°)为层级 0,层级越高,则网格划分越精细,相应的编码精度也越高。编码网格的大小与空间对象的表达有如下关系:网格太大,可以覆盖整个空间实体,但对小尺度的空间对象无法精细表达;网格太小,空间对象需要多个网格才能完整表达,而网格太多会在空间索引时带来大量冗余,降低索引效率。

基于以上分析,为克服 Geohash 对线、面对象按上述编码时存在的问题,可以采用自适应的 Geohash 空间编码算法[14],算法流程如图 3-21 所示。

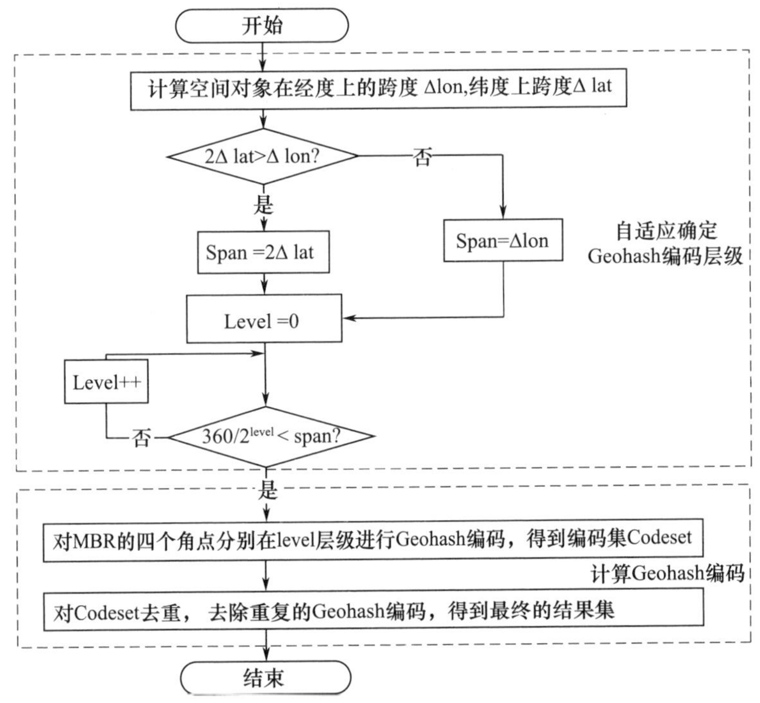

图 3-21 自适应 Geohash 空间编码流程图

1. 自适应确定编码层级

自适应确定编码层级,即根据待编码空间对象的大小自动计算编码层级,使得在该层级编码既能完整包含空间对象,又能比较精准地进行表达,避免包含大量不相关的空间区域。自适应确定编码层级过程主要包含以下两个步骤:

(1) 对待编码的线或面对象,计算出其 MBR 的经度范围 Δlon 与纬度范围 Δlat。

(2) 根据计算出的 MBR 空间范围确定编码层级 level。

$$\frac{360}{2^{\mathrm{level}+1}} < \max\{\Delta\mathrm{lon}, 2\times\Delta\mathrm{lat}\} \leqslant \frac{360}{2^{\mathrm{level}}}$$

这样空间对象最终所在编码层级 level 就可以确定为

$$\mathrm{level} = \left\lfloor \log_2 \frac{360}{\max\{\Delta\mathrm{lon}, 2\times\Delta\mathrm{lat}\}} \right\rfloor$$

level 是网格大小恰好大于或等于 MBR 空间范围的层级,所谓恰好大于或等于是指该层级的网格大小不比 MBR 表示的空间区域小,而该层级的下一层级网格小于 MBR 表示的空间区域。

2. Geohash 编码方法

根据以上方法可以自适应地确定空间对象所在的编码层级,在该层级内,单个网格的大小不小于空间对象 MBR 覆盖的空间范围。但由于空间对象在空间中分布位置不定,因此其 MBR 与所在层级网格之间的相对关系不能确定,存在几种情况,讨论如下:

(1) 空间对象的 MBR 完全落在所在层级的一个网格内,如图 3-22 所示。在这种情况下,空间对象完全被一个网格包含,一个空间对象对应一个 Geohash 编码,且编码误差控制在 1 个网格范围内。

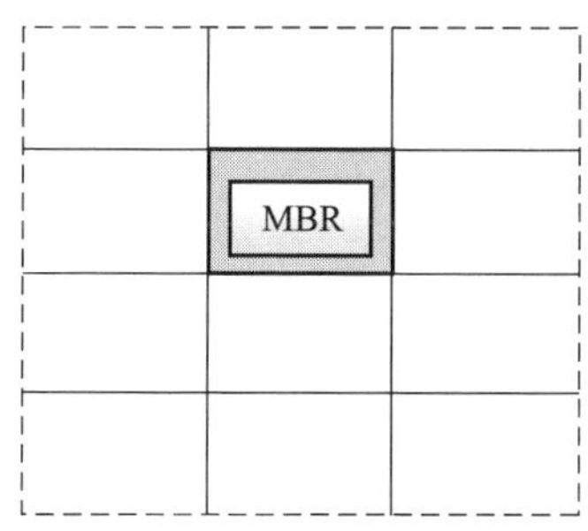

图 3-22 自适应编码时空间对象 MBR 与一个网格相交

(2) 空间对象的 MBR 落在所在层级的两个网格内,具体包含两种情形,如图 3-23 所示。空间对象与两个网格相交,一个空间对象对应两个 Geohash 编码，编码误差控制在 2 个网格范围内。

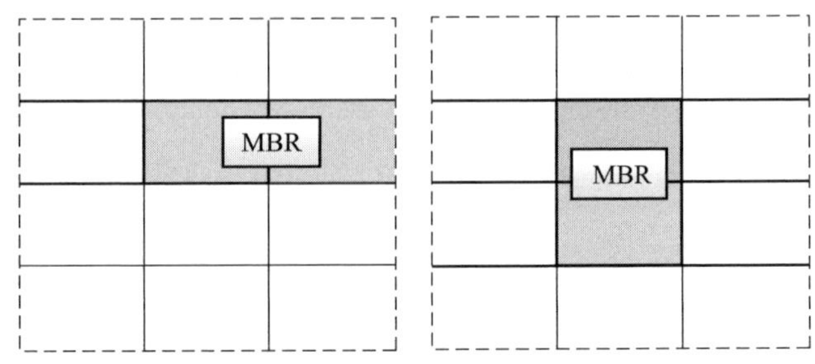

图 3－23　自适应编码时空间对象 MBR 与两个网格相交

（3）空间对象的 MBR 落在所在层级的四个网格内，如图 3－24 所示。这种情况下，待编码的空间对象与该层级的四个网格分别相交，一个空间对象对应四个 Geohash 编码，编码误差控制在 4 个网格范围内。

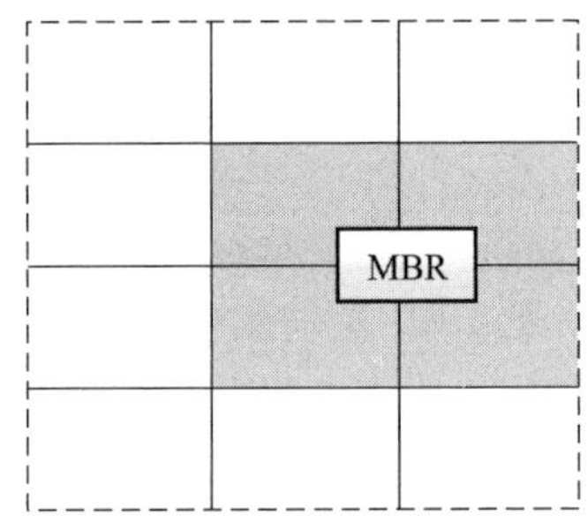

图 3－24　自适应编码时空间对象 MBR 与四个网格相交

这种自适应的编码方法，根据编码对象的空间范围自适应地调整编码所在的层级，能有效克服 Geohash 编码固有的空间突变性导致的二维线、面对象编码所存在的问题。从以上几种情形的分析可以看出，编码误差不大于与空间对象大小相当的四个网格。与一个对象对应一个 Geohash 编码的编码方法相比，克服了空间突变性带来的巨大编码误差，使得误差可以控制，编码更为精准。此外，若一个对象对应过多编码，会导致编码冗余，降低检索效率。采用这种编码方法，一个空间对象对应的编码个数分别可能为 1、2、4，即最多对应 4 个编码，不会造成编码的过度冗余，同时又保证了编码的精确性。

在确定编码层级后，自适应 Geohash 编码的具体步骤如下：

第一步：选取 MBR 的四个顶点，分别对四个顶点进行 Geohash 编码，编码精度由前面步骤所计算出的编码层级决定，确保四个顶点的 Geohash 编码均在同一层级，分别记为 $c1$、$c2$、$c3$ 和 $c4$。

第二步：遍历步骤一计算得到的四个顶点编码 $c1$、$c2$、$c3$ 和 $c4$ 组成的编码集，去除重复编码，即得到空间对象最终的 Geohash 编码集。

对空间对象进行自适应 Geohash 编码以后，就可以建立基于该编码的空间索引结构，加快空间数据的检索速度。

3. 基于自适应 Geohash 的查询方法

空间查询一般是指空间范围查询，即给定一个特定的空间区域，检索出数据集中与该空间区域相交的所有矢量要素，空间索引的性能直接决定空间查询的性能。

基于 Geohash 编码的索引，在查询时其核心在于 Geohash 编码的匹配，通过比较查询框与矢量要素的 Geohash 编码，即可迅速确定查询框与矢量要素是否可能相交，然后对可能相交的矢量要素进行进一步的精确计算，即可确定是否真正相交。

在检索时，查询框与被检索矢量要素的空间大小关系不定，在进行自适应编码时，查询框与矢量要素可能处于不同的编码层级，分为两种情况：一种是查询框处于较低的编码层级，查询框的编码短于矢量要素的编码；另一种是矢量要素处于较低的编码层级，查询框的编码长于被检索矢量要素的编码。相应地，查询过程中 Geohash 编码的匹配也分为两种情形：一种是匹配出所有以查询框的 Geohash 编码为前缀的 Geohash 编码串，另一种是匹配出查询框 Geohash 编码串的所有前缀。分别解释如下：

第一种情形为查询框位于较低的编码层级，如图 3－25 所示。

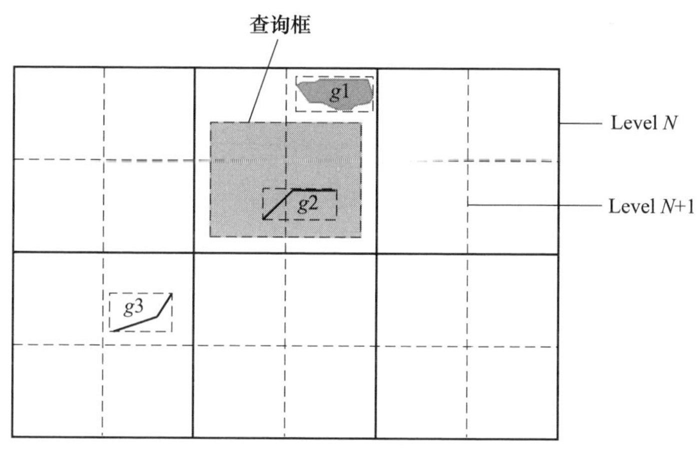

图 3－25　查询框所在层级小于矢量要素所在层级

较大的实线网格表示编码层级 N，较小的虚线网格表示编码层级 $N+1$。查询框(图中带阴影的矩形)在第 N 级编码,矢量要素 $g1$、$g2$、$g3$ 在第 $N+1$ 级编码。这种情形下,查询框的 Geohash 编码比矢量要素的编码长度要短,在查询时,只需检索出以查询框 Geohash 编码为前缀的其他所有 Geohash 编码串,即可完成对数据的过滤,筛选出用于精确匹配的候选集。这是因为:Geohash 的编码特点决定了编码层级之间具有包含的关系,较低层级的网格表示更大的空间范围,完全包含其对应的下一层级的四个网格,体现在 Geohash 编码上就是,位于较高层级的矢量要素的编码串必然以其对应的较低层级的网格的 Geohash 编码为前缀,因此,可以通过编码前缀的方式来进行查找。矢量要素 $g1$、$g2$ 的 Geohash 编码串必然会以查询框的编码串为前缀,因此会被检索出来。而 $g3$ 的编码串会以其对应的更低层级的网格的编码为前缀,该网格与查询框所在网格不同,Geohash 编码也不相同,因此,$g3$ 的编码串不可能以查询框编码为前缀,所以该矢量要素不可能与查询框相交,因此会被过滤掉。

第二种情形为查询框位于较高的编码层级,如图 3-26 所示。查询框在第 $N+1$ 层级进行编码,矢量要素 $g1$、$g2$、$g3$ 均在第 N 层级进行编码。这种情况下,查询框的 Geohash 编码长度大于矢量要素的编码长度,在查询时,需要检查查询框编码的所有前缀,才能保证不漏掉可能相交的数据。这是因为:查询框处于较高编码层级,其 Geohash 编码的每一个前缀都对应着更低层级网格的 Geohash 编码,矢量要素处于较低编码层级,其 Geohash 编码集中只要包含查询框编码的前缀,该矢量要素就可能与查询框相交,即符合查询条件,因此需要被检索出来,才能避免数据的遗漏。查询框的编码前缀中包含矢量要素 $g1$、$g3$ 的 Geohash 编码,因此会被检索出来,而 $g2$ 的编码不可能是查询框编码的前缀,因此会被舍弃。

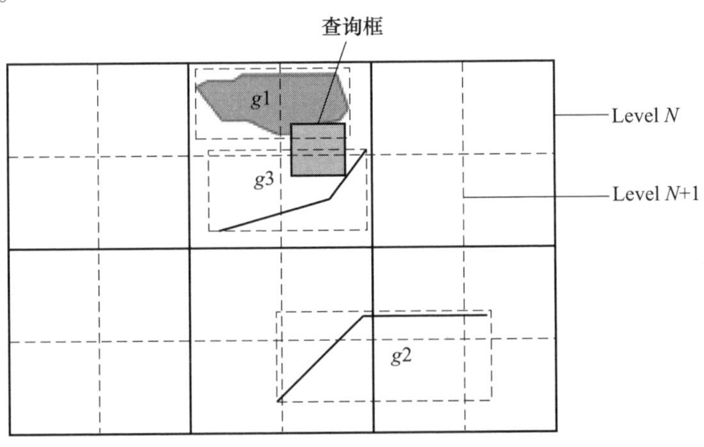

图 3-26　查询框所在层级大于矢量要素所在层级

在上述第二种情形中,假设查询框的 Geohash 编码串长度为 L,则其共有 $L-1$个前缀,长度分别为 $1,2,\cdots,L-1$。一般情况下,对于一个特定的数据集来说,其表示的空间范围有限,这些长度很短的编码前缀并不会被包含在其索引数据中。为了减少对索引数据的访问次数,数据集对应的索引数据中,除了存储基本的索引信息外,还要记录下该数据集中最短的 Geohash 编码长度,记为 min_len,这样,需要进行检查的编码前缀的长度范围就变成[min_len,$L-1$],个数为 $L-$min_len,对一个数据集来说,其要素编码长度的浮动范围会非常小,因此 $L-$min_len会是一个很小的值,这会大大减少对索引数据的访问次数,从而带来查询性能的提升。基于上述的空间索引结构,空间查询过程如图 3-27 所示。

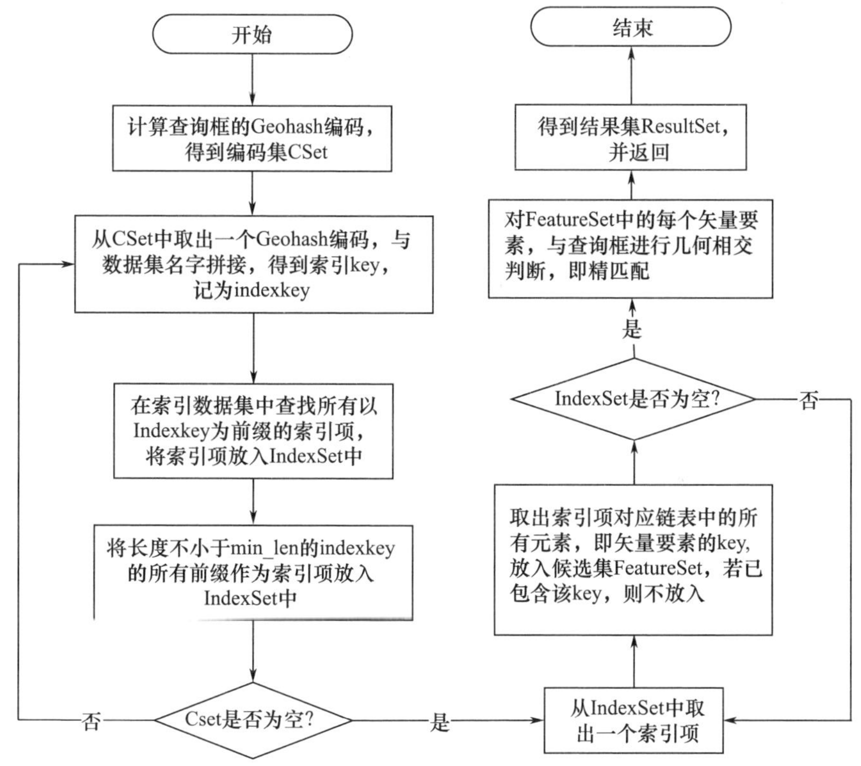

图 3-27　基于 Geohash 编码的空间索引查询过程

查询过程描述如下:

(1) 根据查询框的大小和位置自适应地计算其 Geohash 编码,得到 Geohash 编码集,记为 CSet,其包含的编码个数可能为 1、2 和 4 个。

(2) 对查询框的 Geohash 编码集中的每一个编码,按如下方法进行操作:

① 将 Geohash 编码与所操作的数据集的名字进行拼接,得到与索引项相同的结构,记为 Indexkey,用于接下来索引项的匹配。

② 在该数据集对应的索引数据中,检索出所有以 Indexkey 为前缀的索引项,放入索引集 IndexSet 中。

③ 在该数据集对应的索引数据中,计算得到长度不小于 min_len 的 Indexkey 的前缀,放入索引集 IndexSet 中。

(3) 根据 IndexSet 中的索引项,取出索引项对应的所有的矢量要素放入候选集中。需要注意的是,这些索引项的内容(即矢量要素的 key)中可能包含重复的矢量要素,这是因为在对要素进行编码时,一个要素可能对应多个 Geohash 编码,因此矢量要素的 key 会被存储在多个索引项中,从而造成重复。因此需要对候选集中的要素进行去重操作。

(4) 根据候选集中要素的 key,从数据集中取出对应的矢量要素,进行精匹配,即判断矢量要素与查询框是否相交,若相交,则符合查询条件,将该矢量要素放入结果集 ResultSet 中,若不相交,则舍弃。

(5) 返回结果集 ResultSet,查询结束。

4. 空间索引结构维护代价分析

除了查询效率外,索引维护代价也是衡量一个索引结构是否优秀的重要标准。当对数据库执行添加、删除、更新操作时,索引数据需要随着更新。相应的操作代价分析如下:

(1) 添加操作。

当添加一个矢量要素时,只需要往要素的 Geohash 编码对应的索引项中添加该要素的 key 即可,在链表尾部添加数据的时间复杂度为 $O(1)$,即执行添加操作时,索引维护代价为 $O(1)$。

(2) 删除操作。

删除操作相对添加操作略微复杂,当从数据库中删除一个要素时,需要首先从要素的属性中获取要素的 Geohash 编码,其次通过 Geohash 编码找到包含该要素 key 的索引项,然后从这些索引项中删除该要素的 key,查询要素 key 时需要对索引链表进行遍历,时间复杂度为 $O(N)$,其中 N 为索引链表中的元素个数。

(3) 更新操作。

更新操作分为两种情况:一种是更新要素的属性数据,这种情况下空间索引不需要更新,维护代价为 0;另一种是更新要素的几何数据,这种情况下需要首先从索引项中删除原要素的 key,然后根据新要素的 Geohash 编码,在对应的索引项中加入该 key。时间复杂度为 $O(N)$,其中 N 为索引链表中的元素个数。

通过以上分析可以看到，基于 Geohash 编码的空间索引结构无论在数据添加、删除或更新时都具有较低的维护代价，十分便于维护。特别是对空间数据来说，删除和更新操作较少，而对最常用的数据添加操作，索引数据能在常数时间内完成更新，具有很高的效率。

3.2.3 基于裁剪外包矩形的时空索引

针对大规模的时间多版本影像数据，建立一种高效的时空索引机制是一切任务需求的基础。目前，很多空间处理技术中采用最小外包框（Minimum Bounding Boxes，MBB）来近似相邻的空间对象，并以此为据建立索引。裁剪外包框的方法通过存储几个辅助点标记外包框角落的冗余空间，避免了不必要的子节点计算，使空间索引的性能得到提升[15]。但该方法在向更高维度的时空多版本索引方面拓展时，仍有很多缺陷，没有考虑到时空维度中的很多问题，处理方法仍有很大的提升空间。

遥感影像所覆盖的地理范围是该影像最重要的属性之一，而在组织管理时间多版本影像时，不仅要考虑其地理覆盖范围，还要考虑其时间标签。如图 3－28 所示，可能有多个不同时间版本的影像覆盖同一地理范围，且同一时间内可能会存在多个影像。随着用户对多版本影像的管理越来越多样化，空间索引现已不能高效满足需求，因此需要将空间索引拓展为时空索引，针对时间多版本影像的维度特性建立高效的索引结构。

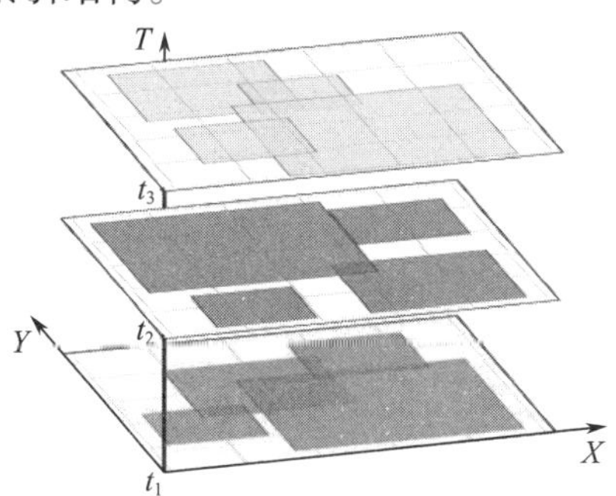

图 3－28 时间多版本影像示意图

针对时空多版本影像数据，建立多版本时空索引。Darius 提出的裁剪外包框（Clipping Minimum Bounding Boxes，CBB）方法，主要是针对“冗余空间”即 MBB 中没有实际对象的区域。它的核心优化思路是在索引结构中的每个叶节点中，多存储一组辅助点来记录冗余空间，当判断查询框与节点外包框相交之后，再继续和辅助点比较，用来判断查询框是否与节点中的真实数据相交，相交则进一步沿子节点继续比较，不相交则直接停止。

该方法与辅助点裁剪掉的空间密切相关，因为只有当查询框位于被裁剪的空间中，该方法才有优化效果。优化时，在计算中，虽增加了辅助点的比较，但减少了后续的子节点逐一比较，进而减少了计算，反之若查询框与子节点，即真实数据相交时，计算不仅没有优化，反而还增加了冗余的辅助点计算。有研究将该方法广泛应用于4种常见的R树及其变种树的空间索引并测试了多个数据集，结果证明该优化方法性能突出，能够很大程度上减少I/O，节省查询时间。从侧面也能看出基于最小外包框的空间索引，在面对大规模空间数据集时，节点中的冗余空间占比很高。

该方法在二维的空间索引中能够做到最大程度上裁剪MBB四周的冗余空间，但在时空索引和更高维度的索引中，表现并没有那么突出，因为在时空维度及以上的高维空间中，CBB的方法得出的记录点并不是各顶点裁剪冗余空间的最优解点。计算辅助点的核心想法是基于"Skyline"(天际线)中"Dominate"(支配)的概念[16]，下面将具体介绍该计算方法：

1. 裁剪外包框方法

定义3-1 外包框各顶点及其方向。

由于MBB是包围各子节点数据的最小边框，经观察不难发现，冗余空间主要集中于外包框的各个顶点附近，而且这部分的区域在计算方面相对容易实现，因此，优化方法要裁剪的区域主要是针对靠近外包框各个顶点的冗余空间。在计算过程中，需要分别对每个顶点求可裁剪的空间，由于在后文需要频繁表示顶点，为区别各顶点的方向，采用n个维度的下标d来表示外包框的各个顶点的方向，即

$$d = d_1, d_2, \cdots, d_n, d_i \in \{0, 1\}$$

式中：d的下标为各维度，时空索引的三个维度则为$d_1 d_2 d_3$。用数值0和1分别表示一个维度的正负两个方向。如图3-29所示，若用R来表示一个二维平面空间索引的最小外包框，则R_{00}和R_{11}分别表示该矩形外包框R的左下角顶点和右上角顶点。另外，为区别子节点的各个顶点，采用同样方法标注，子节点采用Oi表示。

定义3-2 支配和支配的参考点。

"支配"这一概念，是算法中的核心。当某一点p比另一点q在各个方面都更加符合条件时，则称p支配了q，采用$p \prec q$表示p支配q。由于在计算裁剪空间时主要考虑点与点之间距离，并且作为参考点的顶点需分别计算，因此需要注意每次计算支配时的方向，采用下标的方式表示支配的参考点g：

$$p \prec_g q, |p[i] - t[i]| \leqslant |q[i] - t[i]|, i = 1, 2, \cdots, n$$

式中：$||$为距离的绝对值；i为各个维度。只有当在各个维度上，p都比q更接近

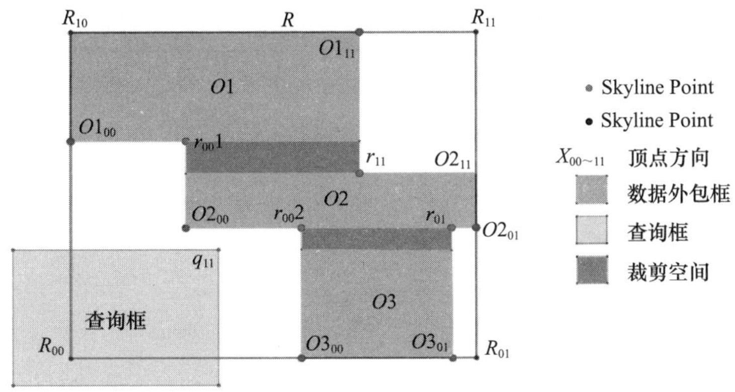

图 3-29　空间索引中的裁剪外包框

参考点 g 时，p 支配 q。若以 R_{00} 为参照，$O2_{00}$ 支配 $O1_{11}$，则表示为

$$O2_{00} \prec_{R00} O1_{11}$$

定义 3-3　各顶点的 Skyline Points。

对于外包框的每一个顶点，通过支配的概念，我们可以为每个顶点建立一个 Skyline Points 数据集，即对于该顶点，所有不被外包框中任何点支配的点集，表示为

$$\mathrm{Sk}_g(R) = \{p \in R \mid \sim \exists q \in R, q \prec_g p\}$$

式中：g 为所参考的顶点；R 为外包框中所有点的集合。Skyline Points 如图 3-29 所示，下标的方向 d 即为所属顶点的方向。

为每一个顶点分别计算 Skyline Points，这一步骤涉及外包框 R 内的所有子节点顶点，看似计算量非常大，但其实每次计算时无需涉及全部顶点。因为在计算支配关系时，子节点中的某一顶点一定会支配该子节点的其他全部顶点。

$$Oi_d < R_d P, \exists P \in R \mid P \neq Oi_d$$

式中：R_d 为参考点；P 为 Oi 中的非顶点 Oi_d 的任意一点。

也就是说，只要明确了参考点的方向，子节点可以直接选用同方向的顶点来代表整个子节点，因为该顶点一定支配该子节点内的所有点。这样，在为每个顶点计算 Skyline Points 时，实际参与支配关系计算的点的数目为子节点的总数目。计算 Skyline 时，参与的点个数仅为子节点的最大存储个数，通常不超过 32，因此采用最简单的循环比较法（Naive Nested Loops）即可。如算法 3-1 中所示，第 2 行设置一个标志，其初始值为 1，第 4 行 ~ 第 6 行表示若某一子节点被支配，则标志值变为 0 并退出该层循环，如循环完成且标志值仍为 1，则说明该点

没有被任何其他点支配,符合 Skyline Points 的要求并作为结果输出。

算法 3 - 1:Skyline Points 计算方法

输入:(1)节点外包框 R;

(2)子节点 O 及参考顶点 g

输出:Skyline Points $\mathrm{Sk}_g(R)$

```
for each Oi ∈ O do
    flag = 1    //作为标记,初始为 1
    for each Oj ∈ O, i≠j do
        if Oj <_g Oi then    //支配计算
            flag = 0    //当该点被其他点支配时,改变标记为 0
            break
    if flag = 1 then    //标记仍为 1 的点,为不被其他点支配的 Skyline Points
        Sk_g(R).append(Oi)
return Sk_g(R)
```

2. 裁剪点计算方法

作为最小节点外包框的顶点集,Skyline Points 是可以作为裁剪点的,也就是将 Skyline Points 中的点与对应的顶点组合,生成的矩形就是被裁剪的空间,如图 3 - 29 中点 $O2_{00}$ 与 R_{00} 结合,但可以轻易看出 Skyline Points 不是裁剪的最优解,仍有很大部分的面积可以裁剪但并没有被裁剪掉,甚至很多情况下的 Skyline Points,如 $O1_{11}$,$O2_{11}$ 都没有裁剪意义。

Darius 提出了 Stairline Points 的概念,在为每个顶点求出其 Skyline Points 后,将这些点两两组合,选取各维度距参考点最远的数值,得到一个裁剪面积更大的点,裁剪空间如图 3 - 29 所示。当点的数目很多时,可能会产生一些会被 Skyline Points 支配的不符合要求的点,因此需将所有合并出的 Stairline Points 点过滤一遍。方法是判断这些点是否会被之前求的 Skyline Points 支配,将被支配的点去除,最终剩下的点即为所求,存入到 R 树结构中。

为便于表示合并的方法,定义算子:

$$R_d(p,q) = l$$

对于 d 中的每个 d_i,$i = 1,2,\cdots,n$,如果 $d_i = 0$,$l[i] = \max(p[i],q[i])$;否则 $l[i] = \min(p[i],q[i])$。

首先需要判断参考点的方向,对于每一个维度,若方向为 0,则计算时取两个点中在该维度上更大的值,反之方向为 1,则取值小的。由此即可得到各维度上距离参考点最远的值,并生成一个新的点。Stairline Points 表示为

$$\mathrm{Sk}_g(R) = \{ l = R_g(p,q) \mid \forall p,q,n \in \mathrm{Sk}_g(g), \sim n \prec_g l \}$$

式中:p,q 为 Skyline Points 中的两点,合并生成后的点为 l,并且要保证新生成的 l 点不会被 Skyline Points 中的任意点支配,否则 l 作为裁剪点会裁剪掉部分子节点的空间。如算法 3-2 中,第 1 行 ~ 第 3 行为任意两 Skyline Points 进行组合,第 4 行去除重复点,第 5 行 ~ 第 8 行去除被 Skyline Points 支配的点,余下的作为结果输出。

算法 3-2:Stairline Points 计算方法

输入:Skyline Points $\mathrm{Sk}_g(R)$

输出:Stairline Points $\mathrm{St}_g(R)$

1:for each Sk$i \in \mathrm{Sk}_g(R)$ do

2:    for each Sk$j \in \mathrm{Sk}_g(R)$, $j > i$ do

3:        $\mathrm{St}_g(R)$. append(Rg(Ski,Skj))   //合并计算)

4:$\mathrm{St}_t(R)$. distinct   //去除重复值

5:for each Sti $\mathrm{St}_g(R)$ do

6:    for each Sk$j \in \mathrm{Sk}_g(R)$ do

7:        if Sk$j \prec_g$ Sti then   //支配计算

8:            $\mathrm{St}_g(R)$. remove(Sti)   //去除 $\mathrm{St}_g(R)$中不符合要求的点

9:return $\mathrm{St}_g(R)$

在空间索引上计算时,根据一个轴的顺序,直接将相邻的 Skyline Points 两两拼接,但在时空索引内不能将方法简单照搬,因为无法按照一个轴进行排序,同时,拼接而成的点很可能会被其他 Skyline Points 支配,因此需要一个过滤步骤,将被支配的拼接点去除。

以图 3-29 为例,R_{11}为参考顶点,首先计算 R_{11}方向的 Skyline Points,只需要考虑代表 3 个子节点的 $O1_{11}$,$O2_{11}$,$O3_{11}$三个点,再根据支配的定义,$O3_{11}$被 $O2_{11}$支配,因此只有 $O1_{11}$和 $O2_{11}$是 R_{11}的 Skyline Points,再根据它们的坐标组合出距 R_{11}最远的点 r_{11},即为 Stairline Points。同时求出另外几个方向的 Stairline Points。

3. 裁剪点的存储与应用

在存储的步骤中,无需改变索引的原有结构,只需在每个叶节点中记录 Stairline Points 和对应的方向 d。应当存储适量的辅助点,存储过多会导致计算复杂,而存储太少会导致裁剪的空间不够,有时 Stairline Point 裁剪面积较小时也可以不用存储,如图 3-29 中的 r_{01}。

查询数据时,先将查询框与 MBB 进行比较(不可避免),若相交,再将记录的辅助点与查询框进一步比较，判断该 MBB 内的真实数据是否与查询框相交。如果裁剪点能够支配查询框中与裁剪点方向相对的点，那么说明查询框不与该节点内的子节点（实际数据）相交，也就不需要继续往下将查询框与子节点一一比较。以图 3－29 中的查询窗口为例，它与 R 的外包框相交，之后分别计算 Stairline Points 与查询窗口对角点的关系，发现 q_{11} 被 $r_{00}2$ 支配，这意味着查询窗口与 R 内对象不相交，这样就避免了查询窗口与 R 中所有对象进一步比较的麻烦。

如图 3－30 所示，判断查询外包框的各顶点是否会被对应裁剪点支配。当数据集生成的空间索引中，冗余空间占比很大时，查询框落入冗余空间并且在新增的步骤中被裁剪点支配的概率也会随即增大。这时虽然判定过程增加了部分计算时间，但免去了查询框与子节点一一比较的步骤，减少了数据 I/O 和计算时间。但缺点是，如果查询框没有落入任何节点中的冗余空间，则计算过程不仅没有优化，相较于原始方法反而还增加了部分冗余的计算。通过对不同的 R 树、不同的实验数据和不同的辅助点存储数量进行比较，Darius 的各项实验证明该

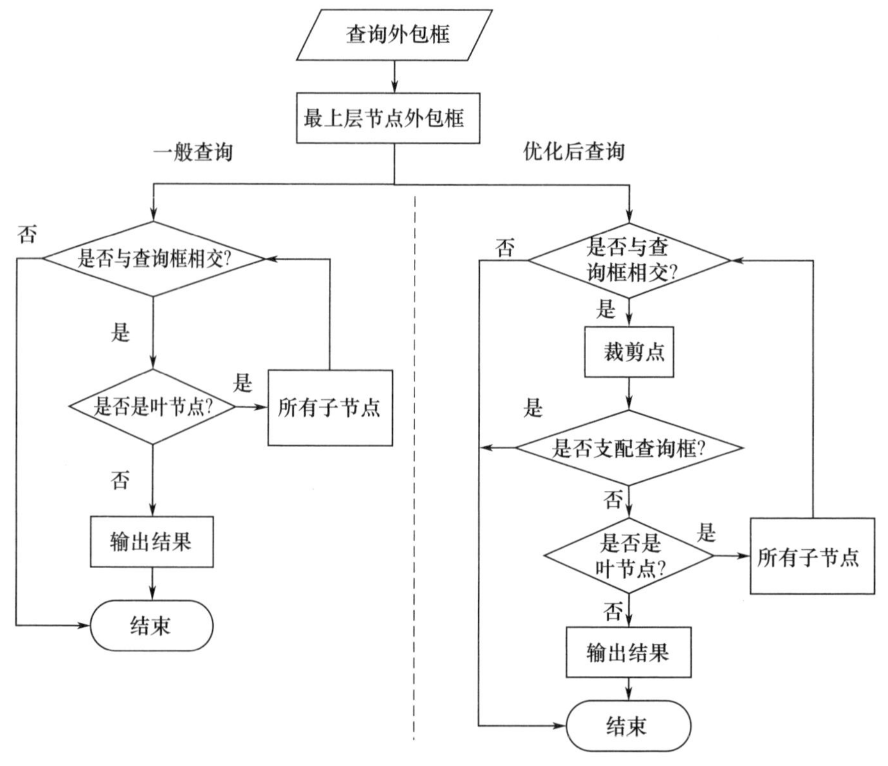

图 3－30　查询过程流程对比图

优化方法对于空间索引性能的提升是显著的，不仅是相交测试，插入、删除、空间链接等数据处理都有提高。

3.2.4 渐进式空间查询索引

尺度是空间信息层次化表达的重要特征，是指空间信息表达下相对实际地理空间距离的比例。多尺度空间数据表达需要考虑其粒度适宜性，以及数据容量的最小化。

在大数据环境下，如果要对全部数据进行处理得到精确结果会花费过长时间。很多用户，只需要被提供近似结果，可以减少计算时间，这是一种更好的选择。在数据的查询领域，近似查询技术（AQP）就是一种普遍的计算方法。

Gap tree 是 Van Oosterom 于 1993 年为了避免 Reactive - tree 所产生的空岛问题而提出的[17]，是对大规模空间数据实现快速可视化的多尺度索引结构，它的生成算法主要分为以下步骤：

（1）首先给每个多边形分配一个 ID，并计算其权重值。

$$I(n) = F(\text{type}, \text{attribute}, \text{size})$$

式中：type 为多边形 n 的类型；attribute 为多边形 n 的属性；size 为多边形 n 的大小。

（2）在每一步中，删除最不重要的对象（如图 3 - 31 中的对象 6），并将其区域分配给其相邻对象（图 3 - 31 中的对象 4），重新计算其新的权重值。同时新生成的对象将被分配到一个新的 ID 以及新算出的权重值。

$$I(n,q) = f[L(n,q), \text{Type}(n,q), W(q)]$$

式中：$L(n,q)$ 为对象 n,q 的相交边界长度；$\text{Type}(n,q)$ 为对象 n,q 的相交类型；$W(q)$ 为与对象 n 相邻的对象 q 的权重值。

（3）重复上述过程，直到该数据集中只剩一个对象，并且将生成过程记录至树形结构中，详细示例如图 3 - 31 所示。

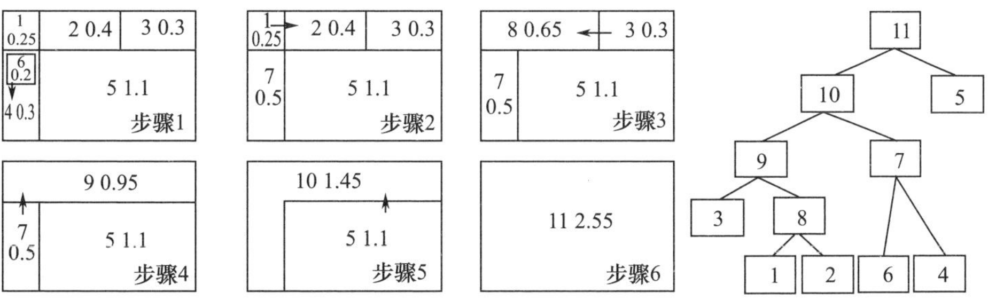

图 3 - 31 Gap tree 构建过程和树形结构

针对 Gap tree 的构建,其复杂度主要包括两部分:设构建层级为 i,需要判断对象数目为 n,首先对每个对象的重要性 $f(n)$ 进行判断是否属于层级 i,这一部分的复杂度为 $O(n)$。若该对象的重要性 $f(n)$ 属于层级 i,则需要找到与之相关最大权重 $L(n,q)$ 的对象 q;若该对象的重要性 $f(n)$ 不属于层级 i,则仍然需计算与之相关最大权重 $L(n,q)$,判断 $L(n,q)$ 的值是否属于层级 i,因此不论 $f(n)$ 是否属于层级 i,都需要对这 n 个对象计算 $L(n,q)$,所以该部分复杂度为 $O(n2)$。利用前述 Geohash 编码以减少 Gap tree 中权重 $L(n,q)$ 中 q 的判断个数,从而降低其复杂度。

(1) Geo - gap tree 构建[18]。

为实现 Geo - gap tree 的构建,需要对空间对象的权重以及其与相邻对象之间的权重创建函数,主要函数说明如表 3 - 4 ~ 表 3 - 8 所示。

单个空间对象权重函数 Score( ):负责计算单个对象的权重值。

表 3 - 4 Score( ) 函数结构

函数名称	Score( )
参数 1	空间对象 n
参数 2	空间对象 n 的几何面积
返回值	空间对象的权重值

空间对象与相邻对象权重函数 Distance( ):负责计算空间对象与其相邻对象之间的权重值。

表 3 - 5 Distance( ) 函数结构

函数名称	Distance( )
参数 1	空间对象 n
参数 2	空间对象 n 的相邻对象 q
参数 3	空间对象 n,q 的几何信息
返回值	两个空间对象的权重值

融合函数 Union( ):负责对两个空间对象进行融合。

表 3 - 6 Union( ) 函数结构

函数名称	Union( )
参数 1	空间对象 n
参数 2	空间对象 q
参数 3	空间对象 n,q 的几何信息
返回值	两个空间对象进行融合后的新对象

同时,为了对空间对象进行筛选,需要设置相关筛选器 object_Box( ) 以及

distance_Box( ),筛选器定义如下:

$$\text{Object\_Box}(i)=\text{融合}, if\ f(n)\geqslant \text{limit}(i); else\ \text{distance\_Box}(i)$$

$$\text{Distance\_Box}(i)=\text{融合}, if\ L(n,q)\geqslant \text{limit}(i); else\ f(s,q)<\text{limit}(i)\text{跳出}$$

基于以上思想,以及定义的函数,构建 Geo - gap tree 的主要步骤为:

① 利用 Score( )函数计算对象 n 的权重 $f(n)$,并将权重值 $f(n)$ 放入层级 i 的筛选器 object_Box(i)中。

② 对符合筛选器的所有对象 u,通过计算其 Geohash 编码找到相邻的 q 个对象,并通过 Distance( )函数计算对象 u 与 q 的权重 $L(u,q)$ 的最大值,通过 Union( )函数将 u 与指定对象 q 进行合并,其具体过程如图 3 - 32 所示。

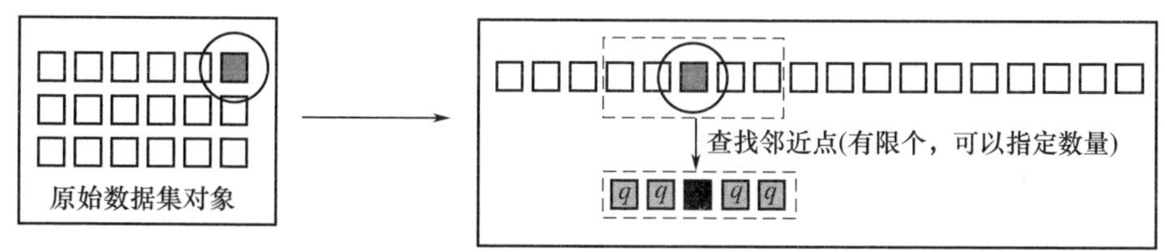

图 3 - 32　选择相邻对象过程

③ 对不符合该层要求的对象 v,同样通过计算 Geohash 编码找到相邻的 q 个对象,利用 Distance( )函数计算对象 v 与 q 的权重 $L(v,q)$ 的最大值,通过筛选器 distance_Box(i),对符合该筛选器要求的所有对象 v 与指定 q 利用 Union( )函数进行合并(图 3 - 33)。

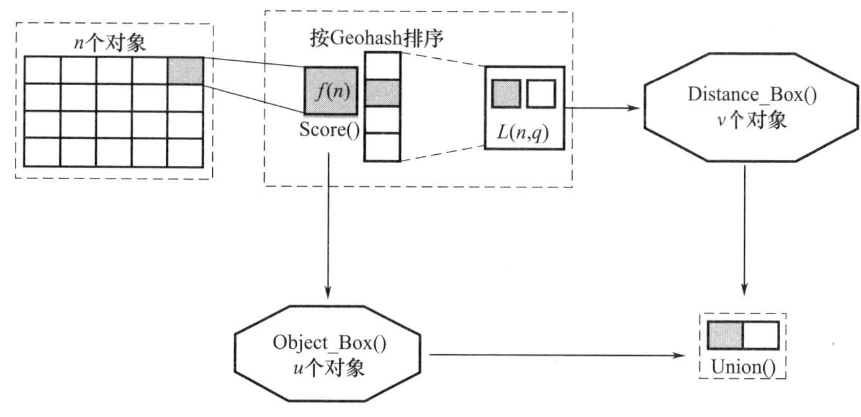

图 3 - 33　构建 Geo - gap tree

构建 Geo - gap tree 的详细算法,如算法 3 - 3 所示。

算法 3 - 3:构建 Geo - gap tree

输入:构建总层级 i、空间对象 n、层级 i 设定的阈值 limit(i)

输出:Geo - gap tree

```
n.level = i;
while i > 0 do
    while n.level ≥ i do
        n.level = i;
        f(n) = n.score();
        object_Box(i) ← {f(n)};
        {q} ← 计算对象 n 的 Geohash 值,寻找有限个与 n 相邻对象;
        f(n,q) = max(n.distance(q));
        q ← 当 n.distance(q) 达到最大值时的 q;
        if f(n) ≥ limit(i) then
            u ← 融合 n 和 q;
            u.level = i - 1;
            n.level = i;
            q.level = i;
        else
            distance_Box() ← {f(n,q)};
            u ← 融合 n 和 q;
            u.level = i - 1;
            n.level = i;
            q.level = i;
        end if
        i = i - 1;
    end while
end while
return tree T
```

(2) Geo - gap tree 插入算法。

当向 Geo - gap tree 中新插入一条数据,通过 Score( )方法计算新对象 n 的权重 $f(n)$,使用筛选器 Object_Box( )判断新插入对象的权重值所属层级并计算其 Geohash 值,找到与该对象相邻的 q 个对象,清空所有相邻对象中相交对象的层级信息,对这些对象进行部分重构,重复以上过程直到到达最顶层。

(3) Geo－gap tree 估计方法。

为了在渐进式可视化的基础上同时提供数据的数理统计信息，设置如图3－34所示的新的表结构 Geo－gap table，来存储每一层的数据与原始数据之间的关系。

object	$t()$	level
a	b	0
c	b	0
…		
b	b	i
d	d	i

图3－34　Geo－gap table 结构

为构建 Geo－gap table，需要定义如表3－7、表3－8所示的函数：

表3－7　Child_Box( )函数结构

函数名称	Child_Box( )
参数1	空间对象 n
参数2	Geo－gap tree
返回值	空间对象 n 的子节点

表3－8　Table_Box( )函数结构

函数名称	Table_Box( )
参数1	空间对象 n
参数2	Geo－gap table
返回值	空间对象 n 的对应节点

构建表的详细过程为：

① 从最底层对象开始，读取 Geo－gap tree 的第 i 层对象 n，通过 Child_Box( )函数在 Geo－gap tree 中找到对象 n 的所有子对象。

② 若 Child_Box(n)为空，同时在 Geo－gap table 通过 Table_Box( )函数查找后 Table_Box(n)也为空，则记录该对象自身到自身的映射关系 $t(n)=n$ 到 Geo－gap table 中。

③ 若 Child_Box(n)不为空，记录其子对象 v 并在 Geo－gap table 中通过 Table_Box( )方法对对象 v 进行查找，若 Table_Box(v)不为空，在 Geo－gap table 中记录对象 n 与 Table_Box(v)的映射关系 $t(n)$ = Table_Box(v)。

④ 若 Table_Box(v)为空,但是 Child_Box(v)不为空,则对对象 v 继续查找其子对象后进行判断,直到子对象在 Table_Box( )中的值不为空,结束判断并记录相应的映射关系。

⑤ 若 Table_Box(v)为空,但是 Child_Box(v)不为空,则对对象 v 继续查找其子对象后进行判断,直到子对象在 Table_Box( )中的值不为空,结束判断并记录相应的映射关系。

其构建具体过程,如算法 3-4 所示。

```
算法 3-4:构建 Geo-gap table
输入:Geo-gap tree 的层级数 N
输出:Geo-gap table
i = 0
While(i < N) do
    读取 Geo-gap tree 的第 i 层要素 n;
    Table_Box(n)
    Child_Box(n);
    if Table_Box(n) = φ then
        if Child_Box(n) = φ then
            t(n) = n
        else
            v = Child_Box(n)
        while Table_Box(v) = φ then
            v = Child_Box(v)
        end while
    t(n) = Table_Box(v)
    else
        t(n) = Tale_Box(n)
i = i - 1
end while
return Geo-gap table
```

(4) Geo-gap table 采样方法。

分层抽样方法作为抽样方法中一种相当重要的技术,由于其拥有较高的精度,并利于系统的管理,同时对于一个范围查询,在查询范围内的部分,面积越大,其在范围查询内的贡献度更高,因此基于分层抽样技术,改进基于面积比例

法进行抽样。具体过程如图 3－35 所示,主要方法包含两步:

① 排序。搜索层级 i 中的对象 n,通过 Table_Box( ) 函数,找到要素 n 的映射关系 $t(n)$,分别计算 $t(n)$ 在 n 中所占面积比例,并按照降序排列。

② 筛选。设定阈值 F,扫描对象 n 中的每一个 $t(n)$ 的面积比例进行累加,并将参与累加的 $t(n)$ 标记为样本,当累加值大于阈值 F 时停止对该对象的扫描并对下一个对象进行扫描。

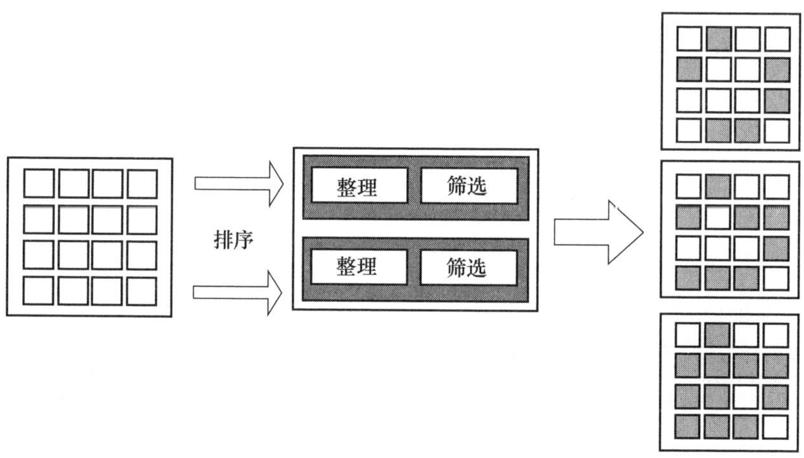

图 3－35 样本选择过程

(5) Geo－gap table 查询算法。

在数理统计中,当总体的分布未知时,可以通过从总体中抽取一部分个体,即来自总体的样本,根据对样本值的观察来对总体分布做出推断。同时当样本的数量增加时对总体的估计将逐步趋于精确。因此为获得具有多尺度索引结构的数据的统计值可以对数据进行采样,以样本值来估计总体。Geo－gap tree 的查询算法主要基于以下思想:

① 标记。由于样本的选取是直接来源于原始数据,因此在对 Geo－gap tree 的根节点进行范围查询时可以转换为对根节点中的样本进行查询,标记那些在查询范围内的样本,并将不在查询范围内的样本标记为拒绝样本。

② 估计。指定置信度 δ、样本容量 n,估计误差为

$$l = \sqrt{-\frac{1}{2n}\ln\left[(1-\delta)\times\frac{1}{2}\right]}$$

通过上述公式,估计的误差范围为

$$[a_g, b_g] = \left[\left(\frac{e(u)}{N(s)} - \varepsilon\right)\times N(i), \left(\frac{e(u)}{N(s)} + \varepsilon\right)\times N(i)\right]$$

式中:$e(u)$为范围查询 Q 中的样本个数;$N(s)$为样本总体;$N(i)$为在第 i 层的总体。一般来说,对总体的估计可以通过对样本计算而得出,并且其精度将随着样本数的增加而提高。

搜索一个范围查询的结果可以认为是一个二项分布,搜索算法是利用宽度优先的方法进行。根据要求对第 i 层进行范围查询时只对该层级中的样本进行判断是否在范围内,当对该层级的样本遍历结束后,再对下一层的样本继续判断,直到终止查询或得到精确结果。

根据上述思想,查询算法如算法 3-5 所示:给定一个 Flag 用来存储在范围 Q 内的样本,只有指定层级 i 中的样本在 Flag 中,对该层级的数据进行扫描,才能将第 i 层中不在范围 Q 内的样本移出 Flag 并进行标记,遍历该层中在范围 Q 内对象的样本,若该样本在 Q 内则保留,不在 Q 内则移除,并在 Flag 标记为 disable。遍历该层所有样本后,将 Flag 移至下一层重复上述操作,直到终止程序或者遍历至最底层。

算法 3-5:Query( )

输入:Geo-gap tree,Geo-gap table,range query Q,sampling rate SR

输出:samples from $P \cap Q$

```
Flag( ) = level i 层上范围 Q 内的节点
while sample < SR
    if Flag = ϕ then;
        return P∩Q = ϕ
    if Flag(i) ∩ Q = ϕ then
        u = Flag(i). child( )
        Remark u as disable
    else
        e = Flag′(i)//where Flag′(i) contains only non-disabled elements in Flag(i)
        e = a sample from R(u)
        if e ∈ Q then
            Report e as a sample
        else if e ∉ Q then
            Report e as a disable
    else
        Remove i from Flag
        Add child(i) to Flag
```

3.3 时空大数据多态存储

3.3.1 多模式存储管理

随着传感网、物联网和移动互联网技术的发展，地理空间数据飞速增长，在传统遥感影像、矢量数据基础上，各类传感器流式时空数据、模型分析数据等也逐渐凸显其重要性。如何对这些多元化时空大数据进行多维、多尺度的建模成为当今地理信息系统急需解决的问题。此外，面向地理数据综合分析处理和地理世界实时与动态变化需求，单一模式存储的时空大数据越来越无法应对高性能 GIS 的分析和可视化挑战。面向时空大数据的多模式存储管理技术路线如图 3－36 所示。

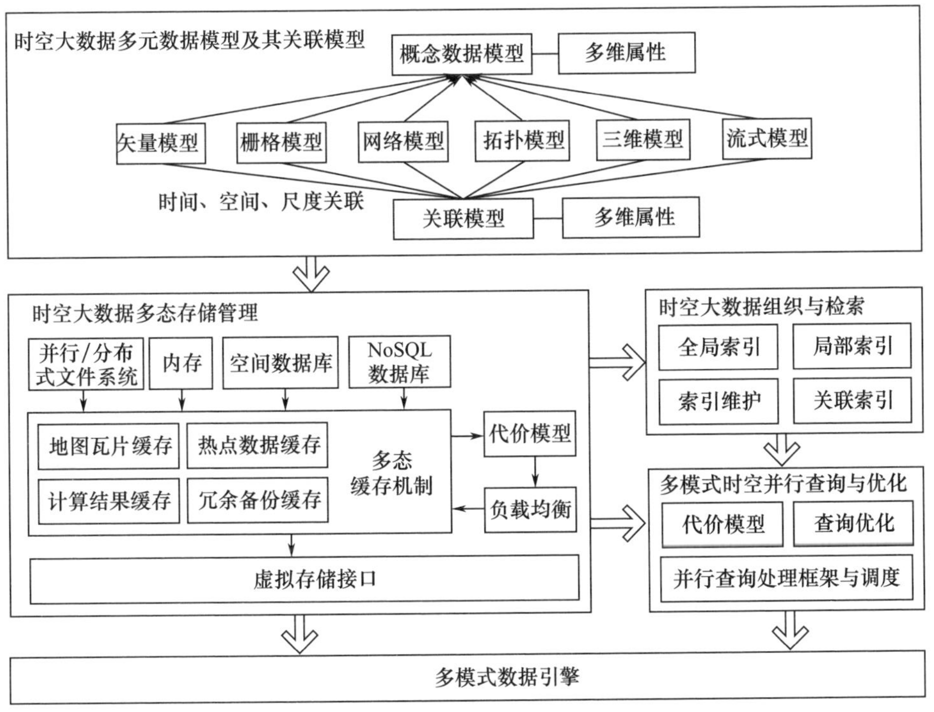

图 3－36 面向时空大数据的多模式存储管理技术路线

多元时空大数据关联模型需要满足高性能 GIS 地理计算和制图可视化对多类型的时空数据访问需求，为在“硬盘－网络－内存”之间的交换和操作提供抽象数据类型。时空大数据多元模型为用户提供针对不同类型数据及其元数据信息的基本操作接口，通过数据集、数据和数据操作单元的层次划分实现数据和数据元信息的统一管理。时空大数据多元概念模型如图 3－37 所示。首先,基于最基本的点、线、面等几何要素,建立矢量模型、拓扑模型、网络模型和时空流模型。在栅格模型和时空流模型中需要考虑时态属性,以管理多时相遥感数据和时空数据流数据。其次,在这些模型与三维模型上进行再次抽象,一起构成时空大数据多元概念模型。由多元概念模型演变为各种面向应用领域的模型,如面向交通疏导、城市规划和环保等领域的具体应用领域模型。

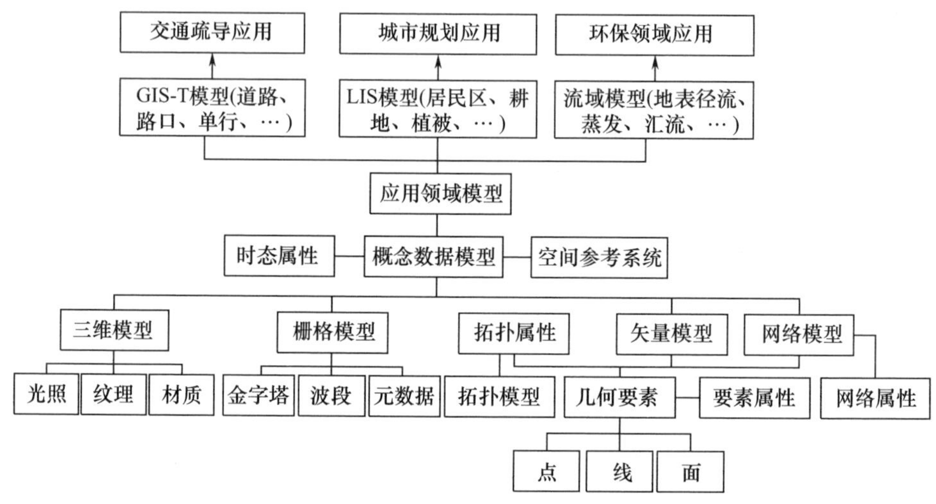

图 3－37　时空大数据多元概念模型框架

在高性能 GIS 中,串行处理程序显然不能充分利用多节点多核处理器的高性能计算资源,对于空间处理分析和地图渲染来说,需要支持多任务的多模式时空查询并行处理框架,如图 3－38 所示。

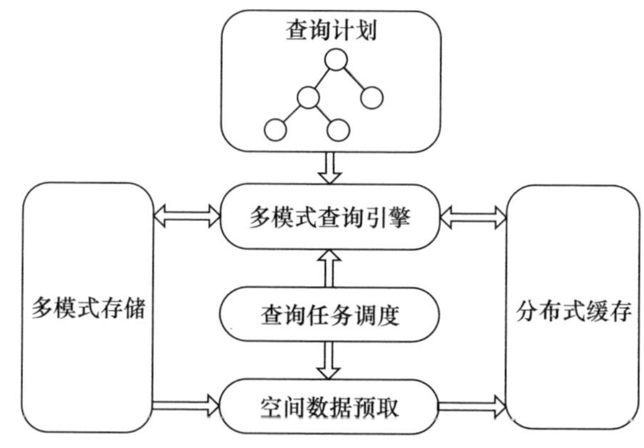

图 3－38　多模式时空查询处理框架

其中查询计划中的各种空间数据访问操作由多模式查询引擎以多任务方式并行执行，空间数据预取用于首次访问空间数据时，通过预先从多模式存储环境中读入相应的数据页面，重叠磁盘 I/O 和处理器时间，查询任务调度模块协调预取任务和多模式查询引擎中各种查询处理任务的执行。查询执行过程中，各种任务需要互斥访问共享数据，为了减少因互斥造成的性能下降，采用基于内存云的分布式缓存体系减少任务间的互斥访问。

多模式时空查询处理框架需要考虑不同模式下的查询处理策略。对于分布式文件系统来说，以文件块的方式存储数据。为了加速访问，文件块需要复制多份存放于不同的节点中，在实际应用中，节点通常在物理上是被架设在不同机架上的，机架之间的通信通常需要经过交换机甚至路由器，通信带宽一定程度上会受到限制，然而机架内部节点之间相互通信的带宽却要大得多。需要考虑合理的副本分布策略。对于空间数据库来说，需要将空间数据库扩展为集群模式，通过多个数据库节点协同工作来获得高性能，以满足海量空间数据存储和多用户并发访问的要求。而其中的矢量数据操作以读为主，写入和更新操作较少，这一特点适合采用读写分离的主从模式空间数据库集群来提高查询性能。对于流式数据，则可以将需要分析的数据全部存储在内存之中，并在内存中进行大量的数据分析和计算，避免了磁盘 I/O 的性能损失，可以大幅度提高系统的执行效率，从而满足流式数据的处理和要求实时响应的系统。

3.3.2 多态存储引擎

计算机存储介质一般包括磁盘、固态硬盘、内存、CPU Cache 等。随着与 CPU 距离的靠近，存储介质的速度提高，存储容量却反而在降低。空间数据访问的效率与空间数据的存储介质密切相关。空间数据访问效率的提升总体上是采用更快的存储设备来代替慢的存储设备。因此，对于不同的存储介质，同一份空间数据会存在不同的形态。空间数据存储架构主要分为外存存储和内存存储。

空间数据外存存储主要采用磁盘存储，包括机械式硬盘和固态硬盘。空间数据的存储方式可以是磁盘文件，也可以是数据库记录。

内存计算将要分析的数据存储在内存之中进行计算，避免了磁盘 I/O 的性能瓶颈，可大幅度提高系统的执行效率，非常适合海量数据的处理和实时响应的系统。现在 32GB、64GB 甚至更大的内存在服务器上应用已经非常普遍，这使基于内存的大规模计算成为可能。内存计算的目标是提高内存和 CPU 效率。

根据时空大数据的类型多样性，单一的存储管理模式无法适应。高性能 GIS 存储架构采用多种模式实现，例如，分布式、并行文件系统用来管理栅格、时空、瓦片地图数据；空间数据库（可以组成分布式集群）管理矢量、网络和地理元数据等具有较强结构化特征的数据；内存数据库在其基础上扩展空间索引和查询功能后，用来缓存包括地图瓦片、矢量瓦片、时空立方体等数据，内存中直接存放“热点”数据，针对内存断电会丢失数据的特点，需要定时备份到硬盘文件或数据库，同时建立内存可靠性保护，实现多副本管理；NoSQL 数据库用来管理地名地址等非空间分析型数据等。分布式存储架构是一个对等无主节点的架构，时空数据可以采用 Geohash 等算法分布到不同的节点上。当应用服务器需要访问时空数据时，先访问内存数据库上的缓存，如命中则直接返回所需数据，否则访问数据引擎或制图引擎，在向应用服务器返回数据的同时将数据写入内存数据库。通过分布式存储架构，提高了数据的访问性能和并发访问能力，由于采用无主节点的架构，具备了横向扩展能力，如图 3－39 所示。

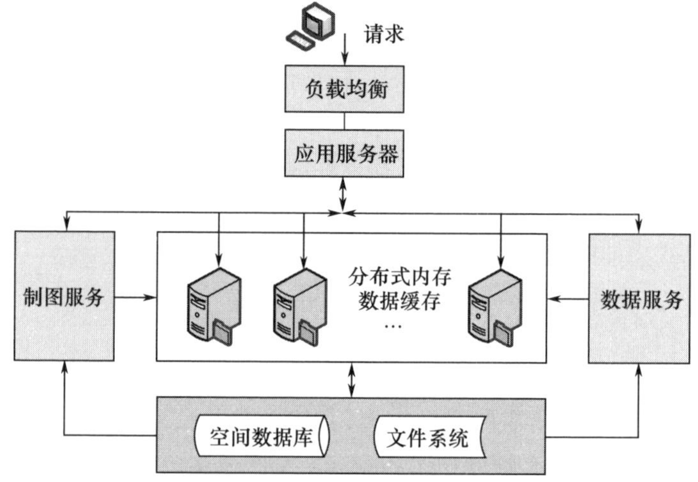

图 3－39　高性能 GIS 的分布式存储体系结构

同时，大量用户对在线时空数据服务的需求也在迅猛增长。高性能 GIS 的数据存储是为高效分析计算和可视化服务的，面向丰富的地理计算模式，要求提供不同的存储管理方法。例如，消息传递计算模型对地理空间数据存取要求关注于高吞吐量和并发性；而映射－归约计算模型更侧重于地理空间数据访问的高可扩展性、负载均衡和容错；而地理元数据的管理又对数据一致性和完整性有更高的要求。兼顾多种应用增加了系统的技术复杂度，性能优化变得更加困难。因此，单一的存储模式已经无法满足用户对地理数据处理和可视化的实时性和高效性需求，根据应用需求进行定制和简化是解决复杂问题行之有效的方法。

如何高效地结合分布式/并行文件系统、空间数据库、NoSQL 数据库和大容量内存,形成多态存储管理架构,是解决大规模时空数据高效存储与快速访问的关键。但是数据的多模式存储,给统一的管理带来了难题,需要一个时空大数据资源调度及负载均衡管理模块。同一类型的时空数据虽然以一种形态存储,但在处理及分析时还是会在内存、缓存、数据库中以不同形态转换,因此,为方便后期的计算和分析,需要高效地实现数据组织和管理。这样时空大数据将呈现为内存、数据库、文件系统等多种存储形态。

由于高性能 GIS 面对的时空大数据规模大、种类多,一个大而全的数据模型或者存储架构是无法实现的,因此采用多数据模型和多存储引擎分而治之的体系架构来实现。在实现思路上,可以从地理计算和数据存储两个角度实现多模式的时空数据模型。在计算模型层面,采用多模型数据库,能够支持灵活的数据模型,如文档 Document、图 Graph 以及键值对 key - value 的存储,同时也能保证高性能的查询和高扩展的应用。在存储模型层面,可以利用 MySQL 的多存储引擎思想,针对矢量数据以及元数据采用数据库集群存储引擎、针对实时访问性较高的结构化数据采用内存数据库存储引擎、针对结构松散无模式的半结构化数据采用 NoSQL 数据库存储引擎、针对非结构化数据采用分布式文件系统存储引擎以及针对需要高性能集中式计算的数据采用并行文件系统存储引擎,如图 3 - 40 所示。

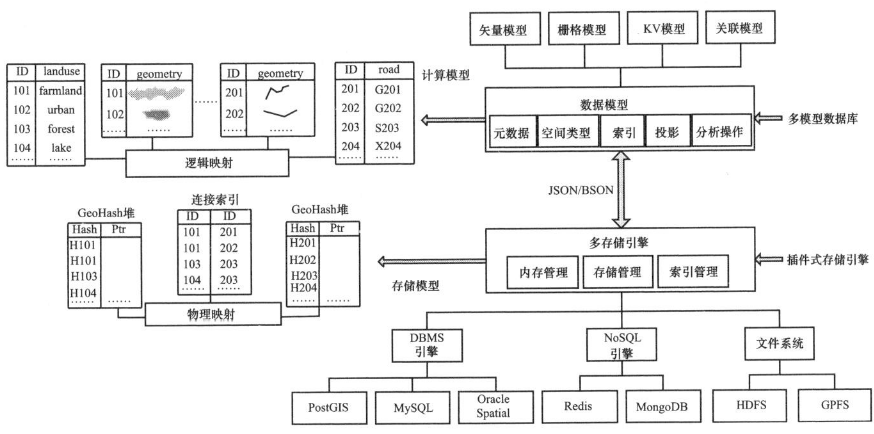

图 3 - 40　时空大数据多态存储与组织

3.4　并行存取方法

3.4.1　元胞自动机

在并行存取抽象模型的研究过程中,本章以元胞自动机作为流程建模的基础理论模型。本节将详述何为元胞自动机，为何选择元胞自动机，以及如何基于元胞自动机构建并行抽象模型。

早在20世纪50年代，J. von Neumann最早构想、发展并推广了元胞自动机理论（Cellular Automata，CA）。紧接着，J. W. Thatcher、E. F. Codd和E. Burks将元胞自动机模型进一步完善。随后，经过半个多世纪的发展，元胞自动机已应用于多个学科领域的问题模拟和求解。在GIScience和并行计算学科领域，于20世纪90年代中期分别出现了地理元胞自动机（Geographic Cellular Automata，GCA）[19-20]和并行元胞自动机（Parallel Cellular Automata，PCA）[21-22]的理论研究和实际应用。21世纪以后，在高性能GIScience领域出现了并行地理元胞自动机（Parallel Geographic Cellular Automata，PGCA）[23]的理论研究和实际应用。学术界的很多研究团体选择GCA作为抽象地学问题、设计求解算法的基础理论模型。因此，GCA具有较广的适用范围，可以作为一个抽象描述一类甚至几类地学问题的基础模型。鉴于此，本书选择PGCA作为对地理空间栅格数据并行处理流程建模的基础理论模型。

参考S. Bandini对元胞自动机的定义[24]，元胞自动机指的是对一个由有限个元胞（Cell）组成的元胞空间（Cellspace，CS）按照一定的规则进行离散的时间变换（Transition，定义为Tran_i，其中i为Transition的顺序序号）。每一个Transition的实质操作是对元胞空间内的所有元胞遍历地执行同一规则（Rule，定义为R_i）的演化计算（Evolution）。对元胞空间内某一元胞的演化计算可能仅依赖于该元胞的前一状态，也可能依赖该元胞某一指定邻域内的所有元胞的前一状态，还可能依赖整个元胞空间内所有元胞的前一状态。具体是哪一种情况由演化规则决定。

根据上述定义，一个元胞自动机可以由一个三元组形式化地表示为

$$\mathrm{CA} = \{\mathrm{CS}, \underset{i\in[1,n_t]}{\mathrm{Arr}}\langle \mathrm{Tran}_i\rangle, \underset{i\in[1,n_t]}{\mathrm{Arr}}\langle \mathrm{R}_i\rangle\}$$

式中：Arr为一个具有先后顺序的一维链表；Tran_i为构成链表的元素；n_t为Tran_i的总数目，也是链表的长度。

在元胞自动机理论的基础上，进一步衍生出了面向高性能地学计算研究方向的并行地理元胞自动机。相比于原来的模型，并行地理元胞自动机做出了以下三点改变：

（1）用元胞空间描述地理空间数据集，其中每一个元胞唯一地对应于某一地理空间参考坐标系（Spatial Reference System，SRS）下的一个实际地点，而元胞某一时刻的状态值则表示这一地点的某一地理空间属性值（如高程值、坡度值）或算法流程的某一中间值。

(2) 对于基于数据并行思想的并行地理元胞自动机，元胞空间将按照某一数据划分方式(Data Partitioning,DP)被划分成指定数目的子元胞空间(Sub - Cellspace,定义为 Scs_j,其中 j 表示每一个子元胞空间的唯一编号)。

(3) 为了实现并行演化计算，需要将所有子元胞空间按照某一任务调度策略(Task Scheduling,定义为 $TS(n_p)$,其中 n_p 为并行计算单元数目)分配至多个并行计算单元。每一个计算单元拥有至少一个子元胞空间的演化计算任务。各个演化计算任务是同时进行的，直至所有计算单元的演化计算任务结束，才标志着元胞自动机的结束，即并行算法程序运行完毕。

根据上述分析，一个并行地理空间元胞自动机的形式化描述将在原有三元组的基础上增加三个要素，成为

$$PGCA = \{CS, SRS, DP, TS(n_p), \underset{i \in [1,n_t]}{\mathrm{Arr}} \langle Tran_i \rangle, \underset{i \in [1,n_t]}{\mathrm{Arr}} \langle R_i \rangle\}$$

式中:SRS 描述了地理空间数据集的空间参考;DP 和 TS 分别描述了并行化过程中必不可少的数据划分和任务调度方法。

3.4.2 数据分发/收集方法

数据分发/收集方法(Data Distribution and Collation,DDC)是计算机科学专业学者最早研究提出的并行 I/O 方法，也是目前地理空间栅格数据并行处理算法程序中最常用的数据 I/O 方法。

如图 3 - 41 所示，在 DDC 方法中，数据导入包括三个步骤:

(1) 指定一个主进程将数据从文件系统中的数据文件读至内存中的元胞空间[25]。

(2) 主进程执行数据划分操作，将元胞空间切割生成多个子元胞空间。

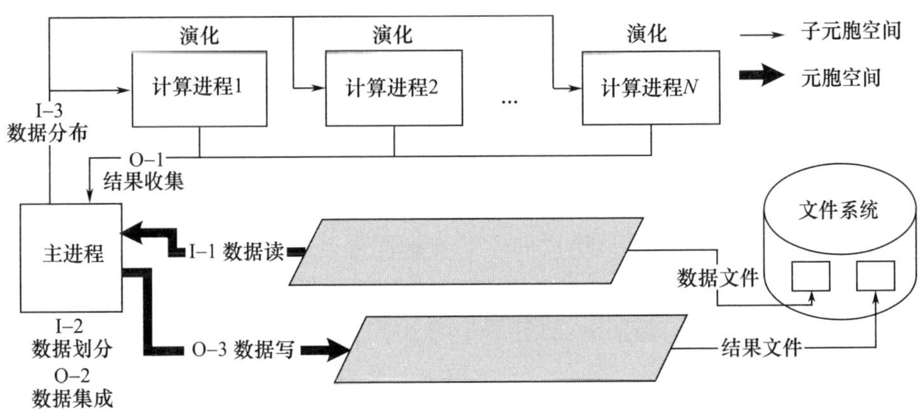

图 3 - 41 数据分发/收集方法流程图

（3）通过进程间消息传递的方式，由主进程将数据划分生成的子元胞空间按照某一任务调度策略分发至各个计算进程所在的内存。主进程向多个计算进程发送数据的通信操作可以是并行开展的，通信时间取最大值。

在这种环境下，采用 DDC 方法的并行数据导入时间代价估计方程为

$$t_{\mathrm{pipt}}^{\mathrm{mpio}} = t_{\mathrm{m-read}} + t_{\mathrm{part}} + \max_{i \in [1, n_{\mathrm{p}}]} (t_{\mathrm{m-cmm},i} + t_{\mathrm{s-pread},i})$$

式中：$t_{\mathrm{pipt}}^{\mathrm{mpio}}$为采用 MPIO 方法的并行数据导入时间；$t_{\mathrm{m-read}}$为主进程提取元数据所用的时间；$t_{\mathrm{part}}$为主进程基于元数据执行数据划分所用的时间；$t_{\mathrm{m-cmm},i}$为主进程向第 i 号计算进程发送子元数据所用的时间；$t_{\mathrm{s-pread},i}$为第 i 号计算进程直接访问数据文件完成子元胞空间数据读取所用的时间。

数据导出包括三个步骤：①每个计算进程完成所分配的子元胞空间的演化计算后，通过进程间消息传递的方式，将子元胞空间收集至主进程；②主进程将子元胞空间重组成完整的元胞空间；③主进程将元胞空间写出至文件系统，形成结果文件。那么，采用 DDC 方法的并行数据导出时间代价估计方程为

$$t_{\mathrm{popt}}^{\mathrm{ddc}} = \max_{i \in [1, n_{\mathrm{p}}]} t_{\mathrm{cmm},i} + t_{\mathrm{inte}} + t_{\mathrm{write}}$$

式中：$t_{\mathrm{popt}}^{\mathrm{ddc}}$为采用 DDC 方法的并行数据导出时间；$t_{\mathrm{cmm},i}$为第 i 号计算进程向主进程发送子元胞空间所用的时间；t_{inte}为主进程重组元胞空间所用的时间；t_{write}为主进程将元胞空间写出至文件系统、形成结果文件所用的时间。

粗略地分析一下方程即可发现，采用 DDC 方法实现并行数据 I/O 时存在两个代价很高的操作：一是主进程数据读写，尤其是面对大规模地理空间栅格数据集时；二是进程间消息传递，尤其是处于低速网的计算环境时。

3.4.3 基于元数据的并行 I/O 方法

借鉴 Google GFS 思想[26]，基于元数据的并行 I/O 方法（Metadata - based Parallel I/O，MPIO）能够优化 DDC 方法中存在的两个代价很高的操作。S. Ghemawat 等曾如此解释为何 GFS 具有优秀的多用户并发数据访问性能：“为了避免数据读写成为性能瓶颈，任一用户（GFS Client）不再直接从/向主节点（GFS Master）读/写数据，取而代之的是该用户向主节点询问和其请求的数据相关联的数据服务器节点（GFS Chuckserver）。控制信息（Control Messages）包含了上述信息，因此在控制信息的帮助下，该用户直接访问相应的数据服务器完成相关数据的读写”。

DDC 方法包括了一个主进程和多个计算进程。这里主进程的角色类似于 GFS 中的主节点，而计算进程相当于 GFS 中的客户。在 DDC 方法流程中，主进

程和计算进程之间的通信对象是子元胞空间,因而通信数据量大,通信代价高、易阻塞;而在 GFS 中,主节点和客户之间通信的对象不是数据信息,而是控制信息,因而通信数据量小,通信代价小、不易阻塞。所以,受到 GFS 的启发,将 DDC 方法中主进程和计算进程之间的通信对象相应地改为子元胞空间的元数据(Metadata of Sub - cellspace, Mosc),简称子元数据,从而避免了主进程和计算进程之间可能发生的通信阻塞。在主从进程的通信过程中,将数据替换成元数据是 MPIO 的关键点,也是 MPIO 这个名称的由来。下面将参照图 3 - 42 详述 MPIO 方法的流程。

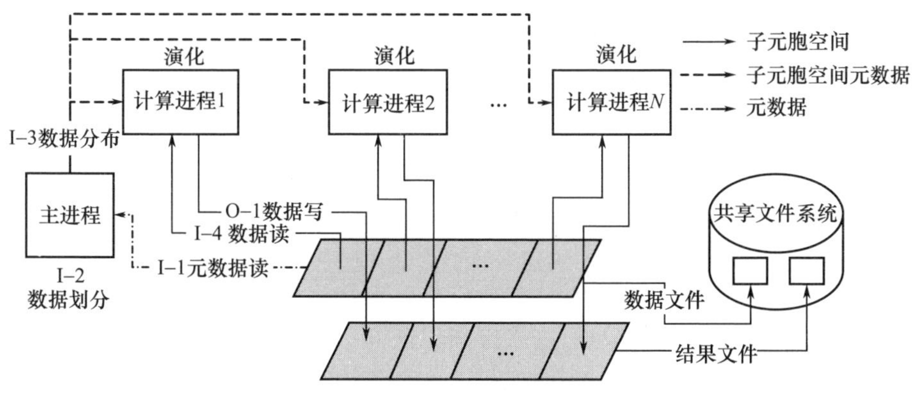

图 3 - 42　MPIO 方法原理示意图

在 MPIO 方法中,数据导入包括四个步骤:

(1) 指定主进程从文件系统中的数据文件提取该地理空间栅格数据集的元数据。

(2) 主进程执行基于元数据的数据划分操作,将元胞空间切割生成多个子元胞空间,每一个子元胞空间都有唯一对应的子元数据。

(3) 通过进程间的消息传递方式,由主进程将数据划分生成的子元数据按照某一任务调度策略分发至各个计算进程。

(4) 每个计算进程利用接收的子元数据,计算得出相应子元胞空间在数据文件中的物理存储地址,而后直接访问文件系统中的数据文件,在正确的物理存储位置读取子元胞空间数据。那么,采用 MPIO 方法的并行数据导入时间代价估计方程为

$$t_{\text{pipt}}^{\text{mpio}} = t_{\text{m-read}} + t_{\text{part}} + \max_{i \in [1, n_{\text{p}}]} \left(t_{\text{m-cmm},i} + t_{\text{s-pread},i} \right)$$

式中:$t_{\text{pipt}}^{\text{mpio}}$为采用 MPIO 方法的并行数据导入时间;$t_{\text{m-read}}$为主进程提取元数据所用的时间;$t_{\text{part}}$为主进程基于元数据执行数据划分所用的时间;$t_{\text{m-cmm},i}$为主进程

向第 i 号计算进程发送子元数据所用的时间；$t_{s-pread,i}$ 为第 i 号计算进程直接访问数据文件完成子元胞空间数据读取所用的时间。

数据导出只包括一个步骤：计算进程在完成所分配子元胞空间的演化计算后，再次利用先前接收的子元数据，并计算得出子元胞空间在结果文件中的物理存储地址，直接访问文件系统中的结果文件，在正确的物理存储位置写入子元胞空间数据。那么，采用 MPIO 方法的并行数据导出时间代价估计方程为

$$t_{popt}^{mpio} = \max_{i \in [1, n_p]} t_{s-pwrite,i}$$

式中：t_{popt}^{mpio} 为采用 MPIO 方法的数据导出时间；$t_{s-pwrite,i}$ 为第 i 号计算进程直接访问结果文件完成子元胞空间数据写出所用的时间。

仔细分析上述流程，发现 MPIO 方法具有以下两个约束条件：

（1）由于 MPIO 方法需要满足多个计算进程在子元数据的帮助下同时访问文件系统中的同一文件执行读写操作，文件系统不能再像 DDC 方法一样没有任何要求。因此，MPIO 方法的第一约束是文件系统必须为允许多进程并发访问的共享文件系统。

（2）在并行数据导出过程中，需要满足多个计算进程同时向同一结果文件写各自分配的子元胞空间数据，这就必须保证同一块物理存储区域只有一个进程写数据。因此，MPIO 方法的第二约束是数据划分生成的子元胞空间彼此之间不能存在空间重叠。

3.4.4 逻辑－物理映射模型

MPIO 方法的另一个关键点是计算进程在接收完子元数据后，能够计算出子元胞空间数据在文件中的物理存储位置，从而支持后续的读写操作。下面将通过构建逻辑－物理映射模型完成栅格数据从逻辑结构向物理结构的映射，实现逻辑范围向物理地址区间的投影。

地理空间栅格数据的逻辑结构指的是 GIScience 专业学者在算法设计时在逻辑层面使用的数据组织结构。基于并行抽象模型，地理空间栅格数据的逻辑结构为一个 $w \times h$ 的二维元胞空间，其中 w 和 h 分别表示矩阵的横向点数和纵向点数（即二维元胞空间的长和宽），矩阵中的每一个点值对应了元胞空间中每一个元胞状态值。每一个元胞都有一个或一组状态值来记录地理空间栅格数据的一个波段或多个波段的值。

地理空间栅格数据的物理结构指的是数据在持久化时的存储结构。这里的物理结构即为地理空间栅格数据文件中的数据组织方法和存储结构。一般情况下，物理结构是由数据文件格式决定的。以 TIF（Tagged Image Format）文件为

例，其物理结构是一维向量，向量的头部和尾部存储了该数据文件的元数据，向量的中部则按照某一种组织方法（如 BSQ、BIP、BIL）存储了一个或多个波段的数据。

通常情况下，GIScience 专业学者只是基于地理空间栅格数据的逻辑结构设计并行处理算法，他们不需要也不希望了解底层的物理结构。在 MPIO 方法中，从子元数据可以方便地提取逻辑结构中的子元胞空间范围。如何将逻辑范围换算成物理地址区间是 GIScience 专业学者比较头疼的问题。逻辑 - 物理映射模型就是用来将逻辑层面上的数据 I/O 请求转化为物理层面上的读写地址范围，从而能满足 MPIO 方法中对子元胞空间物理地址的计算要求。

下面以单波段 TIF 文件为例，结合图 3 -43，阐述地理空间栅格数据的逻辑结构和物理结构的映射关系。定义 $\boldsymbol{M}(w,h)$ 这样一个二维矩阵来表示逻辑结构（即二维元胞空间），物理结构反映的是数据文件在文件系统中的组织存储方式。由于磁盘是一个一维存储介质，因此定义 $\boldsymbol{V}(l+m)$ 这样一个一维向量来表示物理结构，其中 l 表示元胞空间在持久化存储时所占用的物理空间长度，$l=w\times h\times u_c$（u_c表示每一个点值的字节长度），m 表示元数据所占用的物理空间长度。

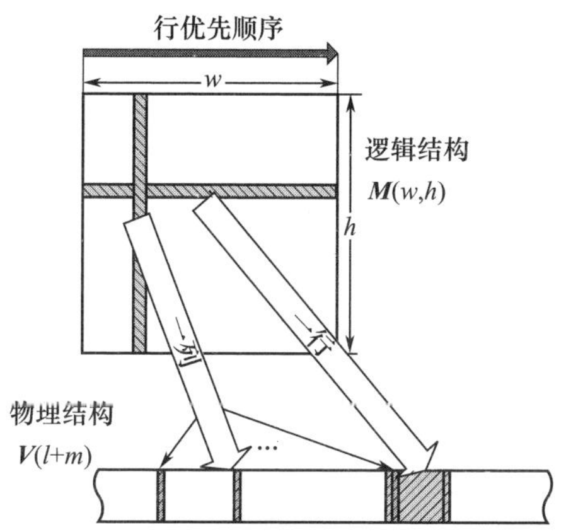

图 3 -43　地理空间栅格数据的逻辑结构和物理结构二者关系

这样看来，逻辑结构中的点是二维分布的，而物理结构中的点是一维存储的。这就需要一个映射将二维矩阵转换成一维向量。在通常情况下，数据文件采用了行优先存储机制（Row - Prior Order），即逻辑上二维分布的矩阵点按照行优先顺序逐一投影到一维向量。在这种情况下，二维逻辑结构中的一行如果投影到一维物理结构中应该是一个连续的数据片段；而逻辑结构中的一列如果投影到物理结构中则变成了一系列离散的数据片段。总结来说就是，行存储是连续的,列存储是离散的。

子元胞空间在逻辑结构中是由多个行、列组成的。参见图3-44,子元胞空间的行、列是元胞空间的行、列的一部分,因此在逻辑结构上,子元胞空间的形式化描述为

$$L\_Scs_i = \underset{x \in [x_i^s, x_i^e], y \in [y_i^s, y_i^e]}{\mathrm{Mat}} \langle p(x,y) \rangle$$

式中:Mat为一个二维矩阵空间;点$p(x,y)$为该空间的组成元素;x_i^s,y_i^s分别为第i号子元胞空间左上角点的横、纵坐标;x_i^e,y_i^e分别为右下角点的横、纵坐标;点$p(0,0)$为元胞空间左上角。显然,x_i^s,y_i^s,x_i^e,y_i^e都可以根据数据划分以及子元胞空间的编码方式计算得出,从而确定任一编号的子元胞空间。

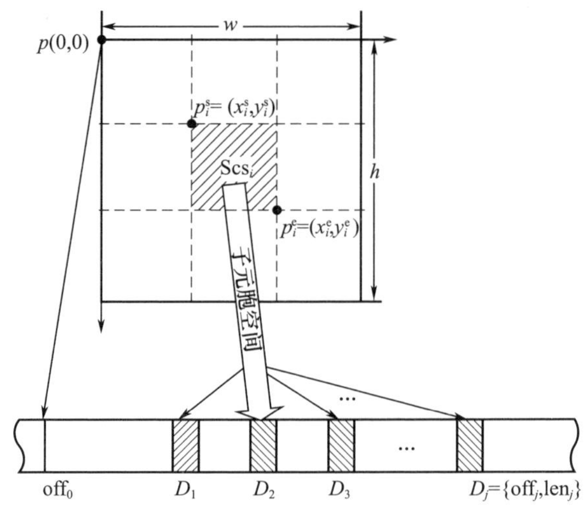

图3-44 子元胞空间从逻辑结构向物理结构的投影

由于每一行的存储肯定是连续的,子元胞空间映射到物理结构后将成为一定数量的数据片段(Data Segment)。因此在物理结构上,子元胞空间的形式化描述为

$$P\_Scs_i = \underset{j \in [1, y_i^e - y_i^s]}{\mathrm{Arr}} \langle D_j \rangle$$

式中:Arr为一个一维链表;数据片段D_j为该链表的组成元素。参见图3-44,链表的元素数目等同于子元胞空间的行数目,即$y_i^e - y_i^s$。每一个数据片段都具有唯一的起始地址(off_j)和所占长度(len_j),因此数据片段的形式化描述为

$$D_j = \{\mathrm{off}_j, \mathrm{len}_j\}$$

定义off_0为元胞空间左上角点对应的物理地址,w,h分别为元胞空间的长、宽,那

么对于第 i 号子元胞空间的第 j 个数据片段：

$$\begin{cases}\mathrm{off}_j = (wy_i^{\mathrm{s}} + x_i^{\mathrm{s}})u_{\mathrm{c}} \\ \mathrm{len}_j = (x_i^{\mathrm{e}} - x_i^{\mathrm{s}})(y_i^{\mathrm{e}} - y_i^{\mathrm{s}})u_{\mathrm{c}}\end{cases}$$

物理结构中的每一个参量都可以由逻辑结构中的参量计算得出。这四个方程式构成了逻辑 - 物理映射模型，它的作用在于将任一子元胞空间的逻辑描述转化成物理描述，从而支持了 MPIO 方法所需求的根据元数据计算物理地址。

3.4.5 并行 I/O 模式

$v_{\mathrm{pread},n_{\mathrm{p}}}$越大，并行 I/O 优化效果越好。本节将讨论多进程并行读写子元胞空间的策略，介绍四个不同的并行 I/O 模式。

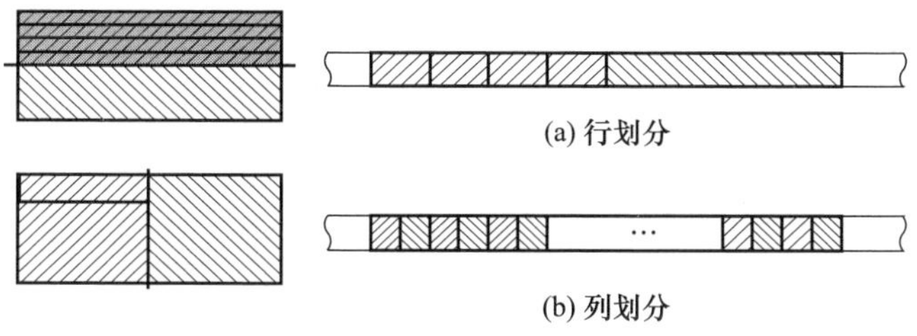

图 3 - 45　两种数据划分方式下子元胞空间的物理结构

前面已经提到，行存储是连续的，列存储是离散的。一个子元胞空间是由多个行、列组成的。图 3 - 45(a)展示了行划分方式，在这种情况下，子元胞空间中的行完全等于子元胞空间的行，因此划分生成的子元胞空间在物理结构中对应的那些数据片段可以首尾相接成一个大连续片段，也就是说子元胞空间在物理结构中是连续存储的。但是，如果采用非行划分方式(如图 3 - 45(b)展示的列划分方式)，子元胞空间中的行相当于元胞空间的行的一部分，因此划分生成的子元胞空间在物理结构中对应的那些数据片段首尾之间有空隙，也就是说子元胞空间在物理结构中是离散存储的。因此说，逻辑结构上连续的子元胞空间映射到物理结构后有可能变成离散存储的数据片段。那么当使用 MPIO 方法实现多进程对子元胞空间的并行读写时，采用什么策略读写这些数据片段将会影响整体并行读写效率。在此，每一种策略被称为一种并行 I/O 模式。下面将逐一提出四种并行 I/O 模式，以数据导入为例，分析它们的异同点、效率和适用条件。数据导出是数据导入的逆过程，其分析过程类似于数据导入。

1. 简单模式

如图 3 - 46 所示，左边的矩形表示元胞空间被划分成四个子元胞空间，而后被分配至四个计算进程。为了便于区分,四个子元胞空间分别被填充不同的图案(斜线方向不同),粗线框表示一次数据读取操作所请求的元胞范围,以及这次请求在物理结构中对应的数据片段。右边的 P1 ~ P4 表示四个计算进程。在 MPIO 方法中会出现四个进程同时访问共享文件系统中的数据文件。为了便于描述多进程并行数据访问的过程,在计算进程和文件系统之间增设一个 I/O 节点,其职能在于:

(1) 接受各个计算进程提出的逻辑结构上数据访问请求。

(2) 转换成物理结构的数据访问请求。

(3) 作为一个"数据通道"帮助各个进程完成数据访问。

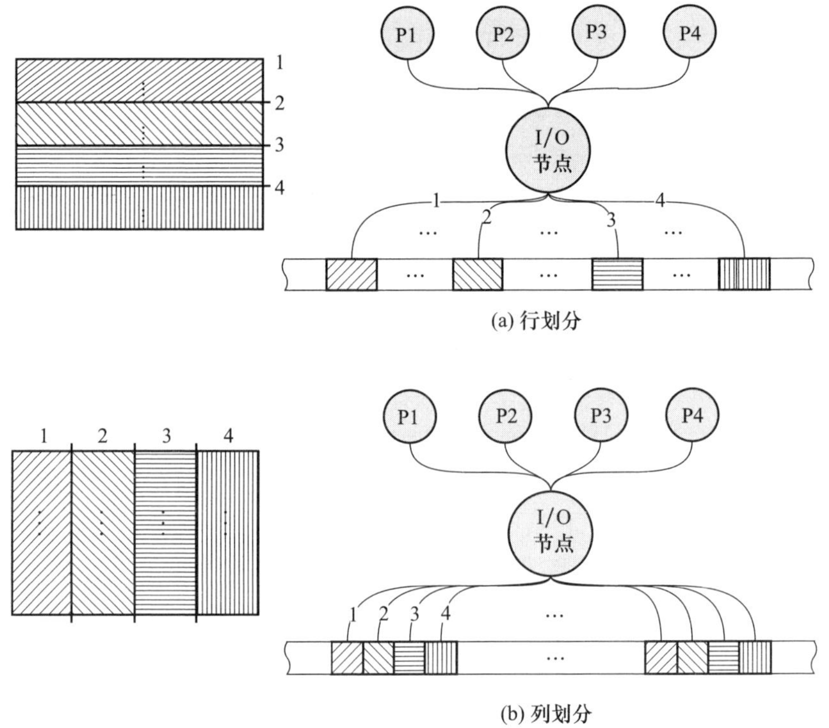

图 3-46 简单并行 I/O 模式

在简单模式中,每个进程都以行作为基本单元,每次向 I/O 节点请求元胞空间中的一行元胞。当 P1 需要读取标号为 1 的元胞行时,它向数据节点发送一个读取请求。I/O 节点解析该请求,根据请求的数据片段的物理地址和长度,为 P1 开启通道完成相应数据的读取。假设图中的元胞空间一共有 n 行,那么在图 3-46(a) 所示的行划分情况下,四个进程总共需要向 I/O 节点提交 n 次读取请求，上述操作需要被重复 n 次；在图 3-46(b)所示的列划分情况下，四个进程总共需要向 I/O 节点提交 $4n$ 次读取请求，上述操作需要被重复 $4n$ 次。可以推测出，如此频繁和大量的请求肯定会影响整体的读取效率。

数据划分方式也会影响读取效率。在行划分情况下，由于行存储的连续性，如果每个进程按顺序逐一请求元胞行，那么对应的磁盘读取片段是首尾相连的，不需要额外的磁头寻址和偏移操作，可以大幅度节省时间；在列划分情况下，由于列存储的离散性，即便每个进程按顺序逐一请求元胞行，对应的磁盘读取片段是离散分布的，需要消耗大量的时间用于磁头寻址和偏移操作。

综上所述，简单模式下的数据请求次数很多，行划分时受益于行存储的连续性可节省寻址时间，列划分时受限于列存储的离散性造成整体读取效率低下。因此可以推测出，简单模式不适用于列划分情况下的并行数据 I/O。

2. 聚集模式

数据请求的次数一定程度上会影响整体读取效率，接下来将在简单模式的基础上提出三个可逐步减少数据请求次数的并行 I/O 模式。

首先是基于聚集思想的聚集模式(Collective Mode)。聚集思想指的是将多个进程在某一时刻同时提出的数据请求聚合为一个“大请求”。这个“大请求”对应的数据是所有请求的合集。

以图 3-47 为例，依然是四个进程分别读取四个子元胞空间。首先，在每一次请求读取元胞行之间，通过增加一个同步操作保证四个进程的数据请求的同步性。其次，将四个请求聚合成一个请求四个元胞行的“大请求”。I/O 节点需要处理这个“大请求”，即读取所有四个元胞行对应的数据片段，再根据最初的请求将数据分发至相应的进程。不难理解，在聚集模式下，数据请求次数将通过聚集操作缩减至原来的 1/4(图 3-47(a)所示的行划分情况下是 $n/4$ 次，图 3-47(b)所示的列划分情况下是 n 次)。从这方面看，聚集模式优于简单模式。但是聚集模式比简单模式多一个同步操作，而且是每一轮请求需要一个同步操作。从这方面来看，同步操作的额外代价可能反而导致聚集模式劣于简单模式，这取决于计算环境的具体情况。

其次再分析数据划分方式对读取效率的影响。在行划分情况下，每个子元胞空间的元胞行等同于元胞空间的行，四个子元胞空间的元胞行(图中标号为 1)映射到物理结构则变成四个离散存储的数据片段。因此，当 I/O 节点处理这样一个“大请求”时，需要在磁盘中多次寻址、偏移、完成对四个离散存储的数据片段的读取。而在列划分情况下，每个子元胞空间的元胞行等同于元胞空间的行的一部分，四个子元胞空间的元胞行恰好能组成元胞空间的一整行(图中标号为 1)，映射到物理结构恰好变成四个首尾相连存储的数据片段。因此，当 I/O

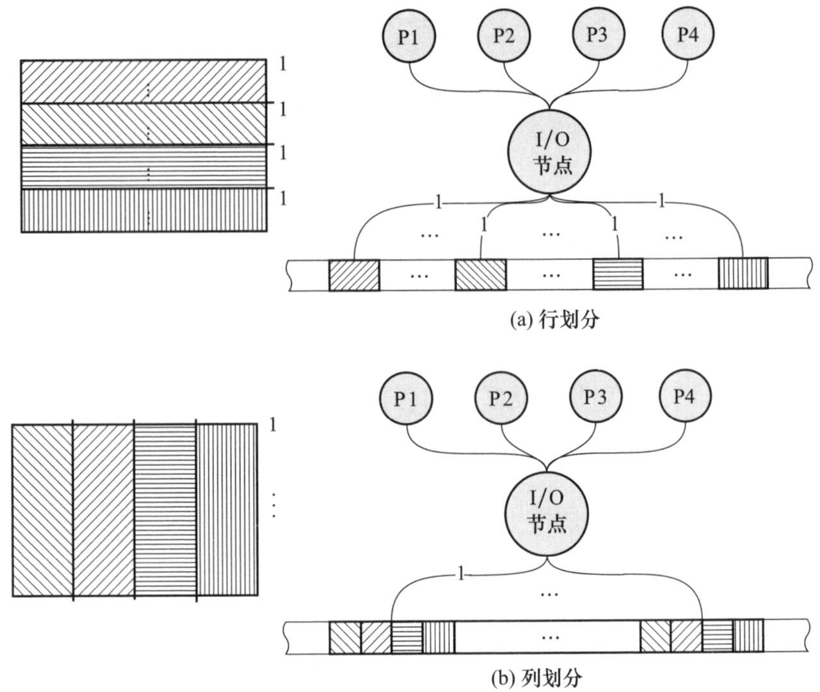

图 3－47　聚集并行 I/O 模式

节点处理这样一个“大请求”时，只需要在磁盘中一次寻址、一次性完成对四个离散存储的数据片段的读取。

综上所述，聚集模式的数据请求次数比简单模式少，但是额外增加了很多次同步操作。行划分时聚集后的“大请求”相对耗时，列划分时聚集后的“大请求”相对高效。因此可以推测出，在单磁盘存储环境下聚集模式不适用于行划分情况下的并行数据 I/O。

3. 映射模式

逻辑结构上连续的子元胞空间在物理结构上有可能是离散的，并构建了逻辑－物理映射模型实现基于子元胞空间的逻辑描述来计算其物理参量。本小节基于上述逻辑－物理映射思想，通过设计一个抽象数据结构，提出了一种新的并行 I/O 模式——映射模式（Mapping Mode）。

抽象数据结构实质上就是在逻辑结构上定义一个窗口，而后以这个窗口为范围形成一个数据请求。也就是说，抽象数据结构的使用使得数据请求的对象不再局限于一个元胞行，可以是多行，甚至是整个子元胞空间。以图 3－48 为例，每个进程只会提出一次数据请求，该请求在抽象数据结构的帮助下请求的是整个子元胞空间。那么四个进程总共只需要四次数据读取请求（图中标号为

1 ~4)即可完成并行读取操作。因此可以推测出,相比于简单模式和聚集模式,映射模式的并行读取效率肯定会显著提升。

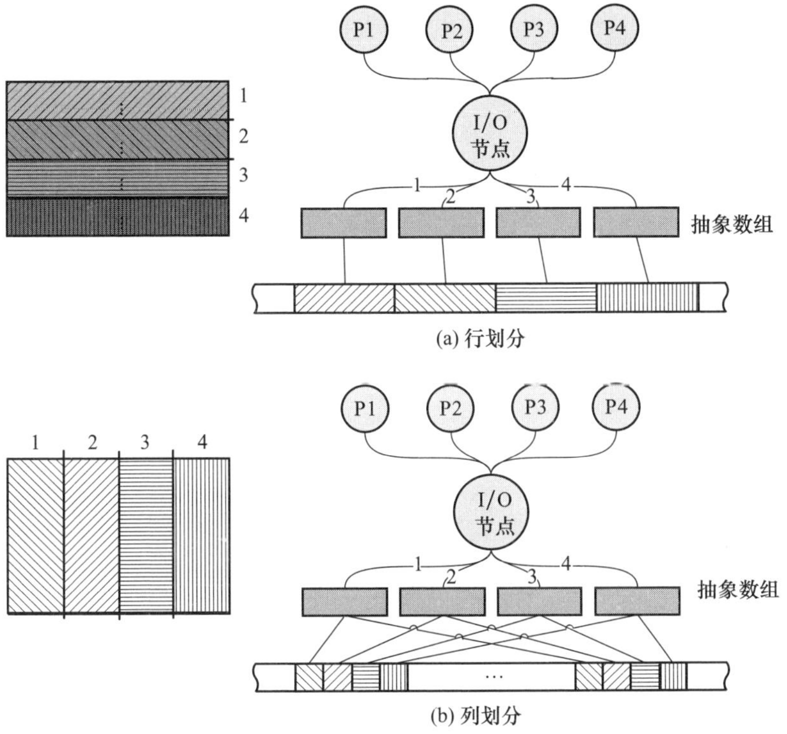

图 3 -48　映射并行 I/O 模式

接着再分析数据划分方式对读取效率的影响。在图 3 -48(a)所示的行划分情况下,每个子元胞空间的物理结构都是连续存储的数据片段。因此,当 I/O 节点处理这样一个针对整个子元胞空间的读取请求时,磁盘读取将会是一次性连贯操作,效率相对较高。而在图 3 -48(b)所示的列划分情况下,每个子元胞空间的物理结构是离散存储的数据片段。因此,当 I/O 节点处理这样一个针对整个子元胞空间的读取请求时,需要很多次磁盘寻址、偏移操作,效率相对较低。

综上所述,映射模式的数据请求次数大幅度减少,理论上并行读取效率会显著提高,且行划分情况下使用映射模式的效率会优于列划分情况。

4. 聚集映射模式

最后一个并行 I/O 模式——聚集映射模式(Collective Mapping Mode)正是将聚集模式和映射模式的长处综合运用而形成的。

如图 3 -49 所示,在这种模式下,每个进程通过使用抽象数据结构生成对整

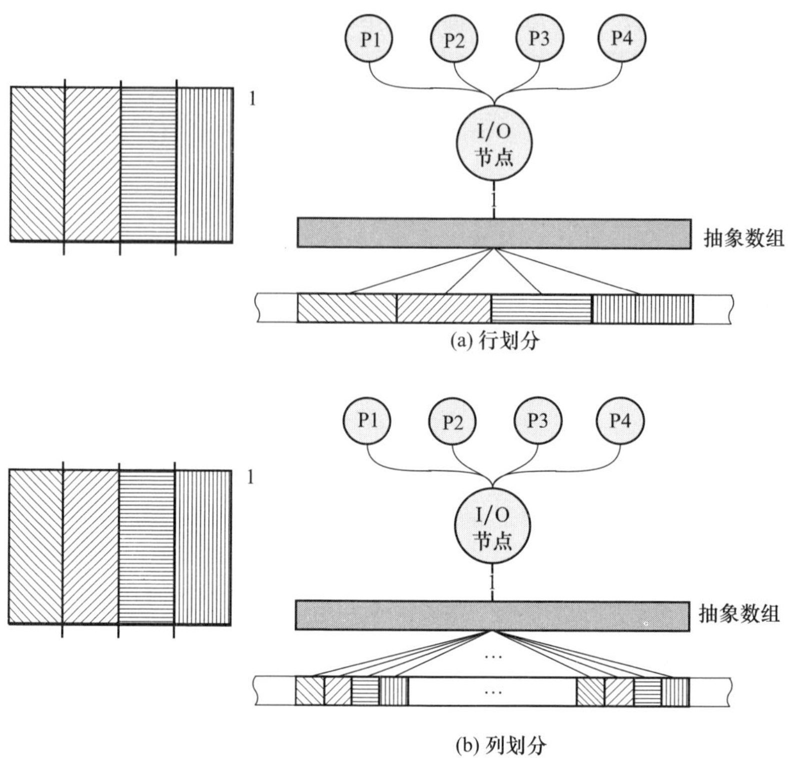

图 3-49　聚集映射并行 I/O 模式

个子元胞空间的读取请求，而后再使用聚集思想，将每个进程的请求聚集成一个"超大请求"。显然，这个"超大请求"（图中标记为 1）所对应的范围实际上就是整个元胞空间。也就是说，聚集映射模式下的数据请求次数不受元胞行数和进程数的影响，始终为 1。因此可以推测出，聚集映射模式将会是四个模式中理论上并行读取效率最优的。

由于聚集映射模式始终是一次性读取整个元胞空间，因此数据划分不再对并行读取效率产生影响。行划分和列划分的并行读取效率相当。

参考文献

[1] Brewer E A. Towards Robust Distributed Systems[R]. PODC 2000 Keynote Speech: Brewer E A, 2000.

[2] Lynch N, Gilbert S. Brewer's Conjecture and the Feasibility of Consistent, Available, Partition – tolerant Web services[J]. ACM SIGACT News, 2002, 33(2): 51 – 59.

[3] Olivier D. NoSQL Data Models: Trends and Chanllenges[M]. Hoboken: Wiley, 2018.

[4] De C G, Hastorun D, Jampani M, et al. Dynamo: Amazon's Highly Available Key – Value Store[J]. ACM SIGOPS Operating Systems Review, 2007, 41(6): 205 – 220.

[5] The Apache Software Foundation, Apache HBase[EB/OL]. [2021 – 03 – 03]. http://hbase. apache. org/.

[6] The Apache Software Foundation, Apache Mahout[EB/OL]. [2021 – 02 – 02]. http://mahout. apache. org/.

[7] The Apache Software Foundation, Cassandra[EB/OL]. [2021 – 02 – 11]. http://Cassandra. apache. org/.

[8] The Apache Software Foundation, The Apache CouchDB Project[EB/OL]. [2020 – 09 – 18]. http://couchdb. apache. org.

[9] MongoDB Inc. , MongoDB[EB/OL]. [2021 – 02 – 02]. http://www. mongodb. org/.

[10] Shashi S, Sanjay C. Spatial Databases: A Tour[M]. Upper Saddle River, NS: Prentice Hall, 2002.

[11] Si Z, Shen K. Advanced Graphic Communications, Packaging Technology and Materials[M]. Singapore: Springer, 2016.

[12] 李瑞清,熊伟,吴烨,等. 一种基于 MBTiles 的地图瓦片存储技术[J]. 地理空间信息,2019,17(12): 58 – 62 + 10.

[13] 向隆刚,王德浩,龚健雅. 大规模轨迹数据的 Geohash 编码组织及高效范围查询[J]. 武汉大学学报(信息科学版),2017(1):21 – 27.

[14] Guo N, Xiong W, Wu Y, et al. A Geographic Meshing and Coding Method Based on Adaptive Hilbert – Geohash[J]. IEEE Access, 2019, 7: 39815 – 39825.

[15] Sidlauskas D, Chester S, Zacharatou E T, et al[C]. Improving Spatial Data Processing by Clipping Minimum Bounding Boxes, 2018 IEEE 34th International Conference on Data Engineering (ICDE). Paris: IEEE, 2018: 425 – 436.

[16] Borzsony S, Kossmann D, Stocker K. The Skyline Operator[C]. Proceedings 17th International Conference on Data Engineering. Heidelberg: IEEE, 2001: 421 – 430.

[17] Cheng C, Niu F, Cai J, et al. Extensions of GAP – tree and Its Implementation Based on a Non – topological Data Model[J]. International Journal of Geographical Information ence, 2008, 22(6 – 7): 657 – 673.

[18] Xiong W, Li R Q, Peng J, et al. Geo – Gap Tree: A Progressive Query and Visualization Method for Massive Spatial Data[J]. IEEE Access, 2019, 7: 99428 – 99440.

[19] Keith C C, Leonard J G. Loose – coupling a Cellular Automaton Model and GIS: Long – term Urban Growth Prediction for San Francisco and Washington/Baltimore[J]. International Journal of Geographical Information Science, 1998, 12(7): 699 – 714.

[20] Whit R, Engelen G. Cellular Automata and Fractal Urban form: a Cellular Modelling Approach to the Evolution of Urban Land Use Pattern[J]. Environment and Planning, 1993, 25(8): 1175 – 1199.

[21] Cannataro M, Gregorio S D, Rongo R, et al. A Parallel Cellular Automata Environment on Multicomputers for Computational Science[J]. Parallel Computing, 1995, 21: 803 – 823.

[22] Giandomenico S, Domenico T. Programming Cellular Automate Algorithms on Parallel Computers[J]. Future Generation Computer Systems, 1999, 16: 203 – 216.

[23] Li X, Zhang X H, Anthony Y, et al. Parallel Cellular Automata for Large – scale Urban Simulation using Load – balancing Techniques[J]. International Journal of Geographical Information Science, 2010, 24(6):

803 - 820.

[24] Bandini S, Mauri G, Serra R. Cellular Automata: from a Theoretical Parallel Computational Model to Its Application to Complex Systems[J]. Parallel Computing, 2001, 27: 539 - 553.

[25] Cheng G, Liu L, Ning J, et al. General - purpose Optimization Methods for Parallelization of Digital Terrain Analysis Based on Cellular Automata[J]. Computers & Geoences, 2012, 45: 57 - 67.

[26] Ghemawat S, Gobioff H, Leung S T. The Google File System[C]. Proceedings of the 19th Symposium on Operating System Principles, Lake George. New York: ACM, 2003: 29 - 43.

第4章　多范式地理计算技术

随着地理计算的不断发展，地学领域的很多研究，例如对复杂地理过程进行模拟分析，处理数据密集型和空间密集型的地学问题等，受限于传统的计算机条件，无法得到快速有效的解决。并行计算等高性能计算技术能够有效地帮助地学家解决这一问题，将地学分析与并行计算相结合，甚至还能解决一些串行技术从来没有解决过的问题。因此，地理计算并行化成为趋势。几十年来，高性能地理计算领域的研究取得了可观的进展，许多经典的串行地理计算应用案例被并行化，也诞生了一些基于新型硬件架构的并行地理计算算法。

为了在地学领域更好地使用并行计算，必不可少的前提是增加地学家对并行计算基本概念的理解。对于并行计算的定义，计算机科学领域众多国际知名学者都有不同的解释。以下列举4个不同时间段提出的并行计算定义，它们具有不同的侧重点，展现了并行计算技术随着时代的发展而不断改变的内涵和外延。

定义4-1　"并行计算是一种有效的信息处理形式，其核心在于利用处理过程中暗藏的并发性、并行性和流水线机制。"

——*Computer Architecture and Parallel Processing*

定义4-2　"并行计算中存在的并发事务具有多个层级，包括程序级、过程级、指令级甚至于指令内部级。"

——*Parallel Algorithms and Architecture*

定义4-3　"并行计算指的是在同一时间使用多个CPU解决同一个问题。"

——*Parallel Programming*

定义4-4　"并行计算指的是将任务分解成一系列可由单独代理独立执行的子任务。"

——*Practical Parallel Processing: An Introduction to Problem Solving in Parallel*

可以看出，这4个定义的侧重点是有所区分的：定义4-1关注了流水线、并行性和并发性这样的软件层面的要素；定义4-2提到了并行性可以存在于多个层级；定义4-3强调了并行计算的硬件环境要求；定义4-4指出了并行计算的核心即任务分解和分发。事实上，这些定义综合起来即归纳出了并行计算涉及的几个重要技术点:并行计算环境、并行计算理论模型、并行编程模型以及并行计算模式。并行地理计算是指在设计实现地理计算算法的过程中采用并行化思想,把地理计算任务按某种策略进行划分并分配到不同的处理节点上计算,以提高地理计算的整体效率。令算法的串行执行时间为 T_s,使用 q 个处理器并行执行的时间为 $T_p(q)$,则并行计算加速比定义为

$$S_p(q) = T_s / T_p(q)$$

相应的,并行计算效率定义为

$$E_p(q) = S_s(q) / q$$

加速比体现的是对算法效率的实际提升,而加速效率则体现了对计算资源的利用效率。一般情况下,我们关心一个程序并行化后的加速比情况,因为我们对程序运行时间更敏感。但在一个系统中多个程序共享一个并行计算资源时,对加速效率的平衡可以使我们更好地利用计算资源为整个系统服务。

利用并行计算技术提高地理计算算法效率的研究思路非常直观:将一个大计算量的任务分解并分发至一定数量的处理器,多处理器的并行计算肯定比单处理器的串行计算更快速。然而,简单的研究思路实施起来却需要考虑很多因素,已有的串行地理计算算法程序如果不进行合适的并行化改造,即便运行在并行计算环境上也无法有效地利用并行计算资源。在利用并行计算技术加速地理结算问题求解的研究中,需要处理以下一系列问题:

(1) 如何设计实现或改造生成高效的并行地理计算算法程序。

(2) 如何分解结构复杂的地理空间数据,使其能够并行处理。

(3) 如何构建适合地理计算并行算法程序的硬件计算环境。

(4) 如何协调数据、算法和计算环境三者关系从而能够最大限度地提高算法程序的并行性能。

随着学术界对上述问题的研究越来越多,逐渐形成了一个横跨地理科学和计算机科学的新研究方向——并行与分布式地理计算技术。并行与分布式地理计算技术相关研究始于 20 世纪 90 年代中期,初期的研究并不顺利,缺乏可靠的软件系统、有经验的程序员、已有并行算法的启发以及适合并行化的应用案例。这些问题吸引了大量地理计算和计算机科学领域的研究团体的关注。2003 年,计算机科学领域内的著名期刊 *Parallel Computing* 出版了一个专辑"High Performance Computing with Geographical Data"来收录计算机科学专业学者应用并行计算技术加速地理空间数据处理过程的研究成果[1]。这个专辑的设立也被看作高性能地理计算研究发展道路上的又一里程碑,在这之后,很多国内外知名大学开设了相关专业,培养了许多博士生,完成了一些高质量的博士课题。2009

年后，随着多核、众核和并行集群等新型硬件技术的广泛使用，国家 863 计划应对高性能复杂地理计算的应用需求，大力支持开展新型硬件架构下高性能复杂地理计算技术研究[2]。针对复杂地理计算的特点，重点研究了多核集群上复杂地理计算中的并行空间查询和分析算法、过程表示与任务调度、任务执行时间预测、多核集群中节点内与节点间混合并行等关键技术，通过建立面向新型硬件架构的高性能复杂地理计算平台，全面提升了地理信息系统领域高性能计算技术的应用水平。

随着并行计算软硬件技术的发展成熟以及获得相关领域期刊、会议的高度重视，并行与分布式地理计算技术的研究成果逐渐增多，这些相关研究成果在理论和实践方面都具有重大的意义：一方面利用并行技术获得性能上的提高使得计算密集型的地理算法能够更快执行，尤其在处理大规模数据的情况下会有非常明显的改善；另一方面，因为高性能计算的保证，地学家可以除去为了简化传统地理计算模型而设置的一些假设条件，从而更加逼近真实的地理计算模型，为地学家在地理计算和模拟过程中发现新的理论增加了更多可能性。到如今，并行与分布式地理计算已成为学术界的研究热点和独立学科。

本章将从基于消息传递接口的并行地理计算、基于分布式文件系统的并行地理计算、基于分布式内存的并行地理计算三个细分方面介绍当前利用并行计算技术提高地理计算算法效率的多范式地理计算技术行业发展现状。

4.1 面向消息传递接口的地理计算

4.1.1 消息传递接口模型

在研究并行计算的过程中，硬件和软件是必不可少的两部分。在并行计算机的发展史上，曾经出现了各种不同类型的并行机，从向量机到 SIMD(Single - Instruction Multiple - Data)计算机和 MIMD(Multiple - Instruction Multiple - Data)计算机。其中 SIMD 表示单指令多数据流，一个控制单元向其他处理单元发送指令，然后同一指令在多个处理单元上同步执行，多为专用计算机。MIMD 为多指令多数据流，不同处理单元之间相互独立地执行不同指令。目前最广泛使用的并行结构模型为 MIMD 的一种简单变体 SPMD(Single Program Multiple Data)，即同一个程序在不同的处理单元上重复执行，但是处理的数据对象并不相同，也就是数据并行。随着计算机的发展，人们开始把向量化技术引入到常规的计算环境中，而传统的向量机和 SIMD 计算机却由于其昂贵的费用逐渐退出历史舞台，如 Cray SV1 System、SX - 6 System 等。如今基于分布式存储的可扩展并行计算机占据了主导地位。集群系统等分布式存储多计算机使用物理上分布的存储器,相比于集中式存储结构,分布式存储能提供更高的总存储带宽,而且由于集群系统的低成本和高可扩放性,如今在并行服务器中被广泛使用。Top500 中超过 80% 是集群系统,而且已有很多成熟的科学计算应用和大规模商业应用。

相比于硬件的快速发展,并行计算在软件层面的发展稍显缓慢,这也很大程度上限制了并行计算的发展。作为硬件和软件之间的一种桥梁,并行计算模型能帮助编程人员设计研发出更好的并行算法,从而充分利用现代并行计算机的性能。当前流行的并行计算模型主要有异步 PRAM 模型、VLSI 计算模型、BSP 模型和 logP 模型等。而并行编程模型作为一种程序抽象的集合,主要有数据并行模型、共享变量模型和消息传递模型,编程人员可以利用这些模型为多处理机、集群系统等设计并行程序。

迄今为止,已经出现了一大批并行编程语言和函数库用来帮助程序员开发实现并行算法。其中,消息传递和共享存储是两种主流的并行编程模式。共享存储模型通过分享同一片存储地址进行数据存取,因此,分配在不同处理器上的进程可以通过这一公共存储区的共享变量进行通信,使得分散于多个线程中的子任务可以同时进行计算。而在消息传递模型中,并行计算任务被划分到多个相互独立的进程节点中,进程节点通过消息传递的方式实现数据通信,不同处理器上的进程则通过互联网络相互通信。虽然二者都可以在并行平台上实现,但是共享存储模型可能产生很高的相互作用开销,适合处理轻量的并行计算任务;而消息传递模型则更为灵活,在查错和编程方面更易于实现,适合处理海量数据和计算量比较大的并行计算任务。目前主流的多核处理器和集群系统等高性能硬件架构是一种分布式存储的多计算机系统,在这种硬件环境中,开发大粒度并行性的消息传递模型相比于其他模型具有独特的优势。所谓并行计算粒度,是对各个计算节点可独立并行执行的计算任务大小的度量。若可并行执行的任务的运算量大(例如进程级的并行),称为粗粒度;反之,如指令级并行等则是细粒度并行,其可并行执行的任务较小。此外,消息传递程序不仅能执行在分布式存储的多计算机上,也可以执行在共享变量的多处理机上,因此,消息传递模型一直以来都被广泛接受使用。

在消息传递模型中,每个处理器都有自己独立的地址空间或本地内存,处理器之间通过互联网络发送和接收数据。在基于消息传递的并行编程中,为了实现处理器之间的数据交换,要求用户必须显式地发送和接收消息。在并行程序开始运行时,用户可以指定运行的进程数,然后不同的进程将被分配到各个处理器的节点上。由于每个进程均有自己独立的地址空间,并且不能直接访问其他进程的数据,必须通过网络传递消息的方式进行相互通信。例如进程 A 可以把包含本地数据的信息打包成一个消息传递给进程 B,然后 B 就可以间接地访问这些数据。但是进程 B 只有在进程 A 发出消息后才能接收该消息,并且进程 B 在接收消息的同时还监控着进程 A 的状态信息,这就体现了进程间同步的功能。由于基于消息传递的并行程序必须由用户明确地分配数据和负载,而且进程间的消息传递开销较大,所以它比较适合于开发大粒度和粗粒度的并行性,如图 4 - 1 所示。

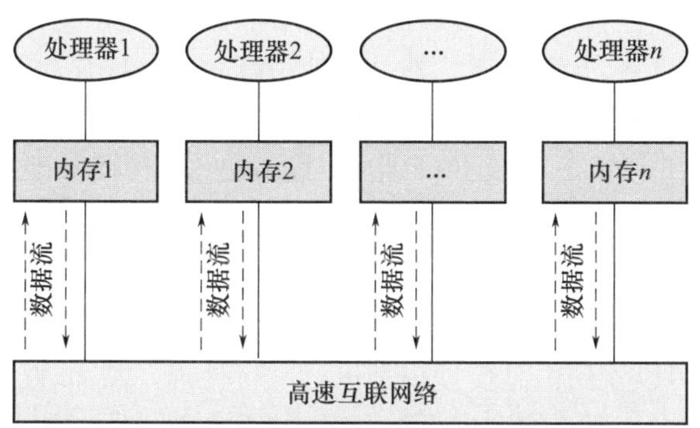

图 4 - 1 消息传递模型结构

消息传递接口是一种工业标准的 API 规范,定义了一组具有可移植性的编程接口标准[3]。MPI 于 1992 年产生,1994 年发布第一个版本 MPI - 1,到 1997 年发布第二个版本 MPI - 2,被大量应用到高性能计算中。作为目前国际上最流行的并行编程规范,MPI 吸收了各种并行环境的优点,支持多种操作系统(包括大多数的类 Unix 系统和 Windows 系统)和编程语言(如 Fortran、C 和 C + + 等),并且具有完备的异步通信功能和良好的可移植性以及易用性,能够在多核处理器、集群等多种硬件平台上实现。从某种意义上来说,MPI 的出现极大地促进了并行计算的发展和应用,因此,面向 MPI 的并行地理计算也成为了高性能地理计算领域重要的组成部分。

在地理信息系统中,最常见的数据结构有矢量数据结构和栅格数据结构两种。由于矢量数据结构与栅格数据结构所各自具备的特点,导致矢量分析算法与栅格分析算法在利用 MPI 技术进行并行优化过程中也呈现出差异。

4.1.2 矢量分析算法

矢量数据结构通过记录坐标的方式尽可能精确地表示点、线、多边形等地理实体,且坐标空间设为连续,允许任意位置、长度和面积的精确定义,在一般情况下,矢量数据结构比栅格数据结构精度高得多。

矢量数据结构存在空间数据明显、属性数据隐藏的特征。由于数据结构的特殊性以及地理实体的条带化、拓扑等特性,并非所有的矢量数据都适合进行并行处理。此外,对矢量数据的处理总是伴随着较高的耦合度,无论是对一般矢量数据的查询和连接,还是对网络数据的路径规划等问题,都很难划分出相互独立的子问题,因此耦合性高,局部性低,数据连续,这些都加大了矢量数据并行处理的难度。

较高的耦合度往往意味着较高的通信消耗,因此,在消息传递模型下考虑矢量数据的并行化改造,首要考虑的即是通信消耗与并行优化收益的比较,只有当通信消耗可以控制在可接受的范围内时,才值得进行并行化改造。虽然可以对部分耦合性低的步骤进行优化,但是根据 Amdahl 定律,耦合度高的部分决定了该问题无法获得理想的加速比,在这一原则下,一些典型的网络规划的算法,如路径规划、最近邻查询等,每次迭代往往需要全局信息,且计算负载不均衡,因此不适合进行并行化改造。当然,在存储受限的情况下,需要通过分布式计算来提高计算能力,也可以使用消息传递模型进行并行处理。然而,此时关心的不是加速比而是计算能力。对于耦合度低的问题,如下面例子所提到的空间连接,则可以将其划分为耦合度较低的子问题,从而取得较好的并行加速比。本章以无索引空间连接并行算法为例,简要展示利用 MPI 技术对矢量数据进行并行优化的一种操作方式。

空间连接运算是空间数据库的最重要也最常见的基本运算之一,它是根据某个空间谓词(如“相交”“包含”)将两个空间数据集连接在一起的查询。一般来说,空间连接的处理分为过滤(Filter)和精炼(Refinement)两个阶段。过滤阶段,首先用较简单的数据结构来近似表示空间对象,其中较常用到的数据结构是最小外包框 MBR,其次对简化后的对象集进行连接操作,所得的结果成为候选集。精炼阶段,将筛选出的候选集作为输入逐一用谓词比对其对应的真实对象,从而得到复合谓词的连接结果。由于用谓词连接真实对象消耗较大,且实际数据往往连接结果集大小远远小于两个集合的笛卡儿积,因此,过滤阶段极为重要。对于过滤阶段算法的选择,要基于其数据的输入集索引建立与否而区分为双索引连接、单索引连接和无索引连接三种。

双索引连接,指两个输入集都建立了索引。因此这里连接的方式同索引使用的类型有关。由于空间索引最常见的类型是 R 树及其变种,因此,对于 R 树连接的研究也成了双索引连接研究的焦点。单索引连接,指仅有一个输入集建立了索引,其情况同双索引情况类似。无索引连接,是指两个输入集都没有建立索引。对于空间连接问题,如果采用有索引的连接,则索引本身即具有较高的耦合度,从而难以进行合适的数据划分和计算划分。此时,即使进行并行化处理,仍然需要承担较大的通信消耗。而无索引的连接在这方面的消耗则明显减少,因此只要将算法中的通信消耗控制在可承受的范围内,就可以达到满意的加速效果。

一种典型的无索引空间连接算法是空间扫描线算法(Plane Sweep Algorithm)[4],即利用一根空间扫描线平行扫描两个数据集,同时维护一个活动链表以获取连接结果。为利用矢量数据分布分散的特点加速算法实现,可采用网格划分的算法,即将2D空间划分成等大的网格,此时两个空间对象可以连接必然导致其至少与同一个格子相交。对于数据的划分,由于矢量数据集一般较小,因此可以使每个计算节点在本地保留一份数据副本,通过MPI的并行I/O机制从存储节点获取。矢量数据的划分策略包括静态和动态两种。静态划分策略,是基于一定数据属性规则进行一定规律的划分;而动态划分策略则通过调用空闲进程实时分配来实现负载平衡。通过进一步考虑空间位置、邻近性等方面,实现最佳的均衡存储。目前主要还是采用传统静态方法。

除了数据的划分外,对于计算的划分,仍然采用网格作为并行计算的单元。由于网格数量远远大于计算节点的数量,因此需要将网格分配到计算节点中。此时,可以针对实际数据往区域集中的特点,采用轮转法(Round - Robin)的方式进行轮转分配(Round - Robin分配方式可以使得相邻的网格分配到不同的计算节点中,从而提高负载均衡的概率。但是在极端情况下,仍然可能退化成严重的负载不均衡),也可以采用主控节点动态调度的方式进行负载均衡(主控节点动态调度的方式,是指将一个计算节点作为主控节点,该节点可以不进行网格内的连接计算,而是将对每一个网格的计算作为计算任务进行分发,对于所有工作的负载进行调度,从而使得每个计算节点都能保持工作,进而使得负载趋于平衡。这一方式更适合负载均衡,但是会牺牲主控节点的计算能力,且增加因调度产生的通信消耗)。

综上所述,在消息传递模型下,基于MPI实现无索引空间连接的并行算法步骤描述如下:

Phase 1:预处理阶段

Step 1.1:获取当前并行环境参数;

Step 1.2:利用MPI的并行I/O机制,从存储节点获取两个数据集S_A和S_B;

Step 1.3:提取其MBR集合M_A和M_B。

Phase 2:过滤阶段

Step 2.1:根据进程ID计算局部MBR的并,通过通信合并,将空间划分成$N \times N$网格;

Step 2.2:根据进程ID确定本地对应的网格,并计算同该网格相交的所有MBR;

Step 2.3：在本地网格中，对两个子 MBR 集合进行连接；对于满足谓词的候选对，检测其是否应归于该网格；

Step 2.4：所有分配到本进程的网格中连接候选对组成本地候选集。

Phase 3：精炼阶段

Step 3.1：枚举本地候选集中的每个候选对，考察对应数据对是否符合谓词；

Step 3.2：所有符合谓词的本地候选对的集合即为所求空间连接的本地结果；

Step 3.3：利用 MPI 的并行 I/O 机制，将本地\结果集输出到存储节点，并结束算法。

4.1.3 栅格分析算法

与矢量数据相比较而言，地理空间栅格数据由于类似于矩阵的像素存储模型，其数据规模远远大于前者；同时，大部分栅格处理算法也都是基于像素或像素集合的处理，处理流程复杂，计算规模也十分巨大。特别是近年来，随着遥感技术和测绘技术的进步发展，各类地理空间栅格数据（包括遥感影像数据、数字高程数据、SAR 数据等）的空间分辨率和时间分辨率都有了大幅度的提高，使得地理空间栅格数据处理已成为一类既是数据密集型又是计算密集型的复杂计算问题。能否实现地理空间栅格数据的高性能处理已成为制约其进一步应用的关键所在。

在栅格结构中，地表被分成相互邻接、规则排列的矩阵方块，每个地块与一个栅格单元相对应，我们对栅格数据的处理也就是对栅格单元的处理。栅格数据具有独特的“块状”数据结构，其行、列阵列方便被计算机存储、操作和显示，所以这个结构易于实现、扩充和修改。栅格运算常常基于矩阵运算，这样的运算往往具有很好的局部独立性，给地理空间数据处理带来了极大的方便，有利于高性能 GIS 并行化处理。在这种背景下，地理空间栅格数据并行处理技术成为了高性能地理计算领域的研究热点，许多研究团体基于当前新型软硬件计算资源，展开了地理空间栅格数据处理并行加速的研究。按照应用并行计算技术的地理空间栅格数据类型分类有一般图形影像的并行处理、遥感影像数据的并行处理、数字高程和数字地形数据的并行处理、数字水文数据的并行处理、土地利用数据的并行处理以及通用栅格数据的并行处理。

在处理某栅格单元时，不仅和本栅格单元有关，还可能与其邻域的像素单元有关，即相邻的栅格单元之间存在一定的耦合度，甚至对某个栅格单元的处理会与所有栅格单元相关，即任何像素单元之间都是相互关联的。根据这几种可能性，可以把栅格处理问题分为本地计算、邻域计算和全局计算三类，如图 4－2 所示。

在上述三种栅格数据处理中，第一种情况是在本像素单元上进行计算，不需

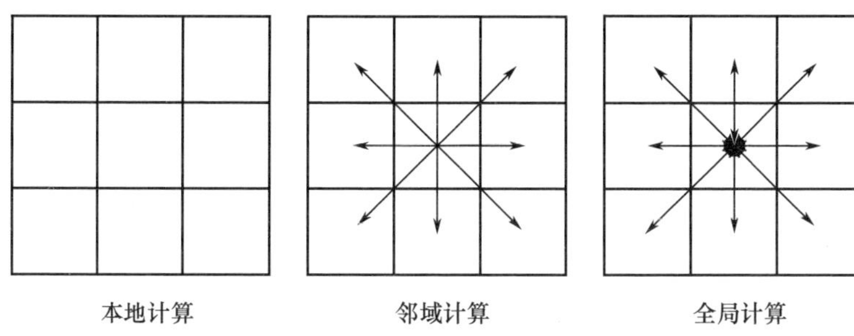

图 4-2　三类栅格处理问题

要其他像素单元的信息，除了收集结果和同步信息，计算节点之间基本没有通信，因此适合进行并行化处理；对于邻域计算，由于计算需要像素点的邻域信息，因此在迭代计算过程中计算节点间需要进行通信，其通信量同邻域大小有关。此时，对于计算节点间通信机制的设计十分重要，良好的通信机制设计可以有效地降低并行计算的额外开销，保持高效的并行效率；对于全局计算，由于计算需要全局信息，因此在迭代计算过程中需要大量的通信。这种情况下，通信带来的额外开销会十分巨大，甚至超过并行优化的收益。因此，这种计算不适合在消息传递模型下进行并行处理。这其中，邻域计算具有较少的耦合度，既能应用到消息传递模型下的通信机制，又不会带来不可承受的额外开销，因此值得加以研究。本章以坡度分析为例，简要展示利用 MPI 技术对栅格数据进行并行优化的一种操作方式。

坡度分析是地形分析中较典型的一个问题，其核心是求取像素点的坡度、坡向及其变化率。坡度和坡向是最基本的地形因子。如图 4-3 所示，地表面任一点的坡度是指过该点的切平面与水平地面的夹角。坡度表示了地表面在该点的倾斜程度，在数值上等于过该点的地表微分单元的法矢量 $\boldsymbol{n}$ 与 z 轴的夹角。坡向定义为：地表面上一点的切平面的法线矢量 $\boldsymbol{n}$ 在水平面的投影 $\boldsymbol{n}_{xoy}$ 与过该点的正北方向的夹角。

坡度分析串行算法大体分为三个阶段，经历两次迭代。其步骤描述如下：

Phase 1：预处理阶段

Step 1.1：读入栅格数据集，转化为高程矩阵 $\mathbf{Z}$。

Phase 2：一次迭代，计算坡度和坡向

Step 2.1：对于每个像素，建立 3×3 的观察窗口；

Step 2.2：在每个观察窗口中，根据公式计算各像素点处的坡度和坡向；

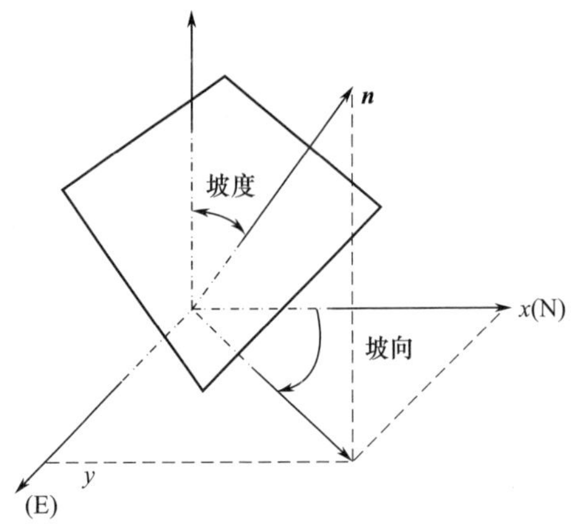

图 4－3　坡度坡向示意

Step 2.3：将各像素点处的坡度和坡向合并成坡度矩阵 $\boldsymbol{S}$ 和坡向矩阵 $\boldsymbol{A}$。

Phase 3：二次迭代，计算坡度变率和坡向变率

Step 3.1：对于每个像素，建立 3×3 的观察窗口；

Step 3.2：在每个观察窗口中，根据公式计算各像素点处的坡度变率和坡向变率；

Step 3.3：将各像素点处的坡度变率和坡向变率合并成坡度变率矩阵 $\boldsymbol{DS}$ 和坡向变率矩阵 $\boldsymbol{DA}$；

Step 3.4：输出结果矩阵 $\boldsymbol{S}$、$\boldsymbol{A}$、$\boldsymbol{DS}$、$\boldsymbol{DA}$，并结束算法。

在对该串行算法进行并行优化时，可以将像素作为并行计算单元，并平均分配到各个计算节点上。由于对非本地邻域信息的需求要靠计算节点间的通信实现，因此应尽量将相邻的像素数据划分到同一个计算节点上，亦即将栅格数据整块划分。此时，简单来说，划分的方法可以分为行划分、列划分和井字划分三种，如图 4－4 所示。

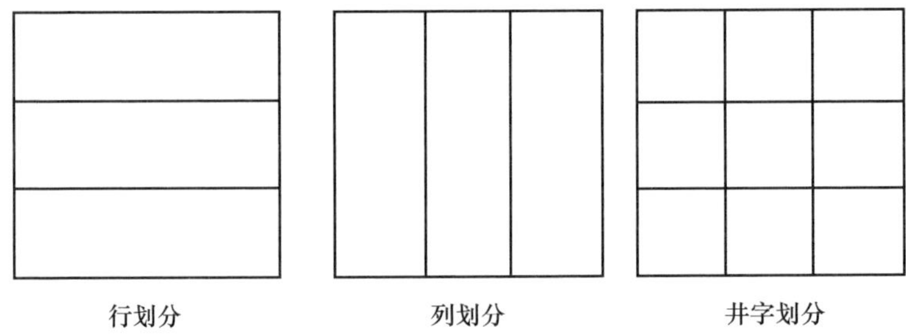

图 4－4　栅格数据不同划分方式示意

假设栅格数据大小为 m 行 n 列，需要划分到 q 个计算节点上，对邻域的需求为外推 k 格，则三种划分方式一次迭代所需的通信量为：

（1）行划分。每个计算节点需要向两个邻域发送 nk 的数据，故通信代价为 $cm_1=2kqn$。

（2）列划分。每个计算节点需要向两个邻域发送 mk 的数据，故通信代价为 $cm_2=2kqm$。

（3）井字划分。设划分为 r 行 t 列，则每个计算节点需要向两个行邻域发送 km/r 的数据，需要向两个列邻域发送 kn/t 的数据，需要向 4 个对角邻域发送 k^2 的数据，故通信代价为

$$cm_3=2kq\left(\frac{m}{r}+\frac{n}{t}\right)+4qk^2=2k(mt+nr)+4qk^2\geqslant$$

$$4k(\sqrt{mtnr}+qk)=4k\sqrt{mnq}+qk$$

当 $mt=nr, m/r=n/t$ 时，上式取得最小值，即$cm_3=4k\sqrt{mnq}+qk$。对于实际问题，总有 $m\approx n$ 且 $\max(q,k)\approx\min(m,n)$，因此当 $q>4$ 时，采用井字划分且总是使得划分的块行列宽度相等或相近，可以获得较低的额外开销。

由于现代集群普遍采用共享文件系统（Shared File System），计算节点同磁盘存储分离，且支持并行 I/O，因此可以在读取数据时实现数据的划分，根据进程 ID 读取对应数据块。此时，可以将一次迭代所需的邻域数据进行冗余读入，从而减少一次通信的代价。综上所述，在消息传递模型下，基于 MPI 实现的坡度分析并行算法步骤描述如下：

Phase 1：预处理阶段

Step 1.1：利用 MPI 下的并行 I/O 机制，读取进程 ID 对应栅格数据中的高程子矩阵 $\boldsymbol{Z}$。

Phase 2：一次迭代，计算坡度和坡向

Step 2.1：对于每个像素，建立 3×3 的观察窗口；

Step 2.2：在每个观察窗口中，根据公式计算各像素点处的坡度和坡向；

Step 2.3：将各像素点处的坡度和坡向合并成坡度子矩阵 $\boldsymbol{S}$ 和坡向子矩阵 $\boldsymbol{A}$；

Step 2.4：利用 MPI 通信机制，将本地 $\boldsymbol{S}$ 和 $\boldsymbol{A}$ 中对应的数据发送到邻域进程中，并从邻域进程中接收二次迭代需要的邻域数据。

Phase 3：二次迭代，计算坡度变率和坡向变率

Step 3.1：对于每个像素，建立 3×3 的观察窗口；

Step 3.2：在每个观察窗口中，根据公式计算各像素点处的坡度变率和坡向变率；

Step 3.3：将各像素点处的坡度变率和坡向变率合并成坡度变率子矩阵 $\boldsymbol{DS}$ 和坡向变率子矩阵 $\boldsymbol{DA}$；

Step 3.4：利用 MPI 下的并行 I/O 机制，输出结果子矩阵 $\boldsymbol{S}$、$\boldsymbol{A}$、$\boldsymbol{DS}$、$\boldsymbol{DA}$，并结束算法。

4.2 基于分布式文件系统的并行地理计算

当前,空间大数据的分析与应用面临着许多挑战。首先,系统的可扩展性,如何对不断增加的空间大数据进行有效的存储、管理和维护。其次,高效的分析,怎样通过诸如并行的方法来提升计算的效率。最后,交互性的界面,因为在很多情况下,例如数据科学家或分析者等用户不知道手中空间数据的哪些具体信息是所需要的。针对这些问题,研究者们在不断提出新的解决方法。

2006 年以后,数据中心计算成为一种新的计算模式,其中云计算是数据中心计算的典型业务模式[5]。云计算以"Computing as a service"和"Pay as you go"为特征,具有易用、经济和节能等特点。各类业务应用逐步迁移到云计算平台已成为业界主流,云计算平台也逐渐成为支持地理空间科学的基础计算平台。在此情形下,基于云端的 GIS 应运而生,如 giscloud、云端的 ArcGIS 等。为大数据分析而生的 MapReduce 并行框架是云计算的核心计算模型,以其高度的扩展性和容错性呈现出强大的生命力,获得了工业界和学术界的广泛关注,各大公司和各研究机构都投入力量,基于 MapReduce 框架展开了一系列的研究,这其中自然也包括基于 MapReduce 框架的高性能地理计算并行优化。

4.2.1 MapReduce 并行计算框架

MapReduce 并行计算模型主要包括高度容错的分布式文件系统、并行编程模型和并行执行引擎三方面的内容。其核心是分布式文件系统和并行编程模型。本章首先以 Google 的分布式文件系统 GFS 为例来对分布式文件系统进行简要说明。

GFS 是一种可扩展的满足大规模数据密集型应用需求的分布式文件系统。GFS 在设计时受可扩展性、性能、可靠性、可用性、负载均衡和技术环境的影响,主要考虑四个因素:①节点失效是常态,系统通过软件进行容错;②文件是巨大的,文件大小通常以 GB 计;③考虑互联网应用的特点,文件的操作模式多为文件追加操作,而不是覆盖已有的数据;④文件系统的某些具体操作不再透明,需要应用程序协助完成。图 4-5 描述了 GFS 的系统架构。一个 GFS 集群采用主控架构,包含一个主服务器和多个块服务器,被多个客户端访问。文件被分割成大小固定的块(Chunk),块服务器把块作为 Linux 文件保存在硬盘,并根据指定的块句柄和字节范围读写块数据,每个块默认保存 3 个备份。GFS Master 管理文件系统所有的元数据，包括命名空间、访问控制、文件到块的映射、块物理位置等信息。

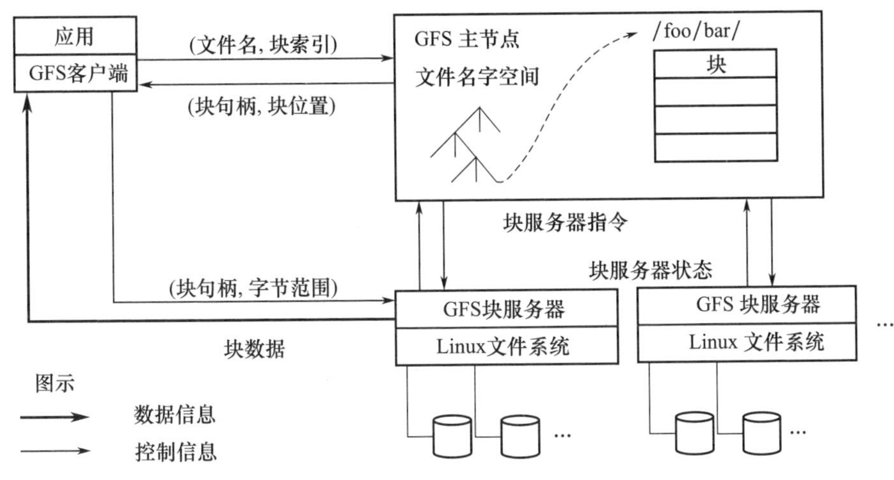

图 4-5　GFS 的系统架构[6]

除了 GFS 外，有名的分布式文件系统还包括 MapReduce 开源实现 Hadoop 所基于的 HDFS 文件系统(Hadoop Distributed File System)。在分布式文件系统中，文件以块的形式分布式存储，因此，数据的划分存储方式也对后续并行优化的性能有很大影响。对于空间数据而言，空间数据划分方法是空间大数据分析的基础，通过划分策略将整个数据集划分成相对独立的各个数据块。良好的空间数据划分策略应该同时考虑数据的空间位置特性和变长特点，划分后的空间数据应满足两个基本原则：首先，每个分区内部的空间数据保持良好的空间邻近性；其次，各分区之间能够保证大致均衡的数据存储量。当前，空间数据划分方法主要可以分为传统划分方法和二维划分方法。

传统空间数据划分方法针对一维数据，例如一些传统关系型数据，通常包含轮转法(Round-robin)、散列划分(Hash Partition)、范围划分(Range Partition)、混合划分(Hybrid Range Partition)等方法。当这些划分方法应用到空间数据上时，划分策略会割裂空间数据之间的内在联系，使空间上相邻的数据被划分到不同的存储节点上，为后续的空间计算、查询等操作带来额外的 I/O 开销。二维划分方法考虑空间维度，基于空间坐标值的范围进行划分，例如，将空间划分成均匀大小的网格划分方法、具有良好空间邻近特性的 Hilbert 空间填充曲线等。当划分方法与分布式架构相结合时，需要考虑架构的划分函数及其特点。在 MapReduce架构中，数据划分通常采用常见的网格划分方式，并注意考虑数据倾斜和边界对象这两个问题。

除了分布式文件系统之外,就并行编程模型而言,MapReduce 通过提供 Map 和 Reduce 这样两个简单的概念来构成并行计算的基本运算单元,用户只需要编写 Map 函数和 Reduce 函数即可并行地处理大规模的数据。并行计算过程中的任务调度、容错、通信和负载均衡处理等则由并行执行引擎解决,用户不需要关心。Map 和 Reduce 的过程可表示如下:

$$\mathrm{Map}(k1,v1)\rightarrow[(k2,v2)]$$

$$\mathrm{Reduce}(k2,[v2])\rightarrow[(k3,v3)]$$

可以看出,在一个计算任务中,计算被抽象并简化为两个阶段:Map 和 Reduce。在 Map 阶段,系统调用用户提供的 Map 函数,完成从一对键值($k1,v1$)到另外一组键值[($k2,v2$)]的映射计算;而在 Reduce 阶段,用户指定的 Reduce 函数将具有相同键 $k2$ 的所有值聚集在一起,形成[$v2$],并进行一次化简归约,最终产生最终的结果键值对[($k3,v3$)]。

图 4-6 给出了 Google 的 MapReduce 执行过程。当用户程序调用 MapReduce 函数时,用户程序中的 MapReduce 库首先自动地将存储在分布式存储系统上的输入文件切割成 M 块。Master 主控程序负责分派 M 个 Map 任务和 R 个

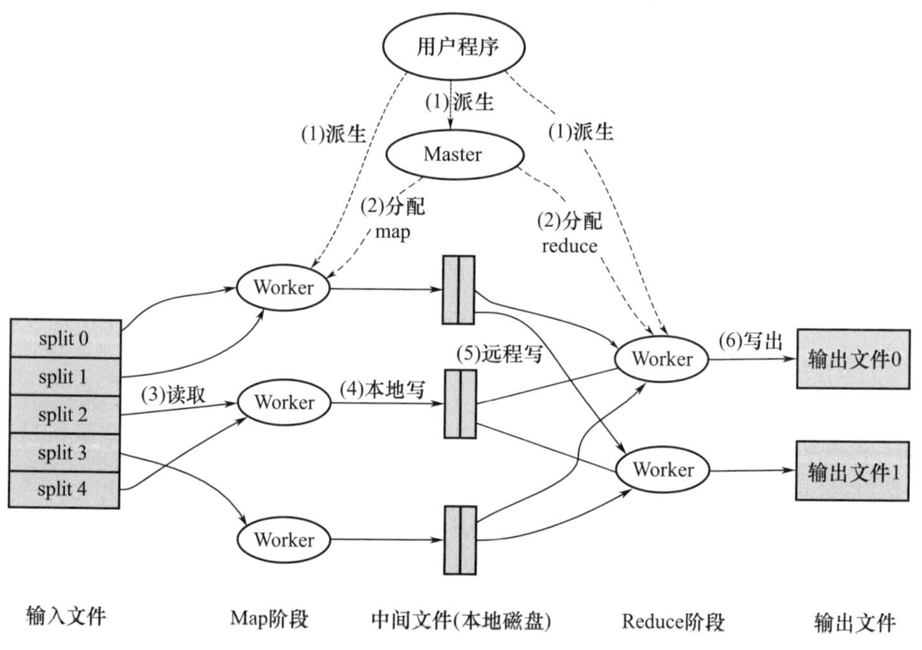

图 4-6　Google MapReduce 的执行过程[7]

Reduce 任务。Master 选择空闲的 Worker 分派一个 Map 或 Reduce 任务。当一个 Worker 分派一个 Map 任务时，Map 函数读取对应的数据切片，将输入数据解析为 key - value 对形式并传递给用户自定义的 Map 函数，Map 函数将产生的中间结果缓存到内存，缓存的结果周期性地写入本地磁盘，并用划分函数分成 R 个分区。这些缓存结果的位置信息将被传递给 Master，Master 负责将这些位置信息传递给 Reduce 的 Worker。当 Reduce 的 Worker 通知 Map 函数输出的缓存中间结果数据的位置信息时，Reduce 采用远程读从 Map 的 Worker 的本地磁盘读取缓存的中间结果数据。当 Reduce 的 Worker 读取完毕所有的中间结果后，对中间结果按 key 值进行排序，这样，具有相同 key 值的被分组到一起。Reduce Worker 根据中间 key 值来遍历所有排序后的中间数据，并且把 key 和相关的中间结果集传递给用户自定义 Reduce 函数。Reduce 函数对其进行处理后将其结果追加到该 Reduce 划分的输出文件中。当所有的 Map 任务和 Reduce 任务都已完成时，Master 激活用户程序，返回用户程序的调用点。在这整个过程中，各个 Map 间是高度异步并行的，互相之间不存在数据依赖和通信，同样各个 Reduce 间也是高度异步并行的，Reduce 间也不存在数据依赖和通信，并且 Reduce 必须等到 Map 完成后才开始执行。

4.2.2 分布式空间数据处理

很多地理分析领域常用的操作都可以基于 MapReduce 并行计算框架进行优化，包括索引并行构建、以连接查询为代表的各类查询语句等。本章将列举其中有代表性的优化算法。

1. 索引构建的并行优化

在传统地理分析计算领域，为快速、有效处理存储于空间数据库中的海量空间数据，专家学者们提出了大量基于磁盘的空间索引方法。其中，R 树[8]是经典的动态空间索引结构。R 树索引能有效提高空间数据的查询效率，众多学者对其进行了深入的研究，并取得了许多重要成果。用 R 树索引来对空间数据进行组织已形成共识，对于空间查询有较高的查询效率，广泛用于商业系统中。

R 树索引的构建原理并不复杂，并在实践中取得了许多成果，然而，这些构建方法主要面向单机环境下小规模空间数据的索引串行构建，当面临大规模的空间数据时，串行方法需耗费很长时间甚至不能完成，并行的构建方法逐渐引起研究人员的重视。来自佛罗里达国际大学的 Ariel 等[9]提出一种基于 MapReduce 的 R 树并行构建方法，该方法采用 Z 曲线作为数据划分方法以及单个插入作为局部索引构建方法，其主要问题是索引质量随划分数（P）的增加而下降。随后，Ariel 将 X - means 聚类方法引入到空间数据划分中[10]，相比于基于 Z 值的数据划分,该方法索引构建质量得到提升。

2. 空间数据连接聚集查询的并行优化

连接聚集查询是数据库领域传统的研究方向之一,TPC - H[11]是在线分析处理环境中的一种典型的评价标准,其中所列的22个查询中有16个涉及连接聚集查询。空间连接聚集涉及空间连接和聚集操作,相关研究主要集中于空间连接查询和范围聚集查询上。空间连接查询主要包括非索引空间连接查询、半索引条件下的空间连接查询和R树索引条件下的空间连接查询;在聚集查询上,主要关注于范围聚集查询和Top k空间连接聚集查询。

(1) 空间连接聚集查询。

空间数据不断增长的同时,用户对空间查询效率要求也越来越高。并行空间连接查询成为研究热点。并行空间连接算法的研究主要分为两种,一种是非索引条件下并行空间连接查询;另一种是基于R树索引及其变种条件下的并行空间连接。在非索引的并行空间连接查询上,空间数据划分有两种策略:单次分配和多次分配,典型的空间数据划分是将整个空间区域分割成多个规则网格,将空间对象按空间范围分配到不同的网格中,由于空间对象可能与多个网格相交,因此,空间数据分割有两种方法:多次分配,单次连接(Multi - Assignment Single - Join, MASJ)和单次分配,多次连接(Single - Assignment Multi - Join, SAMJ)。使用SAMJ方法,各个计算任务间存在通信和数据依赖;相反,使用MASJ方法,各个计算任务间彼此独立,没有通信,更加适合并行处理。中国科学院计算所相关研究团队提出了MapReduce框架下的并行空间连接算法SJMR(Spatial Join with MapReduce)[12],其关键技术在于MASJ连接策略、基于条带的平面扫描、基于瓦片的空间划分和冗余避免。

(2) k近邻连接查询。

kNNJoin查询是一种基于距离准则的空间相似性连接查询,而基于距离准则的空间相似性连接查询已成为空间数据库和GIS中一项非常重要的查询操作,在空间分析中具有非常重要的作用。地理学第一定理[13]指出:任何事物之间都存在相关性,但是距离近的事物之间的相关性比距离远的事物之间的相关性更强。基于距离准则的空间查询非常普遍,同时,这类查询实际涉及两个或多个数据集的连接,其查询结果通过空间连接来获得。k - 距离相似连接的基本思想是检索是根据阈值限定的相似性连接结果。其典型查询为k最近邻对(k - closet - pair, KCP)查询,即给定一个阈值k和输入P,Q,KCP查询检索k个最邻近对(p,q),$p\in P,q\in Q$。传统KCP的研究主要关注在P和Q均已被R树索引的情形下如何利用R树节点MBR的距离属性来加速查询。

随着空间数据量的不断增长,单机运行环境难以满足大规模空间数据的相

似性连接查询的存储和计算处理需求。在此情况下,开展 MapReduce 框架下面向大规模数据的相似性连接查询研究成为一种客观需求。来自佛罗里达州立大学与犹他大学的研究团队在 2012 年 ACM EDBT 会议上首次提出了 Hadoop 平台下的 HBNJ 及其改进算法 H - BRJ 以处理大规模多维数据的准确 k 近邻连接查询[14]。H - BRJ 算法的基本思想是阶段 1 采用数据块的划分方法,将输入的 P 和 Q 依次划分为 $|P|/n$ 和 $|Q|/n$ 块,然后分配到 n^2 个 Reducer 中进行并行处理,通过对 Q 划分的子块构建 R^* 树索引来加速执行 knnJoin 查询。阶段 2 则对 R 树的各个子块的 knnJoin 查询结果进行归约,获取最终的查询结果。此外还有很多类似研究工作,例如新加坡国立大学研究团队 2012 年发表在 ACM VLDB 会议上的一种基于 Voronoi 图数据划分的针对 knnJoin 查询的 MapReduce 优化算法[15]。

其他的研究人员对一些复杂的空间查询在 MapReduce 框架下重新进行了优化。除此之外,MapReduce 被改进来处理海量的轨迹数据和时空数据;同时,各种空间统计分析算法也被迁移到 MapReduce 框架下,包括热点分析统计、Skyline 查询等,并且性能不断得到优化。

4.2.3 代表性系统概览

除了针对各类具体算法的优化工作以外,近年来也涌现了很多基于 MapReduce 框架开发的通用系统。MapReduce 最著名的开源实现 Hadoop 在大数据处理和分析研究领域掀起的研究热浪同样蔓延到地理空间科学领域,越来越多的空间查询和分析算法移植到 Hadoop 平台,其中代表性工作包括 Hadoop - GIS、SpatialHadoop、MIGIS、TerryFly 和 Meadow 等系统。就 Hadoop 本身而言,虽然它能够实现很高的扩展性,但其在开发之初并不原生支持空间数据操作,因此,为了应对空间数据的挑战,上述系统从各个维度对 Hadoop 进行了空间优化扩展。

1. Hadoop - GIS

Hadoop - GIS 是第一个基于 Hadoop 平台运行大规模空间查询的可扩展的高性能空间数据仓库系统[16],它将 Hadoop 视为一个黑盒,利用其所提供的并行化接口将空间查询操作转化为 MapReduce 作业,通过空间划分、可定制的空间查询引擎、与 HDFS 交互配合,在 MapReduce 上执行隐式并行空间查询实现功能。目前支持点、多点、线段、多线段、多边形和多个多边形等文本(WKT)类型。

在空间查询类型上,目前 Hadoop - GIS 主要支持数据切割、窗口查询(包含关系等)、空间连接查询(采用不同类型的谓词)以及 kNN 查询(k - Nearest - Neighbor)等多种空间分析功能和空间查询。其中,Hadoop - GIS 所支持的空间谓词种类如表 4 - 1 所示。

表 4－1　Hadoop－GIS 所支持的空间谓词

st_intersects	st_touches	st_crosses	st_contains
st_adjacent	st_disjoint	st_equals	st_dwithin
st_adjacent	st_disjoint	st_equals	st_dwithin
st_within	st_overlaps	st_nearest	st_nearest2

最初版本的 Hadoop－GIS 只支持网格均分数据划分策略，如果由于空间聚集特性导致某些网格数据量严重倾斜(data skew 现象)，则将该网格继续均匀细分。在后来的改进版本中[17]，Hadoop－GIS 扩展了其所能支持的空间划分算法，目前支持的种类如表 4－2 所示。

表 4－2　Hadoop－GIS 所支持的空间划分算法

空间划分算法	系统参数值
固定网格划分	fg
二进制空间划分	bsp
Hilbert 曲线划分	hc
四叉树分割	qt
Strip－based 分区	slc
边界优化空间划分	bos
对平铺递归分区排序	str

Hadoop－GIS 对于所能处理的数据格式有一定要求，例如其只能接受具有以下特点的记录：①每条记录都位于单独的一行上，且必须包含表示空间对象的记录；②对象的几何形状必须采用 WKT 格式；③记录必须具有 ID 属性；④记录(对象)可以同时具有空间和非空间属性，属性值可以为空等。此外，Hadoop－GIS 还扩展了 HiveQL 查询语句，并在 Hive 中集成了空间查询引擎，因此，Hadoop－GIS 可作为一组用于处理空间查询的库，也可以成为 Hive 中的集成软件包。

2. SpatialHadoop 系统

SpatialHadoop[18] 与 Hadoop－GIS 一样，专门用于在 Hadoop 集群上处理空间数据，但是相较于 Hadoop－GIS，它有着更加全面的性能提升。SpatialHadoop 是对 Hadoop 的全面扩展，在语言、操作、MapReduce 和存储层这 4 个层级增强了对空间数据的支持。系统生态概览如图 4－7 所示。

在存储(Storage)层，SpatialHadoop 提供了一个两级空间索引机制，即节点之间分区数据的全局索引和每个节点组织数据的局部索引。通过这样的机制建立了格网索引、R－tree 和 R^+－tree 索引支持；在 MapReduce 层，SpatialHadoop 扩展了 Hadoop 中的 FileSplitter 模块与 RecordReader 模块以支持空间记录的读写。

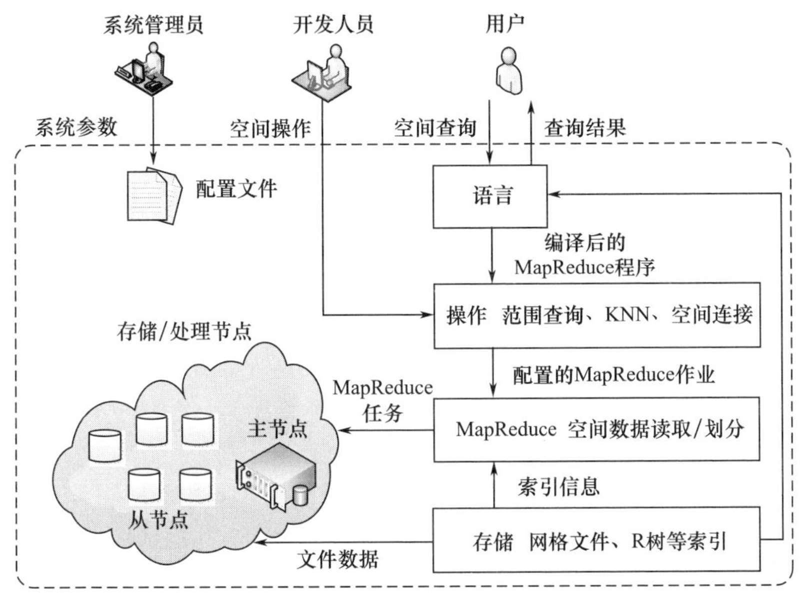

图 4-7 SpatialHadoop 系统生态概览

SpatialFileSplitter 利用全局索引将对查询结果无用的数据块进行裁剪,在此基础上,SpatialRecordReader 利用从 SpatialFileSplitter 传来的分区中的局部索引高效执行相应操作;在操作(Operations)层,SpatialHadoop 目前支持三个基本空间操作,包括范围查询、KNN 查询和空间连接;在语言(Language)层,SpatialHadoop 扩展了 Pig Latin 使其更好地支持空间语句,该语言被称为 Pigeon。

3. MIGIS

MIGIS 是一个构建在 Hadoop 平台之上面向大规模医学图像分析的高性能空间查询系统,由美国埃默里大学(Emory University)研制[19]。MIGIS 具有查询效率高、成本低、可扩展性好等特点,能满足大规模医学图像分析中的空间连接查询、最近邻查询、密度匹配查询需求。MIGIS 的特征在于利用 HDFS 进行数据存储、MapReduce 进行实时的空间查询以及 RESQUE 用于空间查询的解析。空间查询引擎 RESQUE 将用户提交的空间查询转化为 MapReduce 程序,而普通数据的查询则由 Hive 实现。因此,在 MIGIS 上,用户可以用类似 SQL 的 HiveQL 语句进行空间查询。MIGIS 最初的解决方案拟采用空间数据库技术,在空间数据库中,空间对象以一种扩展的对象—关系数据类型存储在数据库中,空间对象通过基于 MBR 的空间索引进行查询。然而,该解决方案在实际运行过程中由于过长的响应时间,特别是在软件和硬件上过高的成本导致其实用性并不高而未被采用,最终选择基于 Hadoop-GIS 的方案。

4. TerryFly 系统

TerryFly 是美国佛罗里达大学研制的基于并行化技术的 GIS 平台[20],其目标是面向大规模空间数据管理、分析和查询处理。在大规模空间数据查询处理和分析方面,TerryFly 利用 Hadoop 平台处理空间矢量数据和遥感影像数据,其研究成果包括基于空间聚类的索引并行构建[21]、基于 Z 曲线的空间数据线性划分的索引并行构建和遥感影像的质量检测[22]。TerryFly 将单机环境下难以解决的空间数据处理问题放到 Hadoop 平台上进行处理,有效提高了处理效率。

5. Meadow 系统

在国内,中国科学院计算所韩冀中教授领导的项目组为解决单机空间数据库管理系统在存储能力、计算能力和扩展能力上的不足,在 Hadoop 平台上设计并实现了一种空间矢量数据管理系统 Meadow[23]。Meadow 利用 MapReduce 并行处理空间查询,对并行空间查询中的数据分割、冗余避免以及关键算法的设计策略进行了详细研究,其研究成果主要包括 MapReduce 并行计算框架下的空间选择查询、KNN 查询以及空间连接查询等。此外,针对 key - value 存储模型无法利用空间索引的问题,Meadow 开发和实现了一种 VegaGiStore 存储模型[24]来加速空间查询,VegaGiStore 旨在利用 Indexing 加 MapReduce 的空间查询框架来实现并行化处理。

除了以上研究系统之外,在工业界,Google 公司利用其提出的包括 Google Cluster、GFS、MapReduce、Bigtable、Fusion table、Sawzall 和 Chubby 在内的多项原创性成果,构建了从底层存储、中间的查询处理到前端展示的完整应用链。Google 公司利用构建在 GFS 之上的 Bigtable[25]存储管理全球的遥感影像和矢量数据,并利用 MapReduce 对海量的空间数据进行处理。在遥感影像数据管理方面,存储的遥感影像数据规模达 70.5TB,索引文件达 500GB,所有遥感影像利用 MapReduce 构建索引后存储到 Bigtable,然后为谷歌地图(Google Map)和谷歌地球(Google Earth)提供数据支持;在空间矢量数据管理方面,矢量数据采用分层网格进行索引,利用构建在 Bigtable 之上的 Fusion table 进行数据存储管理。在空间查询方面,对于简单的空间选择查询,Google 首先将客户端提供的查询范围和分辨率层次转变为对应的网格索引,然后利用 Bigtable 的高并发访问能力快速为客户端返回查询结果[26]。对于复杂的空间分析,Google 公司利用 MapReduce 进行批量处理,预先获取计算结果,然后为客户端快速返回查询结果。

综上所述,MapReduce 为大规模空间数据的查询处理和分析提供了一种可选的并行计算模型,MapReduce 框架提供了自动的并行处理、容错机制、作业调度、通信控制等分布式处理细节,各种数据密集型的空间查询处理和分析算法正在迁移到以 Hadoop 为代表的 MapReduce 平台下,基于该框架再次开发设计可并行化的、高效的空间分析算法,逐渐形成了一个空间查询和分析的生态系统。

4.3 基于分布式内存的并行地理计算

在地理空间大数据并行处理领域,基于 MapReduce 框架的系统主要有 Hadoop系列和 Spark 系列两个分支。而 Hadoop 和 Spark 最大的不同,在于 Spark 通过引入 RDD 数据格式进行面向基于内存的计算,进而加快计算速度,而 Hadoop 则是面向基于磁盘的计算。尽管 4.2.3 节所介绍的那些系统在批处理上表现出了很优秀的性能,但是由于 Hadoop 运行过程中读写磁盘的特点使得它们在处理需要快速响应的应用方面还有可以改进提升的地方。本节主要对后者,即基于 Spark 进行介绍,并针对这两种类型的代表性系统进行综合对比。

4.3.1 分布式内存模型与 Spark 并行计算框架

基于分布式内存模型的并行地理优化一般遵照如图 4-8 所示的示例框架进行:系统通过服务器构建大容量分布式内存,并部署分布式内存文件系统聚合分布式内存,提高数据访问速度和并发扩展性;在现有分布式计算框架上,扩展空间数据类型支持、常用空间查询和分析操作,减少数据密集地理计算的磁盘 I/O;通过数据划分、数据缓存、空间索引机制提高内存空间数据存取速度;设计合理的计算优化和资源调度策略,最大限度地提高计算资源利用率,从而提升地理计算效率。其中,Spark 作为最典型的一种分布式内存并行计算框架,得到广泛应用。

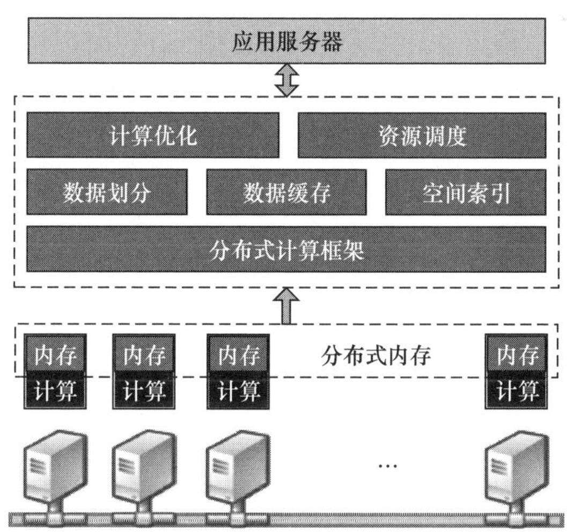

图 4-8 基于分布式内存模型的并行地理优化示例

Apache Spark[27]最初诞生于加州大学伯克利分校的 AMPLab,后逐渐发展扩大各类功能组件形成蓬勃的生态,其生态系统架构见图 4-9。Spark 提供强大的内存计算引擎,几乎涵盖了所有典型的大数据计算模式,包括迭代计算、批处理计算、内存计算、流式计算、数据查询分析计算及图计算。由于有 Spark SQL 的支持,Spark 既可以处理非结构化数据,又可以处理结构化数据,为统一这两类数据处理平台提供了非常好的技术方案,同时,Spark 支持交互式计算和复杂算法,其高级 API 剥离了对集群本身的关注,使得 Spark 应用开发者可以专注于应用所要做的计算本身。

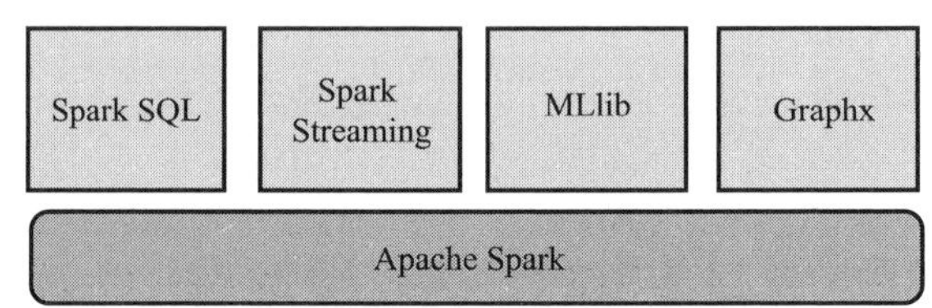

图 4-9 Spark 生态架构

Spark 提供一个新的称为弹性分布式数据集(Resilient Distributed Datasets,RDD)的核心概念。RDD 实质上是一种更为通用的迭代并行计算框架,用户可以显示控制计算的中间结果,然后这一系列对象可被划分到集群机器上,自由运用于之后的计算。之所以提出此概念,是因为在大数据实际应用开发中,往往存在许多迭代算法和交互式数据挖掘工具,如机器学习、图算法、排序算法等。这些应用场景的共同之处是在不同计算阶段之间会重用中间结果,即一个阶段的输出结果会作为下一个阶段的输入。通过使用 RDD,用户不必担心底层数据的分布式特性,只需要将具体的应用逻辑表达为一系列转换处理,就可以实现管道化,从而避免了中间结果的存储,大大降低了数据复制、磁盘 I/O 和数据序列化的开销。正是由于 RDD 在内存中,这使得 Spark 的性能比现有的 MapReduce 模型高出了一到两个数量级。

同时,Spark 的计算模式也较 MapReduce 做了改进,将对 RDD 的操作分为 Transformation 转化操作和 Action 行动操作两大类。转化操作就是从一个 RDD 产生一个新的 RDD,而行动操作就是进行实际的计算。表 4-3 列举了 RDD 所主要支持的转换操作,表 4-4 列举了几类主要的行动操作。构建 RDD 的方式从数据来源角度分为两类:从内存中直接读取数据,或者从文件系统中读取数据。文件系统的种类很多,常见的就是 HDFS 及本地文件系统。在 Spark 的设计中,RDD 的操作是惰性的,即当 RDD 执行转化操作时,实际计算并没有被执行,只有当 RDD 执行行动操作时才会触发计算任务提交,从而执行相应的计算。

具体来讲,RDD 具有以下属性:

(1) 只读。不能修改,只能通过转换操作生成新的 RDD。

(2) 分布式。可以分布在多台机器上进行并行处理。

(3) 弹性。计算过程中内存不够时会和磁盘进行数据交换。

(4) 基于内存。可以全部或部分缓存在内存中,在多次计算间重用。

表 4-3 和表 4-4 分别列举了 RDD 所支持的几类转换操作与行动操作。

表 4-3 RDD 转换操作(rdd1 = {1,2,3,3},rdd2 = {3,4,5})

函数名	作用	示例	结果
map()	函数应用于 RDD 的每个元素	rdd1. map(x = > x + 1)	{2,3,4,4}
flatMap()	函数用于 RDD 的每个元素,将元素数据进行拆分,变成迭代器	rdd1. flatMap(x = > x. to(3))	{1,2,3,2,3,3,3}
filter()	函数会过滤不符合条件的元素	rdd1. filter(x = > x! = 1)	{2,3,3}
distinct()	将 RDD 中的元素进行去重操作	rdd1. distinct()	(1,2,3)
union()	生成包含两个 RDD 所有元素的新 RDD	rdd1. union(rdd2)	{1,2,3,3,3,4,5}
intersection()	求两个 RDD 的共同元素	rdd1. intersection(rdd2)	{3}
subtract()	将原 RDD 和参数 RDD 中相同的元素去掉	rdd1. subtract(rdd2)	{1,2}
cartesian()	求两个 RDD 的笛卡儿积	rdd1. cartesian(rdd2)	{(1,3),(1,4),…,(3,5)}

表 4-4 RDD 行动操作(rdd = {1,2,3,3})

函数名	作用	示例	结果
collect()	返回 RDD 的所有元素	rdd. collect()	{1,2,3,3}
count()	RDD 中元素的个数	rdd. count()	4
countByValue()	各元素在 RDD 中的出现次数	rdd. countByValue()	{(1,1),(2,1),(3,2})}
take(n)	从 RDD 中返回 *n* 个元素	rdd. take(2)	{1,2}
top(n)	按默认或指定的排序返回最前面的 *n* 个元素	rdd. top(2)	{3,3}
reduce()	并行整合所有 RDD 数据,如求和操作	rdd. reduce((x,y) = > x + y)	9
fold(zero)(func)	和 reduce()功能一样,但需要提供初始值	rdd. fold(0)((x,y) = > x + y)	9
foreach(func)	对 RDD 的每个元素都使用特定函数	rdd. foreach(x = > print(x))	打印每一个元素

（续）

函数名	作用	示例	结果
saveAsTextFile (path)	将数据集的元素以文本形式保存到文件系统中	rdd. saveAsTextFile (file://home/test)	—
saveAsSequenceFile(path)	将数据集元素以顺序文件格式保存到指定目录	rdd. saveAsSequenceFile (hdfs://home/test)	—

以 Spark 为基础，许多团队研制出了支持空间数据计算的并行系统，如 GeoSpark[28]、LocationSpark[29]、SpatialSpark[30]、Simba[31]等。这些系统为 Spark 支持空间数据的分析和处理进行了有益的尝试，并取得了实际的效果。例如 You 等发表在数据库领域顶级会议 ICDE(IEEE International Conference on Data Engineering)的论文中所提出的 SpatialSpark 系统，它支持空间矢量数据的处理分析，在索引构建方面，支持在 HDFS 的数据文件中采用数据分区策略，还支持基于几何物体的范围查询和空间连接等操作。又比如犹他大学的 Xie 以及上海交通大学的 Yao 等所提出的基于内存的空间大数据分析(Spatial In - Memory Big data Analytics, Simba)系统，同样也是支持空间矢量数据处理。Simba 拓展了 Spark SQL，它设计了一个 SQL 语义模块，可以并行执行多种空间查询来提升分析性能，其所支持的空间操作更加丰富，包括范围查询、KNN 查询和空间连接查询等。4.3.2 节将以其中的代表性系统 GeoSpark 为例，详细分析基于分布式内存模型的并行地理计算技术。

4.3.2 GeoSpark 系统概述

GeoSpark[28]系统是 2015 年由亚利桑那州立大学的研究团队提出的，最初发表在地理信息领域会议 SIGSPATIAL 上。GeoSpark 核心部分整体结构如图 4-10所示，大体可分为 Apache Spark 层、SRDD 层以及空间查询处理层三部分。

底部 Apache Spark 层由 Apache Spark 原生系统支持的常规操作组成，包括将数据加载、存储到磁盘(本地磁盘或 HDFS)以及常规的 RDD 操作。输入支持 CSV、TSV、WKT 和 WKB 等文本数据类型。

中间 Spatial RDD 层扩展了 Spark 的 RDD，提出 Spatial RDDs(SRDDs)概念，并引入了新的并行的空间转换和动作操作，为用户编写空间数据分析程序提供了更直观的接口。就空间对象的类型而言，SRDD 层由 PointRDD、RectangleRDD 和 PolygonRDD 三个新的 RDD 组成。其中 PointRDD 支持所有的 2D 点对象(表示地球表面的点)，格式为 <Longitude, Latitude>；RectangleRDD 支持以下格式的

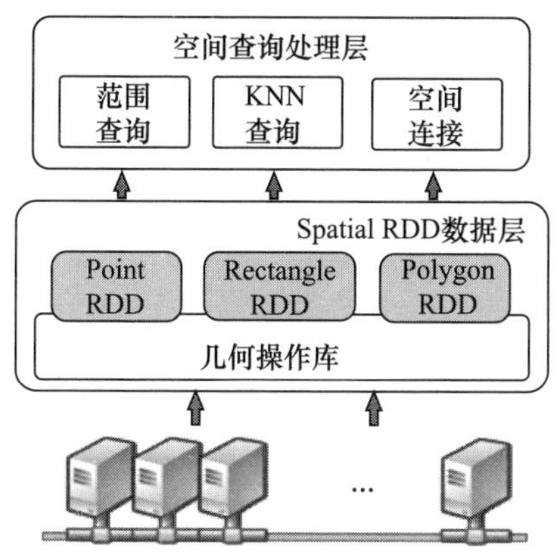

图 4-10 GeoSpark 系统结构概览

矩形对象：<PointA(Longitute,Latitude),PointB(Longitute,Latitude)>,点 A 和点 B 是一个矩形对角线上的一对顶点；所有随机多边形对象都由 PolygonRDD 支持，其格式为 <PointA(Longitute,Latitude),PointB(Longitute,Latitude),PointC…>,列数没有上限。

同时，Spatial RDD 层还为 SRDD 提供了一个有用的几何操作库来执行基本的几何操作。例如 Overlap 操作（在 SRDD 中，该操作用来寻找所有在几何图形中与其他物体相交的内部物体）、MinimumBoundingRectangle（该操作为 SRDD 中的每个对象找到最小边界矩形，或者返回一个包含 SRDD 中所有内部对象的最小边界矩形）、Inside 操作（在 SRDD 中，该操作可以找到所有在几何图形中包含的内部对象）、Disjoin 操作（在一个 SRDD 中，该操作返回所有未被分割或包含在几何图形中的对象或对象的所有对象，该操作的参数是对象或对象集的实例）、Union 操作（在一个 PolygonRDD 中，该操作可以返回这个 SRDD 中所有多边形的联合多边形）等操作。一旦 SRDD 被初始化（对应 Initialize 操作，这个操作的功能是初始化一个空间对象，它支持三个常见的几何对象点、矩形和多边形及相关的操作，该操作解析输入数据并将其存储为空间对象类型），这个 SRDD 的内置操作就可以被用户使用。从实现的角度来看，这些几何操作通过 Map、Sort、Filter、Reduce 等 RDD 算子与 Apache Spark 层交互。在这个透明的过程中，通过调用定义良好的 API，用户只需要专注于空间分析程序细节，而不需要关注底层过程。GeoSpark 几何操作库中提供的这些操作遵循开放地理空间联盟（OGC）标准。

最上层 Spatial Query Processing 空间查询处理层，支持大规模空间数据集的空间查询（如范围查询和连接查询）。几何对象在 SRDD 层存储和处理后，用户可以调用空间查询处理层提供的空间查询，GeoSpark 在内存集群中处理该查询,并将最终结果返回给用户。

除了以上提供 SRDD 创建及查询等操作能力的核心 Core 模块之外,GeoSpark 生态衍生到外延还包括提供对 SQL/DataFrame 空间处理能力的 SQL 接口模块、用于可视化 SRDD 和 DataFrame 的 Viz 模块,以及 GeoSpark 空间数据可视化插件 Zeppelin 等模块。和 Spark 系统一样,GeoSpark 支持 Scala 和 Java 语言(Zeppelin 模块暂不支持 Java 语言)。

4.3.3 基于分布式内存的时空分析

空间查询处理层有效地执行 SRDD 上的查询处理算法,将大规模空间数据划分至集群系统的内存中,便于进行分布式内存计算。GeoSpark 支持丰富的空间操作,包括范围查询、KNN 查询和连接查询。GeoSpark 支持在 SRDD 中构建四叉树(Quad - Tree)和 R 树等空间索引,需要注意的是,GeoSpark 动态决定是否需要为某个数据块创建局部空间索引,这一策略通过对索引开销、查询选择以及需要处理的空间物体的数量之间进行权衡来实现,从而在集群的运行时性能和内存/CPU 利用率之间达到平衡。

1. 空间范围查询

GeoSpark 通过以下步骤实现空间范围查询算法:①将范围查询窗口广播到集群中的每台机器,并在必要时为每个空间 RDD 分区创建一个空间索引(空间索引可以提高查询性能);②对于每个 SRDD 分区,如果创建了空间索引,则使用查询窗口来查询空间索引,否则,检查查询窗口和 SRDD 分区中的每个空间对象之间的空间谓词,如果空间谓词保持真值,则算法将空间对象添加到结果集;③删除由于全局网格划分阶段而存在的空间对象副本;④将结果返回到 Spark 程序的下一阶段(如果需要),或者将结果集保存到磁盘。

2. 空间连接查询

为了加速空间连接查询的速度,几乎所有的算法都创建了一个空间索引或网格文件。空间连接操作通常会多次迭代原始数据集,并涉及一些全局参数,如边界或空间布局等。由于 Apache Spark 的内存计算特性,迭代作业的效率可以得到显著提高,因此,GeoSpark 中的空间连接查询可以获得更好的性能。连接算法步骤如下:①首先,遍历两个输入 SRDD 中的空间对象,进行 SRDD 分区操作,并判断是否需要建立分区空间索引。如果空间对象位于一个网格单元内,则该算法将网格 ID 分配给该元素。如果一个元素与两个或多个网格单元相交,则复制该元素并将不同的网格 ID 分配给该元素的副本。②其次,算法通过它们的键(网格 ID)连接这两个数据集。如果目标数据集有分区空间索引,则循环遍历连接数据集的要素,通过分区空间索引查询符合连接关系的目标数据。如果没有索引,则进行嵌套循环,判断同一网格中连接数据集和目标数据集两两要素之间是否符合连接关系。最终得到符合连接关系的结果集。③以连接要素为key,目标要素为value,对结果集进行分组聚合,分组结果为矩形、点、点、点。最后,该算法除去重复目标数据,得到最终的结果集,并将结果返回到Spark中的其他操作,或者将最终结果保存到磁盘。

4.3.4 综合对比

在并行空间计算方面,近年来涌现了许多基于MapReduce Hadoop或基于Spark计算模型的系统,其中有代表性的包括Hadoop - GIS[16]、SpatialHadoop[18]、GeoSpark[28]、LocationSpark[29]、SpatialSpark[30]、SIMBA[31]以及GeoMesa[32]等。除了是否支持内存处理外,各种不同的系统在所支持的空间操作类型、索引类型、语言类型以及输入数据类型等方面都各有不同,例如大多数系统都支持R树的并行构建,但是却只有很少的一些支持四叉树等其他种类的空间索引来加速空间查询等操作。近年来学术界也出现了一系列综述文章,对各类系统的差异进行对比。例如德国伊尔梅瑙工业大学的研究团队2017年发表在EDBT数据库扩展技术国际会议上的论文[33]就分析对比了Hadoop - GIS、SpatialHadoop、GeoSpark、SpatialSpark以及他们自己所提出的STARK系统在语言、分区策略、操作类型上的区别。又比如德国慕尼黑工业大学的团队在2018年发表在数据库领域顶级会议VLDB(International Conference on Very Large Data Bases)上的论文[34]*How Good are Modern Spatial Analytics Systems*?在前者的基础上又新增了Magellan系统、SIMBA系统以及LocationSpark系统的对比,对比的条目也有相应的扩展。详情参见表4-5和表4-6。

表4-5 基于Hadoop与基于Spark的时空分析系统主要特性概览[33]

功能 \ 平台	Hadoop - GIS	SpatialHadoop	GeoSpark	SpatialSpark
查询语言	√	√	×	×
时空数据	×	×	×	×
空间划分	√	√	√	√
索引	√	√	√	√
持久化索引	√	√	×	√
空间查询				不支持空间划分
包含	√	√	√	√
被包含	√	√	×	√

（续）

功能＼平台	Hadoop - GIS	SpatialHadoop	GeoSpark	SpatialSpark
相交	√	√	√	√
距离	√	√	×	√
连接查询	√	√	√有限制	√只返回 ID 对
k 最近邻	√	√	√	×
聚簇	×	×	×	×

表 4 - 6　基于 Hadoop 与基于 Spark 的时空分析系统主要特性概览[34]

功能＼平台	Hadoop - GIS	Spatial Hadoop	Spatial Spark	GeoSpark	Magellan	SIMBA	LocationSpark
内存处理	否	否	是	是	是	是	是
语言	HiveSP	Pigeon	—	—	扩展 SparkSQL	扩展 SparkSQL	—
分区方法	SATO 框架	四分、STR、STR +、k - d、Hilbert、Z 曲线	均匀、二分、STR	四分、KDB、R 树、Voronoi、均匀、Hilbert	Z 曲线	STR	均匀、R 树、四叉树
索引	R 树	R 树	R 树	R 树、四叉树	—	R 树	R 树、IR 树 四叉树
数据类型	Point Rectangle Polygon	Point Rectangle Polygon	Point Rectangle Polygon LineString	Point Rectangle Polygon LineString	Point LineString Polygon MultiPoint MultiPolygon	Point	Point Rectangle
查询	范围 空间连接	范围，kNN 空间连接	范围 空间连接	范围，kNN 空间连接 距离连接	范围 空间连接	范围，kNN 连接 距离连接	范围，kNN 连接 空间连接 距离连接

在 *How Good are Modern Spatial Analytics Systems?*[34] 中，针对基于分布式内存的并行地理计算系统也专门进行了详细地实验对比分析，测试了包括范围查询、k 近邻查询、时空连接在内的各类时空分析算法、索引构建速度与空间消耗，得出了如表 4 - 7 所示的初步分析结论。

表 4-7 基于分布式内存的并行地理计算系统优缺点比较概览表

系统	优势	不足
GeoSpark	查询优化,可扩展,要素类型丰富,开发活跃	无 kNN 查询
SIMBA	查询优化,可扩展	数据类型有限,开发更新慢
LocationSpark	查询优化和调度,空间布鲁姆滤波	数据类型有限,开发更新慢
Magellan	连接查询优化,连接耗时少,可扩展,开发活跃	数据整理、预处理耗时,无范围查询优化
SpatialSpark	可扩展	内存开销大,开发更新慢

目前普遍的研究认为,在资源充足的情况下(如具有合理的内存/CPU 利用率),与基于 Hadoop 的数据处理应用程序相比,基于 Spark 的系统在大多数运算条件下都能实现更好的运行时性能。这一点也和学界对基于两类系统的关注度一致,2015 年前后,SpatialHadoop、GeoSpark 以及 GeoMesa 相继被提出以来,后两者的关注度就迅速超过了基于 Hadoop 系统的 SpatialHadoop,如图 4-11 所示。

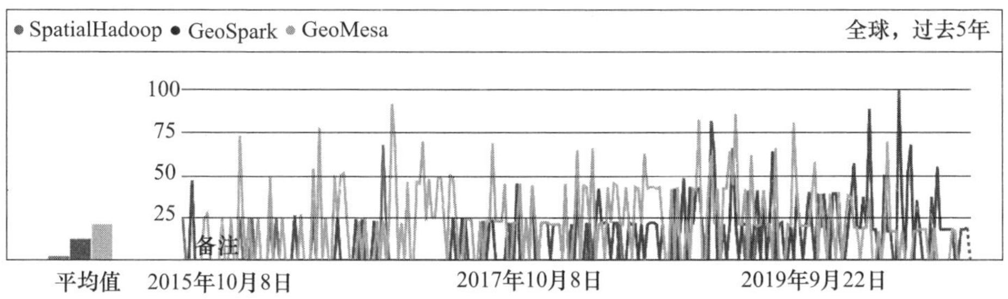

图 4-11 过去五年内 SpatialHadoop、GeoSpark 和 GeoMesa 在 Google 中的搜索趋势

参考文献

[1] Clematis A, Mineter M, Marciano R. High Performance Computing with Geographical Data[J]. Parallel Computing, 2003, 29(10): 1275-1279.

[2] Liu L, Yang A, Chen L, et al. HiGIS - When GIS Meets HPC[C]. Proceedings of GeoComputation Conference. Wuhan: LIESMARS, 2013.

[3] 都志辉. 高性能计算之并行编程技术——MPI 并行程序设计[M]. 北京:清华大学出版社,2001.

[4] Mark M, Tynan M. A Parallel Plane Sweep Algorithm for Multi-Core Systems[C]. In Proceedings of ACM GIS '09. Seattle: ACM, 2009.

[5] 陈康,郑纬民. 云计算:系统实例与研究现状[J]. 软件学报. 2009, 20(5): 1337-1348.

[6] Ghemawat S, Gobioff H, Leung S T. The Google File System[C]. Proceedings of the 19th Symposium on Operating System Principles. New York: ACM, 2003: 29 – 43.

[7] Jeffrey D, Sanjay G. MapReduce: Simplified Data Processing on Large Clusters[J]. Communications of the ACM, 2008, 1: 1958 – 2008.

[8] Guttman A. R trees: A Dynamic Index Structure For Spatial Searching[C]. in Proceedings of the SIGMOD Conference. Boston: ACM, 1984.

[9] Ariel C, Sun Z G, Hristidis V, et al. Experiences on Processing Spatial Data with MapReduce [C]. Proceedings of SSDBM Conference. New Orleans: Springer – Verlag, 2009: 302 – 319.

[10] Ariel C, Yaacov Y, Malek A, et al. Leveraging Cloud Computing in Geodatabase Management [C]. Proceedings of IEEE International Conference on Granular Computing. San Jose: IEEE, 2010.

[11] 韩希先,杨东华,李建中．海量数据上的近似连接聚集操作[J]．计算机学报,2010,10(33):1919 – 1933.

[12] Zhang S, Han J Z. et al. SJMR: Parallelizing Spatial Join with MapReduce on Clusters[C]. Proceedings of Cluster Conference. New York: ACM, 2009.

[13] Tobler W R. A Computer Movie Simulating Urban Growth in the Detroit Region[J]. Economic Geography, 1970, 46(Supp 1): 234 – 240.

[14] Zhang C, Li F F, Jestes J. Efficient Parallel kNN Joins for Large Data in MapReduce[C]. Proceedings of EDBT Conference. Berlin: EDBT, 2012: 38 – 49.

[15] Lu W, Shen Y, Chen S, et al. Efficient Processing of k Nearest Neighbor Joins Using MapReduce [C]. Proceedings of VLDB Conference. Istanbul: VLDB, 2012: 1016 – 1027.

[16] Aji A, Wang F, Vo H, et al. Hadoop – GIS: A High Performance Spatial Data Warehousing System over MapReduce[J]. PVLDB, 2013, 6(11): 1009 – 1020, 2013.

[17] Vo H, Aji A, Wang F. SATO: a Spatial Data Partitioning Framework for Scalable Query Processing[C]. In Proceedings of the 22nd ACM SIGSPATIAL International Conference on Advances in Geographic Information Systems. Dallas: ACM, 2014: 545 – 548.

[18] Ahmed E, Mohamed F M. A Demonstration of SpatialHadoop: an Efficient Mapreduce Framework for Spatial Data[J]. Proc. VLDB Endow, 2013, 6(12): 1230 – 1233.

[19] Ablimit A, Fusheng W. High Performance Spatial Query Processing for Large Scale Scientific Data[C]. In Proceedings of ACM SIGMOD/DODS. New York: ACM, 2012: 9 – 14.

[20] Florida International University TerraFly GeoQuery[EB/OL]. [2021 – 02 – 26]. http://www.terrafly.fiu.edu.

[21] Ariel C, Yaacov Y, Malek A, et al. Leveraging Cloud Computing in Geodatabase Management [C]. Proceedings of IEEE International Conference on Granular Computing. San Jose: IEEE, 2010.

[22] Ariel C, Sun Z G, Hristidis V, et al. Experiences on Processing Spatial Data with MapReduce [C]. Proceedings of SSDBM Conference. New Orleans: IEEE, 2009: 302 – 319.

[23] 张书彬,韩冀中,刘志勇,等．基于 MapReduce 实现空间查询的研究[J]．高技术通讯．2010,20(7):719 – 726.

[24] Zhong Y Q, Han J Z, et al. Towards Parallel Spatial Query Processing for Big Spatial Data[C]. Proceedings of the Parallel Distributed Processing Symposium Workshops. New Orleans: IEEE, 2012.

[25] Chang F, Jeffrey D, Sanjay G, et al. Bigtable: A Distributed Storage System for Structured Data [C]. Pro-

ceedings of the 7th Sysposium on Operation Design and Implementation(OSDI). Seattle:USENIX Association,2006:205 -218.

[26] Gonzalez H,et al. Google Fusion Tables:Data Management,Integration and Collaboration in the Cloud [C]. Proceedings of the 1st ACM Symposium on Cloud Computing,Berkeley. New York:ACM,2010:175 - 180.

[27] Zaharia M, Chowdhury M, Franklin M J, et al. Spark: Cluster Computing with Working Sets. [C]. HotCloud. Boston:USENIX Association,2010.

[28] Yu J,Wu J,Sarwat M. GeoSpark:a Cluster Computing Framework for Processing Large - scale Spatial Data [C]. The 23rd SIGSPATIAL International Conference. Bellevue:ACM,2015.

[29] Tang M,Yu Y,Malluhi Q M,et al. Locationspark:A Distributed In - memory Data Management System for Big Spatial Data[J]. Proceedings of the VLDB Endowment,2016,9(13):1565 - 1568.

[30] You S,Zhang J,Gruenwald L. Large - scale Spatial Join Query Processing in Cloud[C]. IEEE International Conference on Data Engineering Workshops. Seoul:IEEE,2015:34 -41.

[31] Xie D,Li F,Yao B,et al. SIMBA:Efficient In - memory Spatial Analytics[C]. Proceedings of the 2016 International Conference on Management of Data. San Francisco:ACM,2016:1071 - 1085.

[32] Hughes J N, Annex A, Eichelberger C N, et al. Geomesa: aDistributed Architecture for Spatio - Temporal Fusion[J]. Geospatial Informatics,Fusion,and Motion Video Analytics,2015,9473:94730F.

[33] Hagedorn S,Götze P,Sattler K U. Big Spatial Data Processing Frameworks:Feature and Performance Evaluation[C]. EDBT. Venice Italy:OpenProceedingorg,2017:490 -493.

[34] Pandey V,Kipf A,Neumann T,et al. How Good are Modern Spatial Analytics Systems? [J]. Proceedings of the VLDB Endowment,2018,11(11):1661 -1673.

第 5 章　高性能 GIS 在线制图与可视化

网络技术的迅猛发展和网络环境的快速成熟，使得网络几乎触及了世界的每一个角落。随之，人们逐渐把各种计算应用和服务部署到网络上，借助后端的高性能计算机和庞大的计算机集群，以云计算、云服务的形式向世界各地提供各种计算存储服务。

地理方面的应用也追随了这个潮流。主流的 GIS 公司率先将地图迁移到了网络，接着 Open Geospatial Consortium（OGC）制定了网络地图服务的标准，推动了地图服务的发展。后来，Google 以地图瓦片的形式发布了 Google Map 服务，并创造性地提出以 Map API 提供地图服务的理念，开启了网络地图制图的新纪元。Map API 的理念迅速得到广泛的认可，并流行传播开来。微软、雅虎、亚马逊、百度和腾讯等互联网巨头都纷纷效仿并提供了自己的地图服务和地图开发接口。

由此，网络地图制图逐渐兴起，Cloudmade 提供了在网络环境下对数据内容的修改接口；Mapbox 开放了更多地图样式的设定接口，追求制作精美的地图；CartoDB 提供了开源的网络制图解决方案。OpenStreetMap（OSM）通过互联网发布了全球的街道、河流、建筑等空间数据，降低了地理数据编辑对非 GIS 专业人员的门槛，进一步促进网络地图服务、网络地图制图的发展。

随着网络环境下进行数据浏览、地图制图渐渐成为主流方式，现代地理信息系统对大规模数据展现的需求和要求也随之发展，对于海量影像数据，其数据分割及分析计算可充分运用 GPU 进行加速。但对大规模矢量数据，由于矢量之间的运算多定义于 CPU，计算过程比较耗时，其可视化及分析所面临的挑战更为严峻。为了实现对大规模地理矢量数据的交互式实时可视化分析，一方面可以通过增加计算资源、设计并行策略来满足用户对性能的需求，但是大量的计算资源必然会增加计算机的购买成本和维护代价，这对于大部分普通用户并不适用，而且对于一些复杂的分析问题，即便提供了充足的并行计算资源并设计了高度负载均衡的并行算法，也很难在短时间内完成处理分析。另一方面，可以通过减少待处理的数据规模实现性能提升，如通过对空间对象进行预聚集[1-3]、采样[4-6]等方法减少分析的数据规模。但是，这种对原始数据进行降维的方式可能会带来较大的计算精度损失，且无法处理对矢量对象的遍历计算。考虑到可视化分析结果最终是通过屏幕提供给用户的,可以直接以屏幕显示像素为计算单元,通过查找可确定像素显示值的地理矢量要素直接确定分析结果[7]。基于该思路,本书介绍了以显示为导向的矢量可视化分析技术,为大规模矢量数据的可视化分析提供了思路。

在大规模三维数据的展现方面,目前国内外的倾斜摄影测量技术发展已经十分成熟,三维重建技术也因为 Bently 公司的 Context Capture Master(原 Smart3D)的流行而被广泛地应用于测绘行业中[8]。研究者们关注倾斜摄影测量技术和三维重建技术生成的大量三维模型如何能走进大众视野范围。早期的三维地理信息系统均实现于客户端,难以支撑对大范围场景三维数据的加载。因此,研究者们更多关注倾斜摄影测量技术和三维重建技术生成的大量三维模型如何能提供更广阔的的大众应用服务。早期的三维地理信息系统均实现于本地客户端,难以支撑对大范围场景三维数据的加载,基于云存储/Web 协议、以大规模模型数据组织和动态加载技术为支撑的三维可视化方法逐渐走上前台。早在 2002 年,Thatcher Ulrich 就提出了用于大规模地形数据渲染的 LOD 技术[9]草案,这项技术后来广泛应用于大规模三维数据可视化场景中。之后,研究者通过引入动态管理内存数据技术[10]、GPU 加速的方法[11]、Out - Of - Core 技术、HLOD(Hierarchical Level Of Detail)技术和内存管理技术等[12],实现了对复杂三维模型的快速绘制。在业界,Google Earth 让完整的三维地理信息系统走向了大众,采用瓦片存储技术管理 TB 级甚至 PB 级数据,将海量地理空间数据的管理及可视化推向了新高度。随后,Cesium 开源项目于 2016 年 3 月推出了 3D Tile 数据规范,并于 2016 年 9 月开始申请了 OGC 标准化进程,进一步强化了 Web GIS 在三维空间数据可视化领域中的主导地位。

5.1 基于 Web 的高性能 GIS 动态制图服务

基于地图瓦片的地图服务为大规模数据的可视化提供了良好的解决方案,大规模数据在服务器端被绘制并缓存,终端在显示地图时,只需向服务器请求地图视图内的瓦片。同一个地图中的相同瓦片,只需要绘制一次,大大减少了数据的绘制时间,提高了制图效率。该方案减少了客户端的绘制压力,同时充分利用了服务端的巨大计算资源来处理大规模数据,减少传输大规模矢量数据对网络造成的压力。

网络地图制图服务就是在地图服务的基础上,提供地图样式设定的地图服务接口。Google Map 和 Cloud Map 采用交互式页面设定地图样式的方法提供地图制图服务。MapBox、CartoDB 则以脚本的形式调用设定的地图样式接口完成制图设计。用户通过编写地图脚本,可以对不同的地理对象赋予不同的样式,制作个性化的精美地图。在国内,网络地图制图也掀起了一片热潮。梁健等对在线地图制图的交互设计方案作出了探索,杨现坤等探讨了网络地图制图中的制图综合问题[13-15]。本节在上述技术的基础上,介绍了基于 Web 的高性能 GIS 动态制图服务。

5.1.1 服务框架与流程

高性能 GIS 时空数据动态制图服务框架是以通用网络信息技术平台为依托的测绘后端服务链(地图产品设计、制作与服务发布)的核心基础框架。其中涉及的技术包括高质量图形绘制引擎、制图配色与符号化描述控制语言、自动地图切片、地图投影、制图模版构建与自适应匹配等技术方法,通过整合开发,建立面向用户动态制图与可视化需求的 Web 服务体系及其软件平台。

1. 高性能 GIS 动态制图服务总体框架

物联网软硬件技术的发展加速了时空数据的增长,为适应时空数据的高数据量、高并发请求的特征,在线制图系统通过前、后端结合的方式提供服务。后端通过高性能 GIS 引擎提供可视化服务,为前端数据与图形的渲染提供性能基础;同时,通过探索 HTML5、SVG、Processing 等前端图形化技术,开发新型专题地图表达手段,可弥补服务器端制图引擎对于时空数据动态表现、“特型”地图符号表示和专有地图表示手段支持的不足。

高性能 GIS 动态制图服务的总体框架与流程如图 5-1 所示。

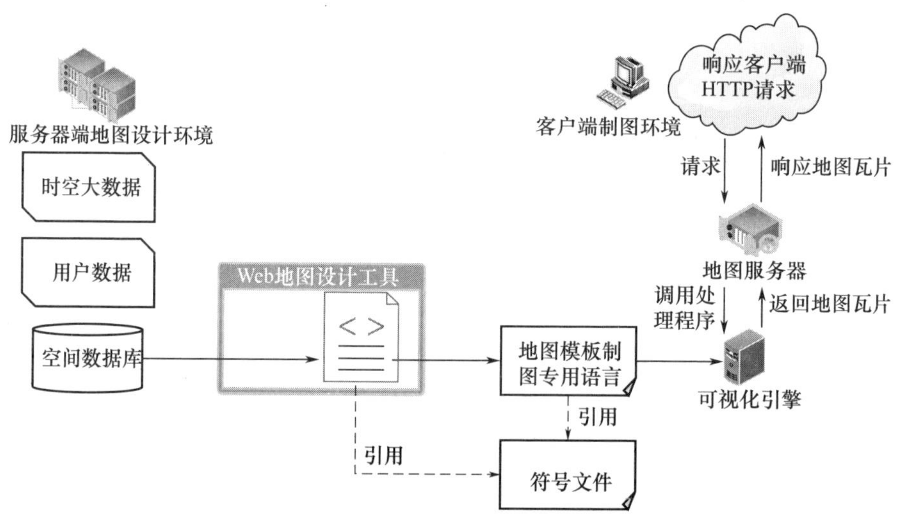

图 5-1 基于 Web 的高性能 GIS 动态制图服务总体框架与流程

该设计架构主要包括:①服务器数据存储(文件系统、数据库系统);②高性能可视化引擎;③地图服务器;④服务器端地图设计工作环境;⑤客户端制图环境。其中服务器数据存储以数据库系统为主,结合分布式文件系统,支持时空数据、地图样式模版文件、符号库数据的分布式存储和并发访问,同时顾及系统的整体伸缩性、安全性和稳定性。基础数据服务处理用户制图请求,按照特定的切片方案从数据库查询并返回指定空间坐标和比例尺下的空间数据和样式数据。高性能可视化引擎主要基于高质量图形绘制引擎(Renderer)提供高效的图形绘制、图像处理、符号化处理、图像混合等技术,实现制图成果可视化。地图服务器针对用户制图结果进行切片发布,并将数据托管到地图服务器进行组织和调度。

客户端制图环境提供地图设计工具,需设计专用地图配色风格和符号方案的脚本语言,用户通过编写脚本发送请求,前端将服务器返回的切片和请求的样式按照制图脚本语言约定的编码规则进行排序和空间重组,形成一幅完整的地图供浏览器可视化展现。

该服务中的数据流通过程为:数据文件/数据库(空间数据、地图样式文件、符号库)→图形引擎→切片服务→客户端/浏览器。

2. 用户动态制图基本交互流程

由于服务器端技术具有更高的计算资源和更好的稳定性,且对大数据的处理能力更佳,因此设计动态制图的技术流程的基本原则是用户能够最大程度上复用服务器端计算、存储资源。终端用户在线制图的基础技术路线如图 5-2 所示。

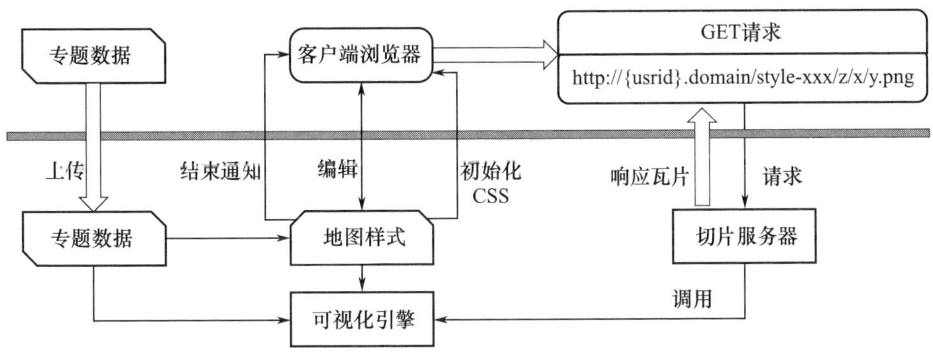

图 5-2 终端用户在线制图基础技术路线

此外,用户可在基础底图已经具备的条件下进行动态专题制图,系统在可视化时可以生成叠加层与基础地理底图进行混合。终端动态制图的具体交互流程为:

（1）用户上传或从服务器数据列表中选择制图用专题数据。

（2）服务器根据数据特征初始化一个用户制图模版（通常一类数据具有若干可选模版，通过动态匹配与数据进行关联，用户可选）。

（3）用户修改制图模版中的制图参数（配色方案、视觉变量、图形符号等），提交服务器。

（4）服务器更新用户样式，复用高质量制图引擎，切片服务器，并最终将样式修改后的地图以叠加图层切片的形式返回客户端，实现客户端的动态调整制图效果，进行专题地图设计与发布。

5.1.2 前端在线脚本制图脚本语言

1. 在线地图制图

高性能 GIS 制图服务框架中，用户地图为由带有样式的图层按照一定的次序叠加而成的对象。其中，带有样式的图层包含一个图层以及作用于该图层的样式。按照这种定义，地图可以表示为

$$\mathrm{Map} = \sum_{i=1}^{n} (\mathrm{Layer}_i, \mathrm{Style}_i), \quad n \in \boldsymbol{N}$$

式中：Map 为用户制图结果；Layer 为数据图层；Style 为地图样式。制图服务在地图可视化功能的基础上，采取用户选定的样式设定，然后根据上述地图描述信息绘制出用户地图。网络地图制图服务与传统的地图制图应用相比具有以下几点不同：

（1）应用架构不同。

传统的地图应用一般是单机部署，空间数据的存储读取、样式的设定和地图的绘制等功能都在一台机器上完成，客户机之间的差异性导致多个客户端体验的一致性难以保障。网络地图制图服务将制图任务流程分解，并将计算密集、I/O 密集型任务部署在服务器端，客户端则主要提供用户交互、配置设定等轻量级功能。基于此架构，网络地图制图能够综合利用前后端的计算和存储资源，具有更好的性能和适应性。

（2）制作对象不同。

传统地图制图应用是面向纸质地图的，每一幅地图都有对应的比例尺、图例、指北针等。网络地图制图服务可以生成纸质地图，但更普遍地是生成地图服务。地图服务一般都支持多尺度，而且，在不同尺度下，地图的图层数据和图层样式不相同。以地图服务形式发布的多比例尺地图可以表示为

$$\mathrm{Map} = \sum_{j=1}^{m} \left(\sum_{i=1}^{n} (\mathrm{Layer}_{ji}, \mathrm{Style}_{ji}), z_j \right)$$

基于此定义，地图服务发布的地图相当于传统意义上的一个地图集——同一制图内容在不同比例尺下的地图图集。此外，传统地图制图应用主要面向专业人员，地图样式一般按照标准的地图样式；地图制图服务面向专业和非专业人员，地图样式更加多样、个性。

(3) 可扩展性不同。

传统地图制图只能输出静态图像作为最终产品；网络地图制图服务可以利用声音、动画等多媒体来展示动态地图，具有更高的表现能力。

综上所述，搭建网络地图制图服务，前端需要解决两个问题：一个是提供基础地图的可视化；另一个是提供设定地图样式的接口。地图可视化功能由地图服务实现，地图样式的设定接口主要有交互式操作界面和地图制图脚本两种形式。

2. 基础地图服务

基础地图服务主要在网络上提供地图可视化功能，更具体地说，就是提供栅格、矢量图层的可视化。针对栅格图层可视化的问题，成熟的方法是根据全球瓦片模型对栅格数据进行空间和尺度上的划分，并以瓦片为单元提供可视化服务。具体的流程为：前端根据地图视口的空间范围，请求图层的瓦片；后端服务器读取瓦片空间范围内的栅格数据，并绘制成地图瓦片返回给前端；最终由前端浏览器显示地图。

针对矢量图层可视化的问题，根据地图绘制的位置可以分为后端绘制和前端绘制两类。前端绘制即矢量格式文件在前端被解析并绘制成地图，以浏览器前端为例，即在浏览器端解析矢量文件，并用 SVG 或者 Canvas 对象绘制矢量数据。后端绘制即矢量数据在后端服务器被解析和绘制，并以图像的形式返回给前端显示。根据是否利用全球瓦片空间对地图空间进行划分，矢量图层的可视化方法也可以分为两类。根据上述两种分类可将矢量图层可视化方法总结如表 5－1所示。

表 5－1　地图服务分类

	基于全球瓦片空间划分	不基于全球瓦片空间划分
前端绘制	后端以矢量瓦片形式返回给前端，前端解析矢量瓦片并绘制成地图	后端返回整个矢量数据文件，并交由前端解析和绘制
后端绘制	后端以瓦片为单位绘制矢量数据，并以图像瓦片的形式返回前端	后端根据地图视口所在尺度绘制矢量数据，并以图像的形式返回前端

3. 地图样式表述与空间

当前地图样式的设定模式主要有两种：一种是基于交互式窗口设定地图样

式；另一种是基于地图制图脚本设定地图样式。前者延续了传统 GIS 应用的设定模式，具有直观、简单易用的优势。后者是一种新兴的制图模式，它比传统模式更加灵活，更具可扩展性。

描述地图 Map 样式中的元组（Layer，Style）可以进一步表示为

$$(\text{Layer},\text{Style}) = \sum_{i=1}^{k} (\text{SpatialObj}_i,\text{Style}_i) \quad \text{SpatialObj}_i \in \text{Layer}$$

式中：SpatialObj 为一个空间对象集合；Style 为空间对象集合的样式，k 为图层中空间对象集合的个数。因此，地图地图制图脚本一般包含选择器和声明语句两种基本组成要素，分别对应于 SpatialObj 和 Style。选择器定义地图制图操作的主体对象，如地图、图层、带过滤条件的对象集等；声明语句定义该主体对象的具体制图样式。脚本的语法结构可以用下面的代码描述

```
Selector{
      Declaration;
      Selector{
      Declaration;
   }
}
```

其中，Selector 为选择器，Declaration 为声明语句。以 CartoCSS 制图脚本为例，以下是一个将“highway”线图层中 class 为 1 的线对象绘制为红色的脚本示例。其中，选择器有两个：一为 highway 图层，用#highway 表示，二为属性 class 为 1 的线对象，用[class =1]表示；声明语句为“line - color = #ff0000”，表示颜色为红色的线样式。

```
#highway{
    [class =1]{
line - color = #ff0000;
   }
}
```

对于一个脚本语言，我们首先会考虑它是否能够描述传统 GIS 软件所有能够设定的样式。传统的 GIS 应用可以为不同图层中满足不同属性条件的空间对象设定不同的样式。对地图脚本语言而言，其可以描述的样式空间表述如下：

设 S 为选择器空间，其中每个元素表示一个选择条件，而且这些选择条件对于解析器是不可分的。对于 $S_1,S_2 \in S$，$S_1 \cap S_2$ 可用 S_1 与 S_2 的嵌套表示，即 $S_1\{S_2\{\}\}$；而 $S_1 \cap S_2$ 用 S_1 与 S_2 的并列表示，即 $S_1\{\},S_2\{\}$；S_1 的补集可以表示为 not $S_1\{\}$。多个选择条件类似上述情况。因此，该脚本模型可以表达 S 中任意

个元素以及其补集的任意个交与并。

以 CartoCSS 为例，其基本的选择器有图层选择器、比例尺选择器、属性选择器等。其中，图层选择器为表示样式作用的数据图层；比例尺选择器表示样式有效的比例尺范围，当地图比例尺超出该范围，则不解析该样式；属性选择器则确定了只样式作用于图层中满足某种属性要求的要素集合。

设 Y 为脚本的样式空间，Y 中任意一个元素表示一种绘制属性。则 Y 应该至少包含下面几种样式的描述方式：

(1) 点样式。包括点的大小、形状、颜色、标注位置、标注方向等。

(2) 线样式。线形、线宽、结合处绘制方法、两端绘制方法、颜色等。

(3) 面样式。面的纹理、颜色等。

(4) 栅格样式。颜色、透明度等。

(5) 图层样式。图层的叠合方式等。

(6) 字体样式。大小、字型等。

设 $D=(S,Y)$，则 D 为脚本语言可以描述地图样式的空间。由于 S 能根据图层和属性进行选择，而 Y 可以表达矢量数据、栅格数据、标注的样式，因此，D 可以描述传统 GIS 应用能够描述的地图样式。

4. 内存对象与数据传输

为提供制图人员统一的可视化样式编辑界面，基于 CartoCSS 语言描述的灵活性，可明确定义地图样式语言的使用方式和语法规则。为此可设计用于用户交互界面元素和样式语言之间进行映射的地图样式语言内存对象，该内存对象为 JSON 对象，由客户端软件对其进行创建、修改、删除、导出 CSS 格式的渲染样式脚本发送至服务器端。每一个内存对象实体，对应一种几何实体的操作。比如对高程大于 100m 的等高线设线宽、对 zoom > 8 的面状要素设置颜色等。内存对象分为四层：图层名、子图层（可用来描述由多层样式复合而成的地图符号，如双线道路、铁路符号等）、过滤字段（属性字段或者缩放等级）、可视化属性设置（点、线、面绘制属性）。

对于前、后端的数据交互，可设计用户操作 UI，并通过内存对象（Carto_Object）记录用户的 UI 操作，然后将 Carto_Object 输出为标准规范化的 Cartocss 文本并应用其实现与后端的交互。其中，后端解析内存对象的示意图见图 5－3。相应地，前端界面设计如图 5－4 所示。

5.1.3 后端基于矢量瓦片的制图服务

传统的地图瓦片技术将数据进行渲染绘制后生成图片格式的瓦片，客户端无法从接收到的瓦片中解析数据内容，但具有网络传输快速、前端无需适配来源

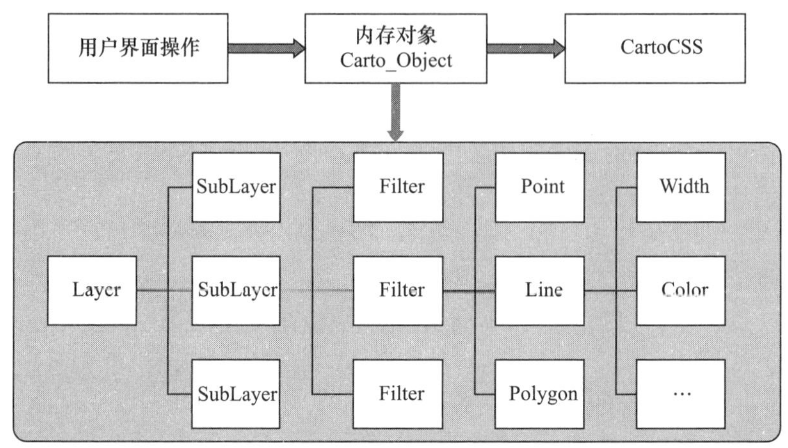

图 5-3　前端交互到后端地图样式语言的转换

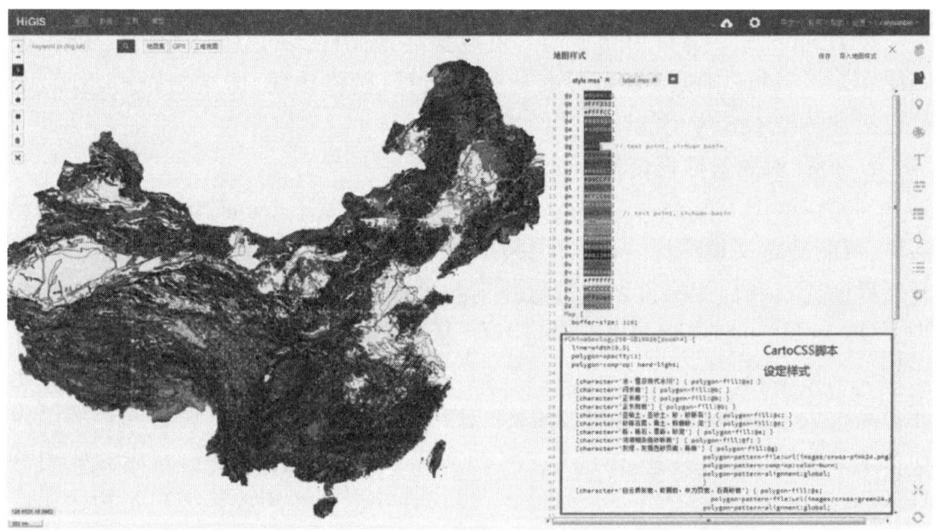

图 5-4　终端用户在线脚本化制图系统界面

繁多的原始数据格式的优势。基于此思路，将矢量数据瓦片化可以应用于矢量数据的网络高效传输和可视化[16]，该方法将需要用于传输的矢量数据根据一定规则划分成若干个小数据单元进行传输，各个数据单元的传输相互独立，这样的矢量数据单元便称为矢量瓦片。

1. 数据组织

矢量瓦片的生成基于其在表达矢量数据时相互独立的特点，根据瓦片金字塔构建的索引及其使用的投影，计算出瓦片的空间范围并从原始数据中通过空间查询得到要素集合生成矢量瓦片。然后，通过基于球面墨卡托投影构建的全球空间瓦片模型可以实现全球多尺度空间数据索引与组织的一体化集成，实现数据的快速调度。

但在实际应用时，针对不同空间范围的数据全部建立统一的全球金字塔结构不利于数据的快速检索且会产生大量冗余的空白数据，故需要根据数据集在该索引机制下分别独立地建立局部的子金字塔模型进行数据组织。瓦片金字塔的建立，标志着任意瓦片的逻辑索引的确定，以及矢量数据多尺度组织的逻辑索引的确定。服务器在绘制时，根据瓦片索引直接读取矢量瓦片进行绘制，不再依赖于原始数据。执行空间数据检索时，可根据数据的标识找到该数据的子金字塔，再根据索引完成瓦片的查询。

2. 数据内容

上述模型中的每个矢量瓦片中的数据是根据空间范围查询得到的结果要素集合，每一个集合元素都包含了要素几何特征与描述属性。将其转换为矢量瓦片后一般用文件进行存储。根据不同解码方案，可以是文本数据文件，也可以是二进制数据文件，包括 GeoJSON（基于 Javascript 对象表示法的地理数据格式）格式、PBF（Protocolbuffer Binary Format）格式和 MVT（Mapnik Vector Tiles）格式[17]等。

3. 矢量瓦片的生成

当矢量空间数据参与交互制图操作时，需要对该数据进行瓦片化处理，步骤是：

（1）根据数据的范围初始化瓦片空间。

（2）接收交互系统传入的操作参数，如数据空间范围、设备显示范围等。

（3）通过空间范围和显示范围计算出当前瓦片框架集合，任意瓦片都含有层数、行号、列号等索引信息。

（4）对任意瓦片通过空间求交操作得到该瓦片要素集合并解码，按照瓦片文件组织方法对应的文件路径保存矢量瓦片文件。

上述生成矢量瓦片金字塔的过程是一个动态过程，服务器会根据用户浏览需要实时按需生成对应瓦片。

下面通过一个瓦片的生成示例进行说明。如全球空间瓦片模型中的第 5 层第 26 列第 12 行的瓦片，使用中国道路数据时该瓦片的一个绘制结果如图 5 – 5 所示。

如需生成该瓦片对应的矢量瓦片文件，需要计算出该瓦片所对应的地理空间范围。在本例中，瓦片空间范围为［112.5，123.75］×［31.952，40.979］，通过此空间范围，生成在空间数据库中从该数据的表中查询要素的查询语句，如在

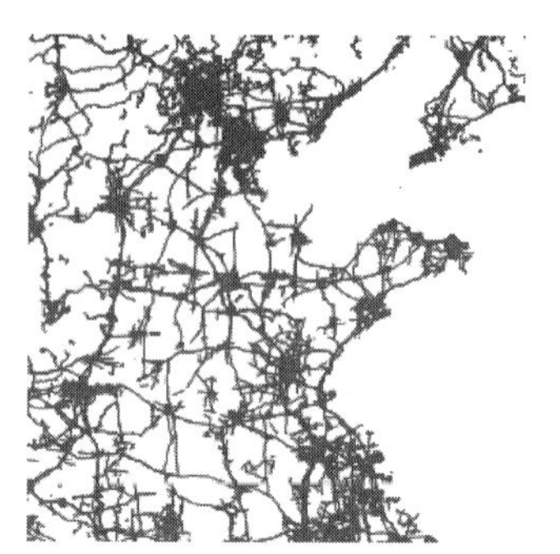

图 5-5　中国道路数据第 5 层第 26 列第 12 行瓦片示意图

PostGIS 中该数据存储于表“g_admin201304121011434022”时查询要素的查询语句为：

SELECT ST_AsBinary("wkb_geometry") AS geom FROM g_admin201304121011434022 WHERE "wkb_geometry" && ST_SetSRID('BOX3D(112.5 31.952,123.75 40.979)'::box3d,4326)

通过查询语句即可读取出所需生成数据的对应瓦片包含的所有空间要素，再通过要素解码操作，将读取出的矢量要素解析成矢量瓦片文件格式所要求的数据内容，再将解析后的数据保存成矢量瓦片数据文件。这样，一个矢量瓦片数据文件就生成了，再次绘制该瓦片时，可以直接读取该瓦片所对应的矢量瓦片文件进行绘制。

4. 矢量瓦片的数据更新

矢量瓦片模型和文件建立后，瓦片中的数据内容有可能随着系统应用而更新。更新的数据往往是局部区域的。因此，当图层数据产生变化时，只需对与变化区域对应的瓦片数据进行更新，不必更新整个矢量瓦片模型。更新步骤如下：

(1) 计算出所有更新数据的空间范围，并标记数据的新增、删除、修改等状态。

(2) 获取待更新数据的子金字塔已构建的层数。

(3) 对已构建的每一层通过空间范围计算出更新范围所包含的瓦片范围，遍历瓦片内的瓦片数据根据更新数据标记的状态分别对瓦片中的数据进行更新。

如果数据被删除，那么该数据对应的矢量瓦片金字塔也将被清空。

5. 多图层矢量瓦片合成

在交互制图过程中，可能需要对多类数据进行独立制图或综合制图，两种制图方式的绘制结果是有差异的。前者多个数据的绘制结果以多个数据图层的形式进行简单叠加即可，数据间相互独立，而后者的绘制会根据数据不同的组织方式、不同的组合形式而产生不同的绘制结果，多个数据的矢量瓦片需要整合在一个瓦片中以便绘制。

当用户需要对多个数据合成进行制图时，为保持各数据的独立性，其各自的子金字塔保持不变，系统新构建一个新的、包含所有数据金字塔索引结构的子金字塔，而该子金字塔瓦片中的数据将通过各数据的子金字塔中相同索引的瓦片数据合成一个数据瓦片。

6. 基于矢量瓦片的制图服务实现流程

在交互制图过程中，任意矢量瓦片只在首次请求生成该瓦片时从原始数据进行空间查询操作，而后只要数据本身未做更新，面对所有该瓦片的请求，服务器将直接使用矢量瓦片进行绘制。与每次都直接从矢量数据集中检索数据并执行绘制相比，构建矢量瓦片金字塔将提高交互制图时的性能，改善用户体验。尤其是矢量大规模数据的交互制图，空间查询过程非常消耗资源，矢量瓦片技术的优势将突出体现。

通过分析瓦片地图的服务模式，得到在建立矢量瓦片金字塔的情况下服务器响应瓦片绘制请求的主要流程如图5-6所示。其中，地图瓦片是否保存可根据需要进行选择。在交互制图过程中，一般不选择保存地图瓦片。

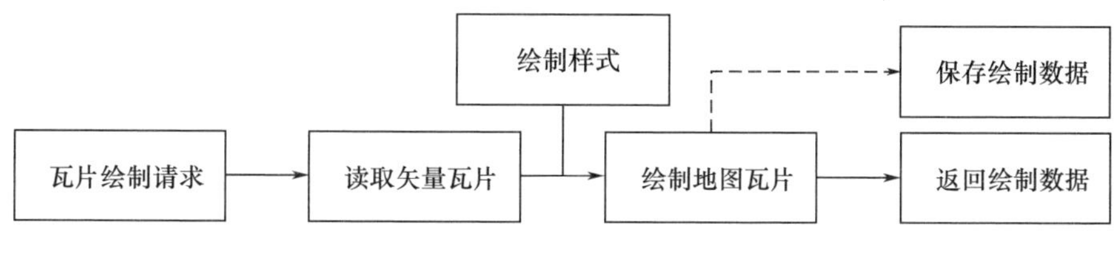

图5-6　使用矢量瓦片绘制流程

使用OpenStreetMap中国道路数据使用矢量瓦片渲染绘制的结果在浏览器中显示的效果如图5-7所示。

5.2　显示导向的地理矢量数据可视化

矢量数据蕴含巨大的科学价值，可以为相关领域重大决策制定提供重要依据，例如，在第三次全国国土调查中，仅湖南省的土地利用图斑数据规模就接近2000万。在地理空间数据极大丰富的背景下，提升地理空间矢量大数据计算和分析性能凸显得极为重要。

然而，面对体量大、更新频率快的矢量数据，在实际应用中，用户通常难以在很短时间内获得准确的分析结果。而这些应用需求的特点：首先，用户希望提供

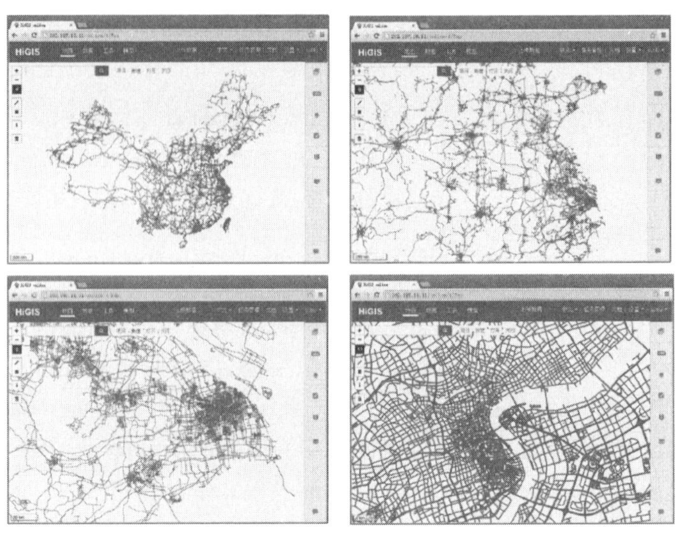

图 5-7　矢量瓦片的绘制结果

接近实时的响应性能，以获取空间分析的结果，而传统的矢量空间分析方法通常非常耗时；其次，由于地理矢量数据的多尺度特性，大量支持用户决策的空间分析，用户可能并不需要细粒度或者准确度高的分析结果，而是按需通过“上卷—下钻”交互得到无限接近准确的结果；最后，矢量数据空间分析在真实应用中不会是简单的单个图层或者一种分析计算，而是多个图层在多重约束条件下的分析需求，用户通常会通过不断修改约束或者数据，交互式得到满意的结果。

计算机软硬件技术的发展，以分布式、并行化为代表的高性能计算模式正逐渐融入 GIS 可视化领域。现有高性能计算模式在大规模矢量数据空间分析问题上获得了一定的计算能力，但地理空间矢量数据高度自由的非结构化表达以及多维度特征决定了矢量数据空间分析的复杂度。面对数十亿级规模的矢量数据，为保证详细和准确的地理空间分析（例如在多个级别缩放），需要耗时的计算操作和极高分辨率的可视化分析结果。以两个数据的空间叠加分析为例，即使进行了分布式优化，当数据量达到 1 亿个多边形时，其耗时仍然需要 40min[18]。

数据可视化可以让用户对复杂的数据集有更为直观的理解和认识。将地理矢量数据可视化给用户是对地理矢量数据进行可视化分析的最为直接的方式，也是对数据进行复杂可视化分析的基础。现有的地理矢量数据可视化方法中普遍采用数据导向的计算方式，这导致随着矢量要素规模增加，计算量急剧增加，传统地理矢量数据可视化方法较难用于对大规模地理矢量数据进行快速可视化。

对大规模地理矢量数据进行可视化，采用传统数据导向的计算方式（图 5－8），需要将屏幕范围内的地理矢量数据逐一进行栅格化，然后再合并生成最终可视化结果。采用这种方式，当屏幕范围内地理矢量数据规模比较高时，其可视化处理的计算量也比较大，这使得传统方式很难支持对大规模地理矢量数据的快速可视化处理。

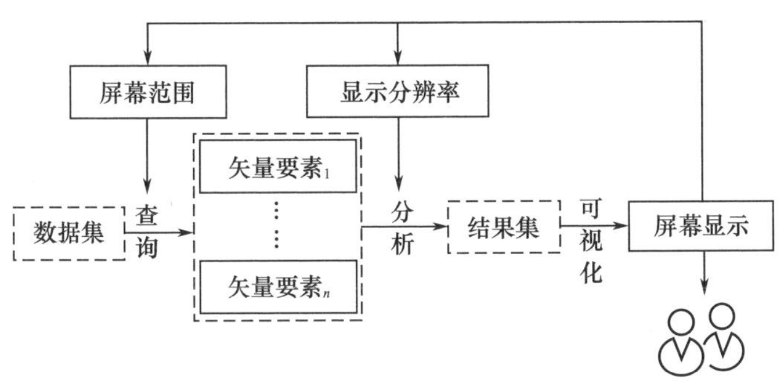

图 5－8　传统的地理矢量数据可视化处理流程

可视化分析，是指将分析结果（中间结果或者最终结果）以可视化的形式呈现出来，让用户以容易理解的方式获取分析结果，并提供辅助决策支持，侧重于借助交互式而进行的推理分析。传统的可视化分析是计算机图形学在 GIS 领域的扩展，首先对数据集中每个元素进行绘制，其次将绘制结果进行叠加和合并，最后输出最终可视化结果。面对矢量数据体量大、更新快的特性，这种可视化分析的计算复杂度随数据量增长极速增加。因此，基于显示导向的交互式空间分析范式更适合大数据背景下矢量大数据空间分析的特点，该范式类似空间数据库索引的“过滤—精炼”策略，如图 5－9 所示。针对给定的地理空间矢量数据，从终端显示角度出发进行数据处理、分析和可视化，设定参数和分析目标，通过

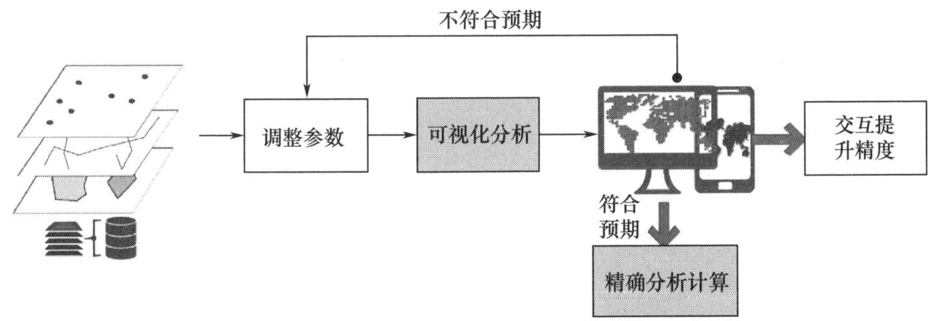

图 5－9　地理空间矢量大数据的交互式可视化分析范式

快速可视化分析，近实时获取可视化分析结果。若符合预期，则可以进一步进行交互式精度提升或精确分析计算，否则，调整参数后继续该过程的迭代。

采用显示导向的计算方式，以像素为计算单元，通过找出可以决定像素显示值的地理矢量要素直接计算像素最终显示结果，这种方式可以减少数据量对可视化性能的影响。针对显示导向的计算方式，矢量数据的可视化处理可以转换为如下像素对应空间位置和地理矢量要素间的空间拓扑关系判别问题。

问题1:判断像素对应空间位置是否在点要素、线要素以及面要素边界一定像素宽度范围内。对点要素、线要素以及面要素边界的可视化需要确定像素点对应空间位置是否在其一定像素宽度范围内，然后再根据用户给定的样式进行绘制。

问题2:判断像素对应空间位置是否在面要素内部。对面要素内部的可视化，需要判断像素对应空间位置是否在面要素内部，然后再根据用户给定的样式进行填充绘制。

5.2.1 基础原理与算法设计

1. 矢量要素可视化分析数据模型

显示导向的地理矢量要素组织方法是可视化分析的基础。其核心是根据矢量要素直接判断像元的显示值，关键在于构建高效的索引支持可视化像元与矢量元素空间关系的快速判断。项目拟对地理矢量要素采用如图5-10所示的方式进行组织，首先，拟根据数据分布特点和数据复杂程度，确定数据边界后，在不同分辨率上实现地理空间与可视化像素的非均匀映射。其次，分别为点、线、面等不同要素构建不同的空间索引用于支持多样化的可视化查询。由于需要在分布式环境下实现对矢量数据快速访问，在索引总体结构上，可以考虑使用基于两层管理的分布式空间索引方法，在主节点上建立全局索引，在基于空间临近性对数据进行划分后，每个节点建立本身的局部索引。全局索引是每个节点数据的概要结构，记录了每个节点上矢量数据空间范围、数据量以及跨越多个节点的矢量数据。

2. 空间索引设计

作为一种广泛使用的空间索引结构，R树通过构造一棵多层嵌套的最小外包矩形框构成的平衡树来加速空间对象的检索。很多学者提出了很多对R树索引的改进方法，使其构建和检索效率大大提升[19-20]。显示导向的可视化也可以采用基于R树的索引对矢量数据构建细粒度的空间索引。如表5-2所示，将点要素直接作为R树索引项，构建RtreeP;将线要素的边界作为索引项，构建RtreeL;对于面要素，分别对其边界和最小外包矩形框构建了RtreeE和

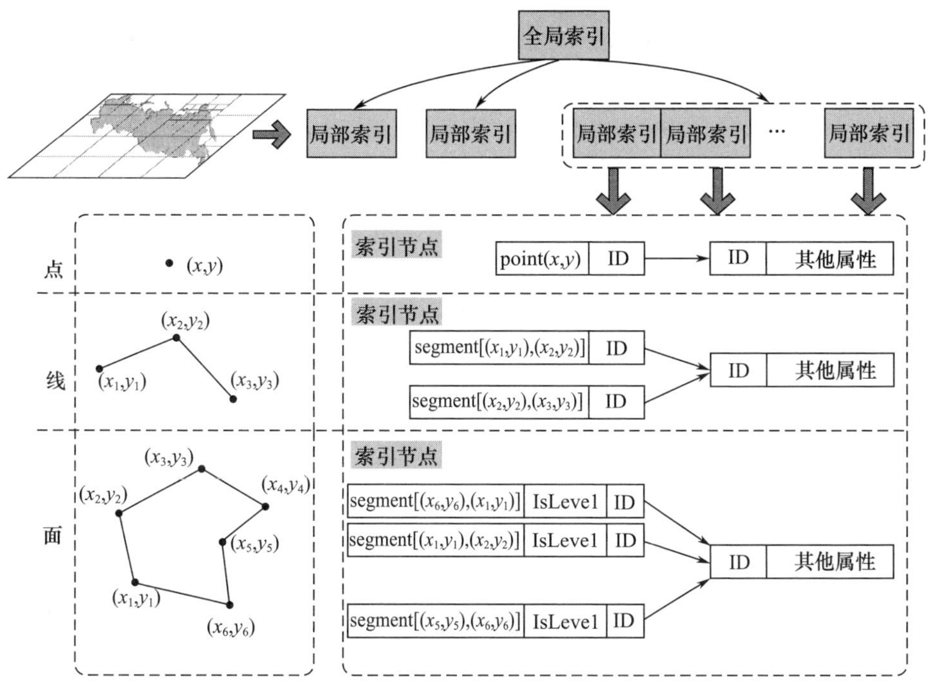

图 5-10　显示导向型的地理矢量要素组织模型

RtreeMBR两级空间索引。为了支持判别像素点对应空间位置是否在面要素内，对面要素边界索引进行了调整：①增加索引节点的属性信息 IsLevel 用于表示该边是否平行于 x 坐标轴；②对于 y 坐标连续增长或下降的边，进行截断操作（因为截取的长度 t 远小于面要素边的长度，此截断并不影响面要素边界的绘制效果）。

表 5-2　显示导向方法的细粒度空间索引结构

空间索引	索引对象	索引节点
RtreeP	点要素	{point(x_i;y_i),ID,…}
RtreeL	线要素	{segment(point(x_i;y_i),point(x_i+1;y_i+1)),ID,…}
RtreeE	面要素边界	{segment(point(x_i;y_i),point(x_i+1;y_i+1)),IsLevel,ID,…}
RtreeMBR	面要素 MBR	{box(point(minx;miny),point(maxx;maxy)),ID,…}

3. 面向实时交互的地理矢量要素可视化分析

显示导向的地理矢量要素分析执行方法是可视化技术的核心。要实现可视化分析操作，首先要实现面向可视化分析的基本原子操作，包括基于距离的像素值选择、对象拓扑判别、像素距离关系操作、聚集操作等基本原子操作。其中，最基本等原子操作是基于距离的像素计算，即判断像素点是否在点要素、线要素、面要素边界线一定像素宽度范围内。

如图5-11所示,判断给定像素点 C_k 是否在点要素、线要素、面要素边界线一定像素宽度范围内可转换为判断 C_k 到最近的空间要素的距离是否小于 r,其中 r 为根据显示分辨率 Z 和像素宽度 N 确定的空间可视化分析半径。对于此问题,一个较直观的解决办法是以 C_k 为中心,以 r 为半径画一个圆 C,然后以 C 作为输入空间索引执行空间交查询,如果有要素相交则认为 C_k 在要素一定像素宽度范围内。为简化计算,可以引入内外两层近似用于优化查询性能。与多分辨率的矢量要素—可视化像素映射对应,当数据变化率较小时,邻近矢量对象在可视化分析上具有相似的特性。于是,对这些矢量对象的可视化分析,可以在较低的分辨率完成,而不需要耗时的高分辨率计算。

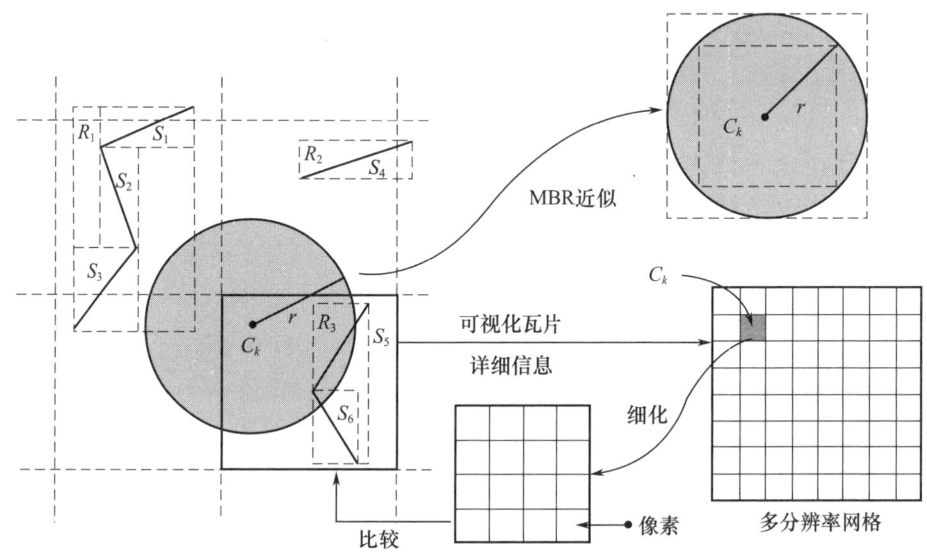

图5-11　显示导向的可视化分析操作算子

由于空间矢量数据存在数据倾斜,在覆盖区域内分布不均匀,一个好的计算方法应该保证每个计算分区的覆盖的空间对象复杂度(与空间要素数量及要素复杂度相关)大致相同;而且,针对可视化分析最终结果,每个像素与其周边像素的值具有一定的相似性。从这两个方面考虑,可以采用多分辨率并行可视化分析方法提高交互式可视化性能,如图5-12所示。以显示为导向,根据可视化范围和分辨率将可视化分析任务划分为多个任务分片,对每个任务分片,从计算低分辨率可视化分析结果,若全部满足需求,则不需要进一步计算;否则,将不满足的分辨率网格继续划分,并根据空间索引对周边网格采用基于规则和临近度的过滤,进一步减少计算量。

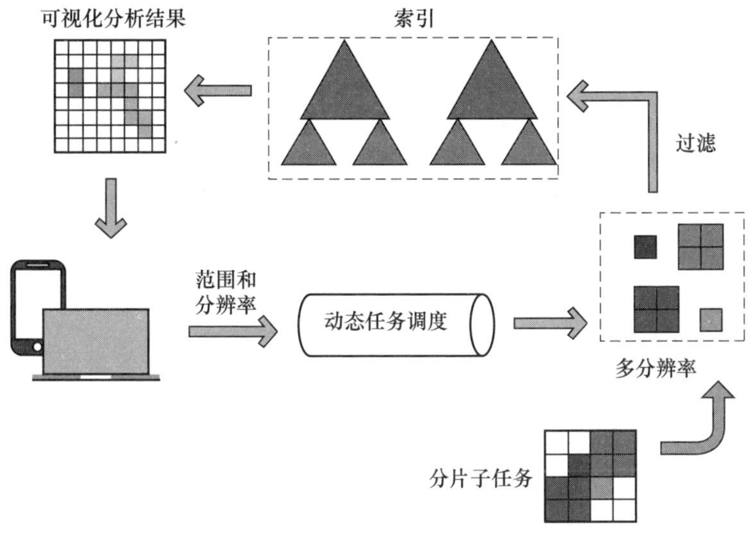

图 5-12 多分辨率并行可视化分析方法

5.2.2 实验与性能分析

表 5-3 列出了性能实验中用到的地理矢量要素数据集。这些数据集均为全球尺度的公开数据集,其中 P_1 为世界最大基站位置采集组织 OpenCellID1 提供的基站位置点数据,其他数据集均为来自于 OpenStreetMap2 的众包地理信息数据。在这些数据集中,规模最大的 L_7、P_2 和 A_2 分别为 OpenStreetMap 提供的包含全球所有线要素、点要素和面要素的地理矢量要素数据集,且均已达到十亿数据规模。

表 5-3 显示性能实验数据集

数据集	要素类型	要素数量	数据集规模
L_1:OpenStreetMap 全球邮政编码区域边界	线	171226	65334342 条线段
L_2:OpenStreetMap 全球墓地边界	线	193076	1800980 条线段
L_3:OpenStreetMap 全球运动区域边界	线	1767137	18969047 条线段
L_4:OpenStreetMap 全球水域边界	线	8419324	376208235 条线段
L_5:OpenStreetMap 全球公园和绿地边界	线	9961896	454636308 条线段
L_6:OpenStreetMap 全球道路	线	72339945	717048198 条线段
L_7:OpenStreetMap 全球线要素	线	106269321	1578947752 条线段
P_1:OpenCelliD 全球基站位置	点	40719479	40719478 个点
P_2:OpenStreetMap 全球点要素	点	2682401763	2682401763 个点

（续）

数据集	要素类型	要素数量	数据集规模
A_1:OpenStreetMap 全球建筑物	面	114796734	689197342 条边
A_2:OpenStreetMap 全球面要素	面	177662806	2077524465 条边

为了更好地体现显示导向算法的优越性，通过实验将显示导向方法（HiVision）和三个典型的数据导向的矢量数据可视化工具（HadoopViz[21]，GeoSparkViz[22]和 Mapnik[17]）进行了对比分析。所有的可视化工具均部署在实验给定的集群环境中。HadoopViz 为基于 Hadoop 实现的工具，GeoSparkViz 为基于分布式内存计算框架 Spark 实现的工具，这两个工具分别针对各自并行计算模型的计算特性设计了具有良好负载均衡特性的并行任务划分策略。给定一个地理矢量数据集，HadoopViz 和 GeoSparkViz 可以快速生成用户选定层级的该数据集所有可视化瓦片。Mapnik 是一个开源的高性能地图制图工具，给定待绘制的地理矢量数据、绘制的瓦片范围以及绘制样式，此工具可以快速生成可视化瓦片结果。本实验在集群环境中并行启动了 128 个 Mapnik 瓦片绘制进程用于并行绘制可视化瓦片。对于 HiVision，实验启动了 128 个 MPI 进程（每个 MPI 进程包含两个 OpenMP 线程）用于生成可视化瓦片。在实验过程中，对于每个数据集，分别使用不同方法生成第 1、3、5、7、9 层级的所有可视化瓦片，这些层级分别包含 4、64、1024、16384、262144 个瓦片。

图 5-13 展示了不同方法生成 1、3、5、7、9 层级全部可视化瓦片耗时对比。在所有数据导向的方法中，GeoSparkViz 表现出比较好的性能：对于所有数据集，GeoSparkViz 生成瓦片耗时均比其他数据导向的方法少。将 HiVision 和 GeoSparkViz 的结果进行比较可以看出：对于矢量要素规模比较小的数据集（$L_1 \sim L_4$），GeoSparkViz 生成瓦片耗时较少；对于比较大的数据集（$L_5 \sim L_7$，$P_1 \sim P_2$，$A_1 \sim A_2$），HiVision 则表现出更好的瓦片生成性能。对于十亿规模的数据集 L_7、P_2 和 A_2，HiVision 表现出良好的性能，其生成瓦片的耗时，分别为 GeoSparkViz 耗时的 38.33%（=268.61s/700.83s）、15.36%（=398.32s/2593.44s）和 17.42%（=590.62s/3390.10s）。从 L_1 到 L_7，数据集的数据规模依次增加，采用 HiVision 生成可视化瓦片的耗时并无比较明显的增长趋势，与之形成明显对比，数据导向的方法的耗时随着数据量增长而显著增加。实验结果表明，相比于数据导向的算法，HiVision 具有对数据规模不敏感的特性，十分适用于对大规模地理矢量数据进行可视化。此外，HiVision 还具有较好的可视化效果。HadoopViz 和 GeoSparkViz 均未包含抗锯齿处理，而且这两个工具无法支持对面要素的填充操作，在这两个工具中，面要素被当作线要素进行可视化处理。Mapnik 作为成熟的地图制图工具，可以提供较好的可视化效果和丰富的可视化样式，但是

Mapnik 无法对较大规模的地理矢量数据进行可视化处理。综上所述,与传统数据导向的可视化工具相比,在应对大规模地理矢量数据过程中,HiVision 表现出较快的绘制速度同时展现出良好的可视化效果。

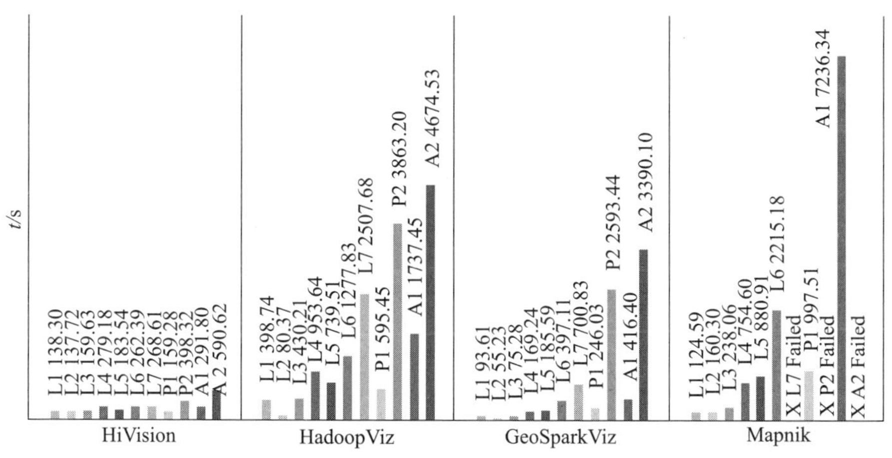

图 5-13　不同方法生成 1、3、5、7、9 层级全部可视化瓦片耗时

5.2.3　在线演示与应用分析

在线演示环境(http://www. higis. org. cn:8080/hivision)为一台具有 4 核处理器和 32GB 内存的云服务器,处理器为 4 cores, Intel(R)Xeon(R)E5 -2680@2. 50GHz,内存 32GB,操作系统 Centos 7. 1。用于演示的数据集规模达到了千万数据量(表 5-4)。其中,中国大陆地区的数据为未发布数据,实验过程中已经对原始数据进行加密处理。轨迹数据为滴滴公司盖亚开放数据计划 3 提供的开源数据。由演示效果可知,显示导向的方法在常见配置的机器上即可实现对千万规模地理矢量数据的实时可视化。

表 5-4　在线演示数据集

数据集	要素类型	要素数量	数据文件大小
中国大陆兴趣点	点	20258450	20258450 个点
中国大陆道路	线	21898508	163171928 条线段
中国大陆农田	面	10520644	133830561 条边
GAIA 西安滴滴轨迹	线	148747	37268701 条轨迹段
GAIA 成都滴滴轨迹	线	267862	52839430 条轨迹段

场景一:矢量数据的简单样式绘制。

场景一展示了点、线、面要素简单样式绘制的结果。图 5-14 为在线演示的

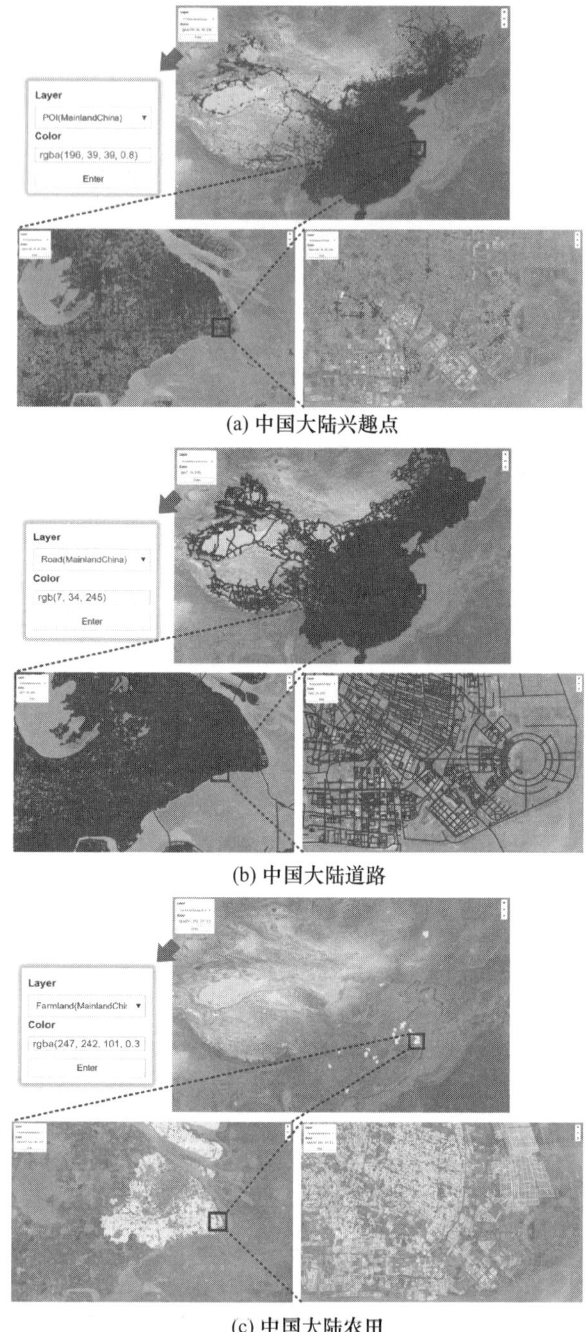

(a) 中国大陆兴趣点

(b) 中国大陆道路

(c) 中国大陆农田

图 5－14　中国大陆点、线、面要素的可视化

可视化效果。对地理矢量数据的简单样式绘制主要用于对未知数据集的快速浏览,通过浏览,用户可以快速对数据集中要素的空间分布有更为直观地了解,从而为后续的数据处理和分析提供支撑。

场景二:矢量数据的复杂样式绘制。

场景二通过面要素的图案填充绘制展示了显示导向方法对矢量数据的复杂样式绘制能力(http://www.higis.org.cn:8080/hivision_with_pattern)。图5-15为在线演示中的可视化效果。此场景主要用于展示HiVision在地图制图领域的应用前景。在地图制图领域,为了生成较为美观的地图,需要根据复杂的样式对矢量数据进行绘制。与传统制图方式相比,HiVision主要具有如下优势:①对大规模数据绘制速度快;②存储一套语义瓦片便可实现对多种可视化样式的支持;③无需为了减少绘制压力而对点、线、面要素进行化简或者删除等操作。

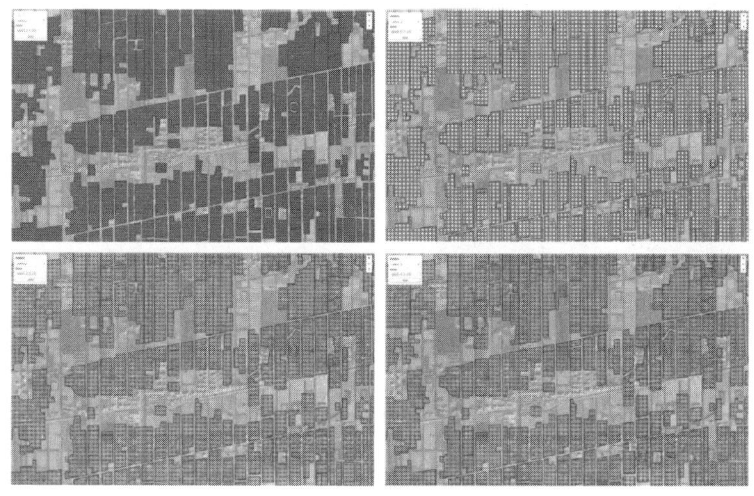

图5-15 面要素图案填充绘制

场景三:轨迹数据可视化分析。

场景三主要展示了通过HiVision对轨迹数据进行可视化分析的能力。轨迹可以看作有方向的线要素,可以根据轨迹数据的速度、方向等属性对轨迹数据进行可视化,图5-16展示了对轨迹数据进行可视化的结果(http://www.higis.org.cn:8080/TrajVISDEMO)。轨迹数据蕴含丰富的信息,轨迹数据挖掘是当今研究热点之一。在本场景中,HiVision被用于对汽车交通轨迹数据的可视化分析。通过分析,可以获取很多有意义的结论,包括:①可以对道路的轮廓、车流量、车速、单双向等属性信息有更为直观准确的了解;②可以用于对支持空间决策,如选择用户行驶缓慢的路边位置进行广告牌布设。

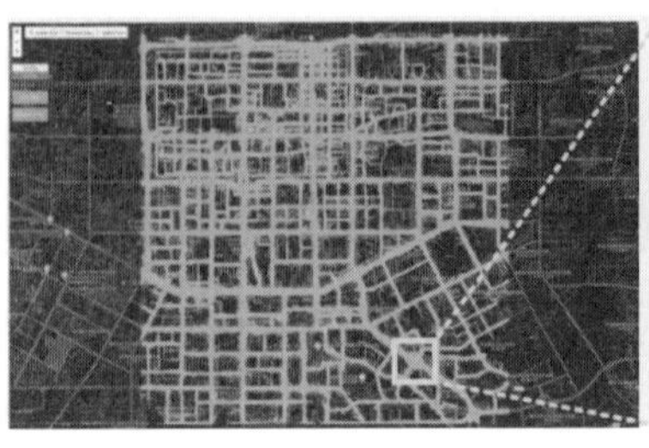
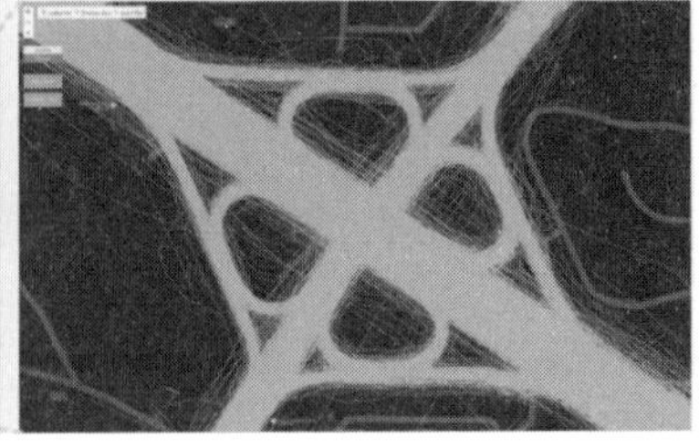

(a) 轨迹简单样式绘制

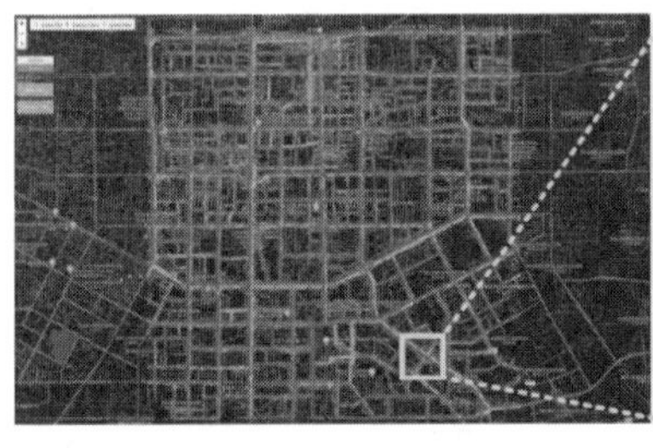
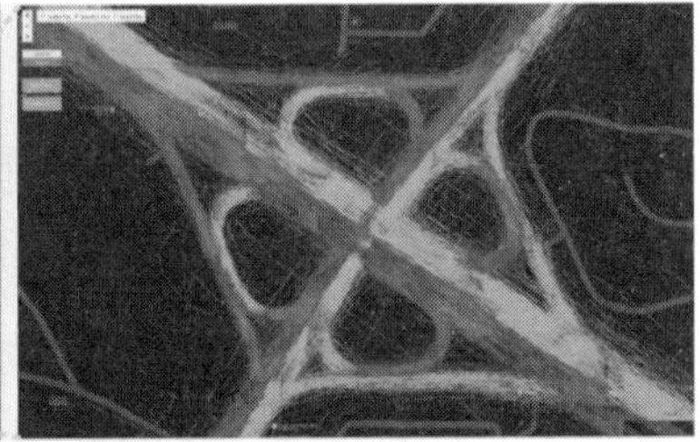

(b) 基于轨迹方向属性的绘制（不同颜色表示轨迹不同的走向）

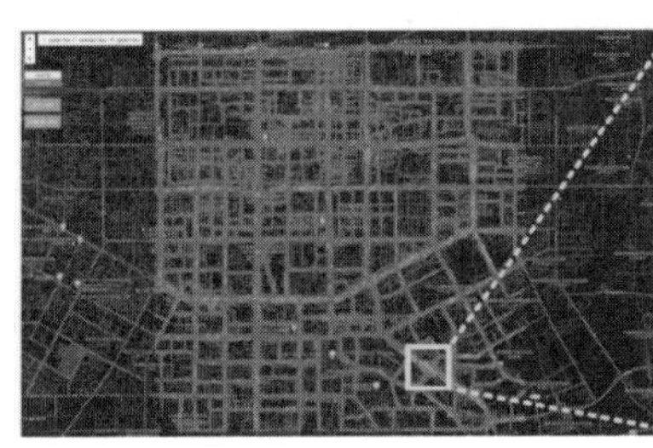
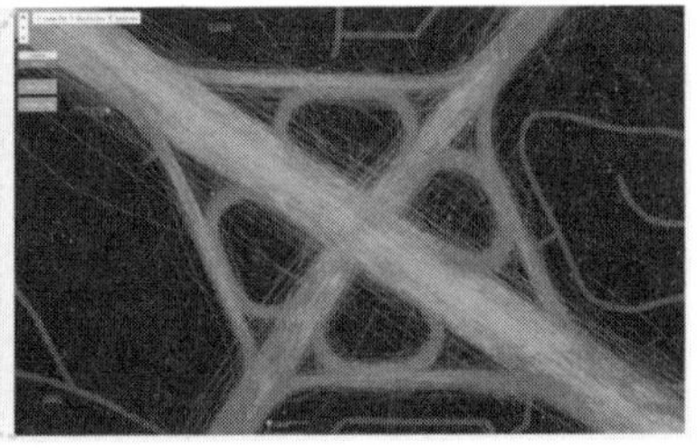

(c) 基于轨迹速度属性的绘制（不同颜色表示不同速度）

图 5－16　轨迹数据可视化

5.3　基于 Web 的三维大规模空间数据可视化

网络环境下,三维城市数据在云端服务器中存储和发布。用户在浏览三维城市场景时,浏览器会根据用户当前视域参数向服务器请求当前视域内的三维数据。通常当用户以大尺度宏观视角浏览城市的整体概貌时,该三维场景中往往包含了几万甚至上百万的三维地物模型,因此浏览器需要并发请求海量的三维数据。然而,三维城市模型数据量巨大,在现有的网络带宽下,通过网络整体传输既耗费大量时间,同时由于浏览器端较弱,存储能力和绘制能力又不允许对海量的三维模型进行实时绘制渲染。

针对 Web 大规模三维场景的实时渲染与交互性的要求,浏览器需要快速请求、获取、解析和渲染海量三维模型数据。因此,从数据模型的角度出发,构建面向网络快速传输、易于浏览器快速解析和渲染的空间数据索引和组织结构成为迫切需求。同时,从降低客户端渲染压力的角度出发,模型数据的调度对于模型渲染最终效果的展现也尤为重要。

5.3.1 3D Tiles 规范与瓦片金字塔

1. 3D Tiles 数据模型

为了支持大规模三维建筑模型数据的流式传输与渲染,Cesium 开源项目于 2016 年 3 月推出了 3D Tile 数据规范,并且提供了 3D Tile 的规范和用户接口。3D Tile 是一种流式渲染大规模多源三维地理空间数据集的开放规范,该规范具有灵活且扩展性强的空间索引结构和统一的三维数据格式,它拓展了已得到广泛认可的 glTF 模型,为其加入二维数据细节层次结构(Level of Detail)的能力,为实现 Web 环境下海量三维数据可视化奠定了坚实的基础。3D Tiles 规范于 2016 年 9 月开始申请了 OGC 标准化进程,在 Web 三维领域的发展中的前景一片光明。

目前支持 3D Tiles 规范的三维数据格式有:CZML,是一种用来动态展示三维场景的数据存储 JSON 格式[23-24];quantized - mesh,用来高效展示地形数据[25];glTF,实时的三维模型格式。其中,glTF 格式是 Khronos 公司开发、Cesium 团队倾力打造的一种三维数据存储格式。相较于 OBJ 格式和 Collada 格式的数据,表达同一空间对象时,glTF 格式的文件相对较小。例如,存储同等几何信息,glTF 相对 OBJ、Collada 的文件空间占用分别减小了 50%、75%[26]。同时 glTF 还支持二进制格式的存储,能够大大减少数据量。glTF 格式现已成为最流行的 Web 端三维模型数据加载格式之一。同时为了能够批量加载 glTF 三维模型,Khronos 组织还推出了 b3dm 格式来批量管理 glTF 三维模型文件,这种格式的数据支持流式加载并对接 Web 图形接口进行设计,其结构如图 5-17 所示。

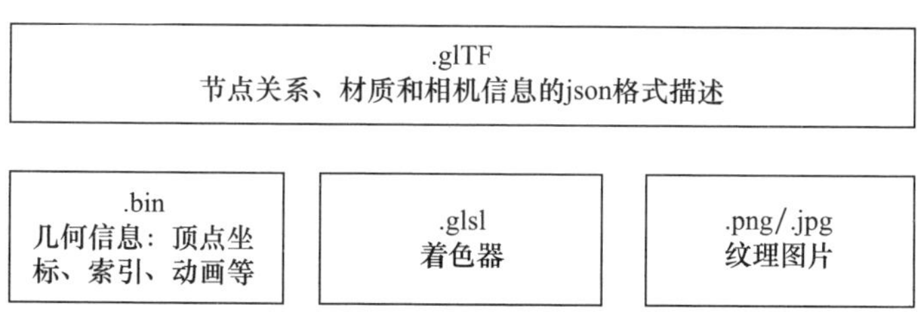

图 5-17 b3dm 格式详情图

2. 三维瓦片金字塔

瓦片金字塔模型是一种基于 LOD 技术的多分辨率细节层次模型,通常用于二维地图、三维地形数据的组织管理与可视化[27]。通过预先划分不同分辨率细节层次的数据副本(瓦片)并构建索引,渲染时无需进行实时重采样,可以降低前端数据存储和处理压力。该技术可提高场景绘制效率,从而提升系统的整体性能,这一特性对海量三维数据的实时可视化与交互性非常重要[28]。

基于 3D Tiles 的三维瓦片金字塔的设计主要分为两部分:第一部分是索引元数据文件,定义了所有瓦片的空间布局与层级,链接指定的外部的瓦片文件或外部扩展索引文件;第二部分就是瓦片文件,瓦片中以二进制格式存储了实际的模型数据。

索引元数据文件是对三维模型数据集的模型数据及相关属性等的详细描述[29],如图 5-18 所示。该元数据文件为便于浏览器解析,采用便于 Web 解析和传输的 JSON 文件格式。元数据中的属性信息均采用 JSON 对象存储于元数据文件中。其中 boundingVolume 对象为该节点瓦片的外包围体,用于描述三维模型的范围,辅助三维场景进行视锥体裁剪,根据当前视域范围减少无用数据的加载;geometricError 对象为瓦片几何误差阈值,用于根据视点判断瓦片是否加载渲染;refine 对象表示瓦片调用的方式,添加瓦片或替换瓦片;content 表示记录的内容,其中 url 既可指向实体模型文件也可指向外部索引文件;children 表示子瓦片集合。

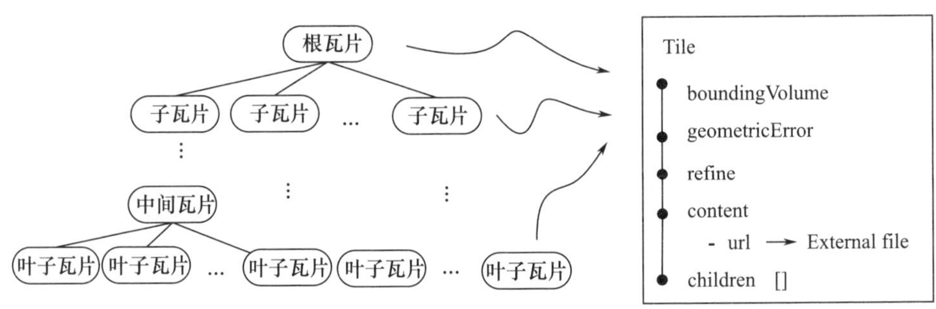

图 5-18 3D Tiles 空间索引元数据文件

除了记录各个模型对象的属性信息,更重要的是,该元数据文件记录了整个数据集的空间索引结构。该空间索引结构是由根据数据集的空间位置关系及属性关联信息定义一个最佳索引树结构,通常可以是 K-d 树、四叉树、八叉树和格网,如图 5-19 所示。其中,格网由于索引时要遍历整个格网集合,效率较低,一般使用较少。而三维 Mesh 模型没有对象信息,导致 K-d 树在划分时难以确定网格范围。且三维倾斜摄影模型几乎全部位于地表附近,无需构建八叉树擅长的深度信息。因此,实际应用中,四叉树符合大多数的应用场景。结合四叉树,可以构建瓦片金字塔模型,对三维倾斜摄影模型进行组织管理。

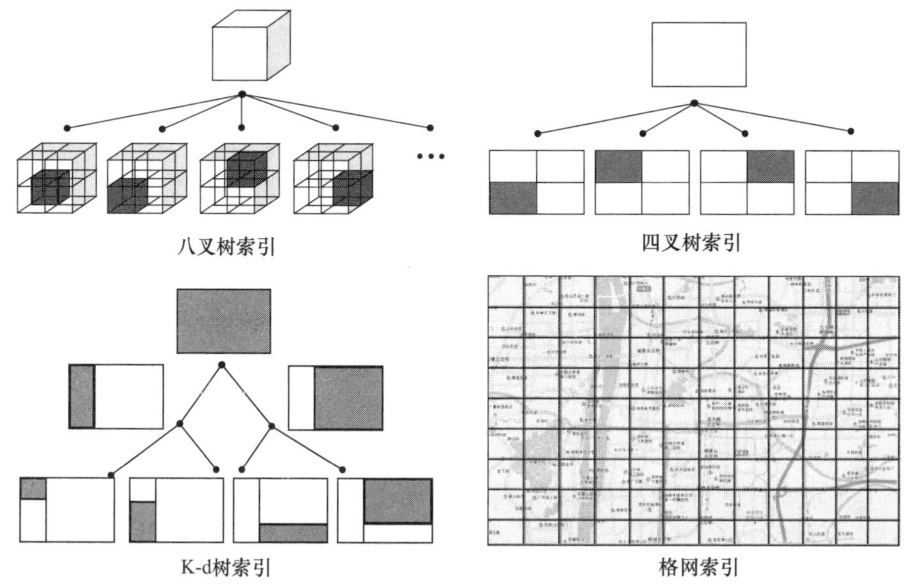

图 5－19　常用的空间索引模式

需要注意的是,考虑到倾斜摄影测量模型金字塔结构中表示的数据的空间特性,数据并非严格按照四叉树结构进行划分。例如,由于 Web 的数据加载多采用 Ajax(Asynchronous Javascript And XML)异步加载技术对数据进行流式加载,为了防止倾斜摄影测量瓦片文件过多而导致 Web 端数据请求个数的增多,在倾斜摄影测量瓦片金字塔结构的上层部分,不进行数据划分,金字塔的下层部分按照四叉树结构进行划分[28,30]。

3. 三维模型的高性能预处理

主流模型编辑软件如 3DS Max、Maya、Sketchup 等都支持对 3DS、obj、dae 格式的三维模型数据文件进行导入导出、编辑修改等功能。但上述几种格式的模型都不适合大规模场景的可视化,特别是难以满足网络应用中的三维可视化需求,需要将其转换为 glTF 格式和 b3dm 格式。目前,只有个别大型商业软件支持这两种格式文件的操作,如 FME2017 最新版本支持 glTF 和 3D Tiles 的写操作,但采用这种方式代价较高。

官方提供的命令行工具 collada2gltf 是目前最常用的 Collada 转 glTF 工具,操作简便、代价较低。但该命令行工具一次只能转换一个模型,不能满足海量数据的转换需求。基于 MPI 的多进程并行数据格式转换方法适用于海量三维模型数据的高性能预处理任务。

该并行计算的主要实现过程如下：主进程将任务分配给若干子进程，子进程分别处理自己的任务，再由主进程负责收集子进程的处理结果，最后由主进程汇总结果，以达到多处理器共同完成任务的目的。为实现利用MPI并行转换数据格式，需要对三维模型数据进行划分。最常用的数据划分方法是平均划分，尽管采用这种方式划分数据，最后一个进程可能需要处理更大的数据量，但对于大规模的三维模型数据，参与并行的进程数远小于每个进程需要处理的模型个数，因此上述问题不会造成单个进程性能瓶颈。

基于MPI的多进程并行数据格式转换流程如图5－20所示。

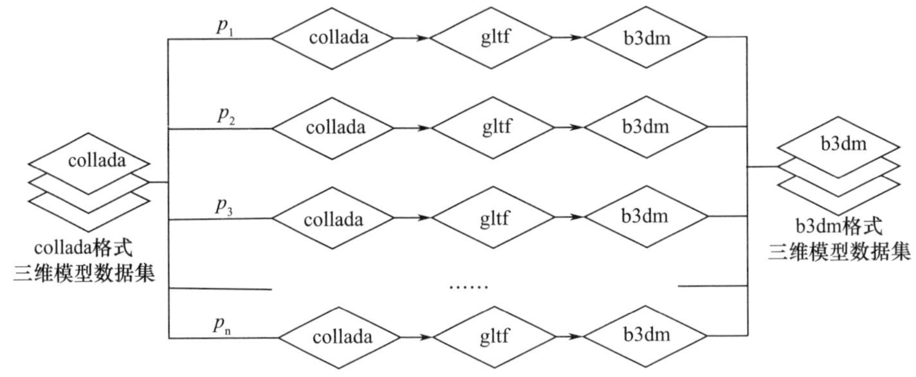

图5－20　基于MPI的多进程并行格式转换流程

以包含Collada格式模型426个、贴图文件125个、数据量大小共3.6GB的测试数据集为例。分别采用单进程批处理转换方式和基于MPI的多进程并行转换方式，其时间对比如表5－5所示。

表5－5　单进程与多进程并行转换时间对比表

	单进程批处理	4进程并行处理	8进程并行处理
完成时间	5min11.730s	2min6.645s	1min17s

由表格对比结果可见，采用多进程并行处理方式能够明显缩短模型转换的时间，且实验中随着进程数的增多，每个进程处理的数据量越少，所需的处理时间越短。

5.3.2　瓦片模型资源调度与可视化

根据人眼的透视规律，人眼从较远的场景获取的细节信息相对较少，较近的场景获取的细节信息相对较多，据此可以设置场景的细节丰富程度[31]。由于三维瓦片金字塔实质也是一种基于分层 LOD(Hierarchy Levels of Detail,HLOD)的空间数据结构,更高的 LOD 层级可以表达更丰富的细节程度。HLOD 是在 LOD 的基础上,对大规模场景进行不同层次和粒度的剖分,采用树状的分层 LOD 存储的一组对象的细节层次的集合。传统的四叉树结构仅在叶节点中存储管理对象,而自适应四叉树结构扩展了中间节点,将不同尺度的模型存储在四叉树相应层次的节点中。叶节点存储最精细的模型,中间节点存储其对应分支(子节点的集合)的简化模型或者子节点中视觉上最重要的模型(如标志性建筑物),根节点存储整个场景的最简化的模型。

在大尺度视角范围浏览时,由于视觉感知能力的制约,观察者无法分辨目标对象的细节特征,因此高分辨率细节特征不需要被表达,只需要渲染相对简化的模型;随着观察距离逐渐缩小,观察者对高分辨率细节特征逐渐敏感,低分辨率的简化细节无法满足观察者的视觉需求,此时需要根据视点参数加载更为精细的高分辨率特征模型。因此,可以根据屏幕渲染范围内瓦片距离视点相机的远近程度,对其设置不同的 LOD 层级进行渲染,距离相机较近的瓦片选择精细度较高的层级渲染,反之则选择较低的层级渲染。即,视点相关的 HLOD 调度是根据当前的视点参数,在给定屏幕误差阈值范围内,对场景层次进行逐步遍历,动态选择满足误差要求的 LOD 模型瓦片的过程。

1. 空间屏幕误差

为了判断所需渲染瓦片的精细化程度,本书采用屏幕空间误差(Screen - Space Error,SSE)作为指示参数。它将目标对象的空间误差投影到屏幕上,根据设定的空间屏幕误差阈值来确定当前需要绘制的场景的精细程度。在计算机图形学中,三维模型最终要投影变换到二维屏幕上渲染显示,SSE 的大小一方面受几何误差的影响,另一方面也受视点距离和角度的影响,而影响渲染瓦片的选取的因素主要包括观察物体的远近以及建筑物模型的三维几何特征(形状、尺寸、高度)等视觉感知参数。因此,可以认为屏幕空间误差是确定物体视觉感受的最重要指标,本章中以屏幕空间误差作为分层 LOD 瓦片选取的依据,屏幕空间误差计算公式为

$$\rho = \frac{\varepsilon x}{2d\tan\dfrac{\theta}{2}}$$

如图 5 - 21 所示,屏幕空间误差 ρ 与三维模型至观察者之间的距离 d、视锥体宽度 w、视椎体夹角 θ、三维模型的几何误差 ε、三维模型在显示器上占据的像素个数 x 之间存在相应的数学几何关系。

每级瓦片的 maxError 的具体计算为

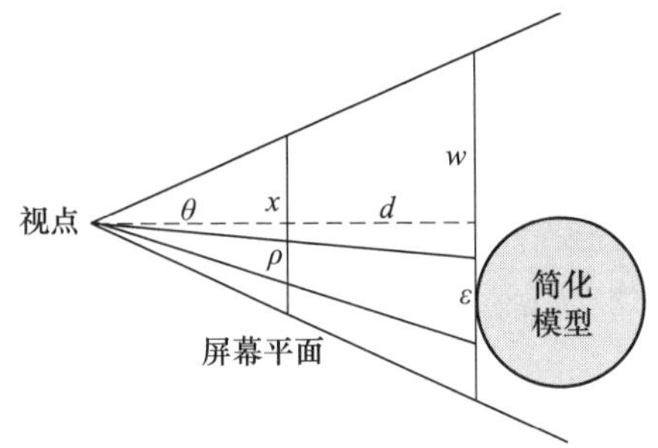

图 5-21 屏幕空间误差示意图

$$\begin{cases} \text{maxSSE} = \dfrac{\text{maxSSE}_0}{2^{\text{level}}} \\ \text{maxSSE}_0 = \dfrac{2\pi R_{\max} Q}{W} \end{cases}$$

式中：maxSSE_0为根节点瓦片的最大空间屏幕误差阈值；level 为瓦片层级数；$R_{\max}$为地球的长半径；Q 为三维目标的精度；W 为瓦片的大小。

同时，本书将屏幕空间误差的 SSE 设定为某固定像素大小。当对某个瓦片进行空间屏幕误判断时，只需要将其屏幕误差 ρ 与 SSE 进行对比。若 $\rho < \text{SSE}$，渲染当前瓦片；若 $\rho > \text{SSE}$，则需要请求并渲染更为精细的子瓦片。

2. 剔除与遮挡算法

(1) 视椎体剔除。

在可视化海量三维模型时，调度系统需要能够快速确定视域场景中需要渲染的对象，如地形、建筑物瓦片等，并剔除不可见的对象。该目标一般通过视椎体剔除实现。视椎体模拟人眼观察范围的一个截头椎体[32]，该椎体包含六个裁剪平面，通过计算目标对象分别与各个裁剪面进行位置关系，判断其是否存在可见的范围内。通过视锥体对空间数据进行剔除是一种常见、有效的方法，一个视椎体模型如图 5-22(a)所示。

在视锥体剔除过程中，三维模型可通过其最小包围盒与视锥体的几何运算来判断空间关系。这个过程需要使用包围盒的六个面与视锥体的六个裁剪面进行位置关系判断，一个简化计算的思路是采用更为简单的包围球，利用球体的各向对称性，利用判断球心至各个裁剪面的距离与包围球半径的关系，简化计算复杂性、加快裁剪效率。

设三维模型的包围球半径为 R，球心至每一个裁剪面的距离为D_i，$i \in [0, 5]$，两者的关系(P_i)可通过距离判断得到：

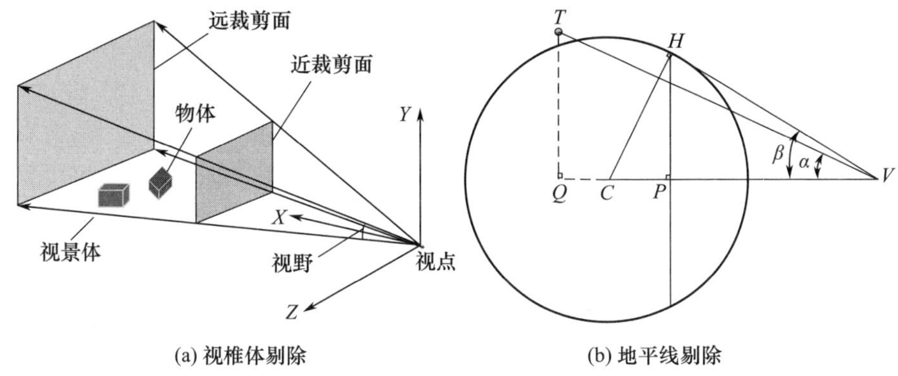

图 5-22 剔除与遮挡算法

v—视点；C—地球中心；H—地平面点；T—地物点；P—VH 在 VC 上的投影点；Q—VT 在 VC 上的投影点。

$$P_i = \begin{cases} \text{inside}, |D_i| < R \\ \text{intersection}, D_i \geqslant -R \\ \text{outside}, D_i \geqslant -R \end{cases}, i \in [0,5]$$

在计算外包球与视椎体裁剪面的相交情况中，若 $\forall P_i = \text{outside}$ 时，即可判定该三维模型位于视锥体之外，需要对其进行剔除；否则即可判定三维模型与视椎体相交或被其包含。

(2) 地平线遮挡。

除了视锥体裁剪，还有另一种重要的裁剪方法就是地平线剔除。地平线剔除是指当前视角范围内存在被地球模型自身遮挡[33]，不需要进行渲染而需要将其剔除出渲染队列。可视化大尺度大范围三维对象时需利用地平线进行遮挡判断，剔除被地球自身遮挡的三维对象，以进一步降低三维对象的绘制数量。如图 5-22(b)所示，地平线剔除点必须满足两个条件：

① VT 在 VC 上的投影长度 VQ 的必须大于 VH 在 VC 上的投影长度 VP。

② $\angle TVC$ 的夹角 α 必须小于 $\angle HVC$ 的角度 β。

设 $\|\overrightarrow{X}\|$ 表示线段 X 的长度，通过勾股定理及三角形相似性可知：

$$\|\overrightarrow{VH}\|^2 + \|\overrightarrow{HC}\|^2 = \|\overrightarrow{VC}\|^2$$

$$\frac{\|\overrightarrow{PC}\|}{\|\overrightarrow{HC}\|} = \frac{\|\overrightarrow{HC}\|}{\|\overrightarrow{VC}\|}$$

为简化该推导过程，将地球视为单位圆球，即 $\|\overrightarrow{HC}\|^2 = 1$，则

$$|\overrightarrow{VP}\| = \|\overrightarrow{VC}\| - \frac{1}{\|\overrightarrow{VC}\|}$$

由于 $\|\overrightarrow{VQ}\| = \|\overrightarrow{VT}\| \cdot \|\overrightarrow{VC}\|$,当 T 位于 H 点右侧时 $\|\overrightarrow{VQ}\| > \|\overrightarrow{VP}\|$,得

$$\|\overrightarrow{VT}\| \cdot \|\overrightarrow{VC}\| > \|\overrightarrow{VC}\| - \frac{1}{\|\overrightarrow{VC}\|}$$

化简可得

$$\|\overrightarrow{VT}\| \cdot \|\overrightarrow{VC}\| > \|\overrightarrow{VC}\|^2 - 1$$

即当点 T 满足上式时,可判定其在地平面之后,接下来则验证点 T 是否同时位于由 $\angle TEC$ 构成的视锥体内部。设 $\angle HVC = \alpha$, $\angle TVC = \beta$。夹角角度在区间 $[0, \pi/2]$ 内,则 $\cos\beta > \cos\alpha$ 时,可以认定判断该点在内部,由几何关系得

$$\cos(\beta) > \frac{\|\overrightarrow{VH}\|}{\|\overrightarrow{VC}\|}$$

由 VT 与 VC 两向量之间的夹角计算公式得

$$\cos(\beta) = \frac{\overrightarrow{VT} \cdot \overrightarrow{VC}}{\|\overrightarrow{VT}\| \; \|\overrightarrow{VC}\|}$$

$$\frac{\|\overrightarrow{VT}\| \cdot \|\overrightarrow{VC}\|}{\|\overrightarrow{VT}\|} > \|\overrightarrow{VH}\|$$

等式两边平方,代入 $\|\overrightarrow{VH}\|^2 = \|\overrightarrow{VC}\|^2 - 1$ 得

$$\frac{(\|\overrightarrow{VT}\| \cdot \|\overrightarrow{VC}\|)^2}{\|\overrightarrow{VT}\|^2} > \|\overrightarrow{VC}\|^2 - 1$$

当判定点 T 在地平面之后,且点 T 满足该式时,即判断其为地平线遮挡点。

3. 混合 LOD 化简

在对大规模三维场景的可视化中,通常采用 LOD 的方式对距离远的对象采用低精细度模型,距离近的对象采取高精细度模型。通过不同细节层次的选取,可以减少所需绘制的数据内容和模型细节,降低计算机对模型数据的处理绘制压力,提高可视化的效率。表 5-6 所示为以 CityGML 模型为例对不同细节层次的描述,图 5-23 所示为其可视化表现。但采用该种 LOD 划分方式的模型数据复杂,需要在建模时预先生成不同细节层次的模型,在实际操作过程中耗费大量人力物力,且在可视化过程中存在不同层级模型的跳变,影响可视化效果。因此,在面向可视化的应用中,为保证不同层级模型的平滑过渡,可以采取网格简化的方法,采用自底向上的网格简化方法,动态生成不同细节层次的模型数据。

表 5-6 CityGML 模型中不同细节层次的描述

细节层次	描述
LOD0	模型底面轮廓
LOD1	模型包围盒
LOD2	带有屋顶信息的模型包围盒
LOD3	带外部细节信息的模型
LOD4	带内部细节信息的模型

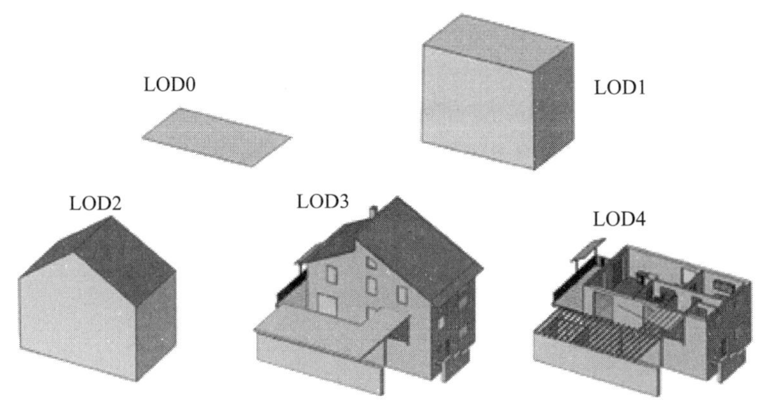

图 5-23 CityGML 模型中不同细节层次效果

目前常用的网格简化算法主要有两类:基于保真度的简化和基于预算的简化[34]。基于保真度的简化方法为简化模型定义了一个保真度约束参数,表达简化后的模型与原始模型之间差别的程度,通过对保真度参数的优化和选取完成模型简化。基于预算的简化方法预先给定简化模型的最大三角形个数,在约束范围内最大程度减小简化误差。但采用该方法的简化误差往往不受用户控制,因此在实际应用中还是较多采用基于保真度的方法简化几何模型。

基于保真度的简化算法大致可分为顶点聚类法、顶点删除法和边折叠法三类。由于城市建筑模型外部形状一般较规则,具有较多的尖锐边角部分,简化结果需要满足简化效率和保真度的需求,顶点聚类法对于该任务适应性最好。因此,可采用基于顶点聚类的方法对城市三维建筑模型进行简化。

在同一场景中,物体具有近大远小的一般规律。当从远点观察时,距离视点较远的顶点集合在图像上只能体现为一点,因此可以考虑将顶点集合中不会渲染的顶点剔除,以一个新的顶点代替整个集合。顶点聚类的方法就借鉴了这种思想，如图 5 – 24 所示，聚类过程首先确定顶点间的空间临近程度，然后对于彼此邻近的顶点，以一个新的顶点代替。确定两个顶点的空间临近程度也间接确定了三角网格的临近程度，当两个相邻三角网格的共享顶点被聚类成一个点时，这两个三角网格可以用一条边代替，进而与其他三角网格组成新的三角网格，最终实现网格简化的效果。其中，通过改变聚类单元大小，还可以生成不同 LOD 的简化模型。

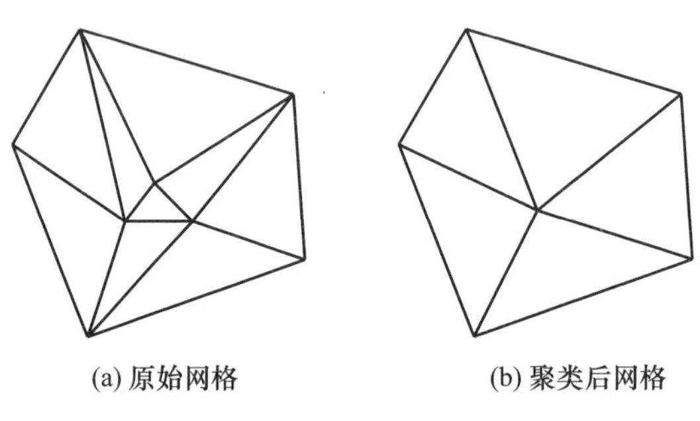

图 5 – 24　顶点聚类示意图

顶点聚类网格简化算法的基本思想最早由 Rossignac 于 1993 年提出并实现[35]。原始算法采取的简单的加权平均方法生成新顶点，未能较好地控制误差，导致生成的简化模型质量不高。Kok – Lim Low 等定义了原始顶点的重要度，更好地保持了原模型的特征和不同 LOD 简化模型的一致性[36]，改进了顶点聚类方法的效果。周昆等采用八叉树对网格进行自适应划分，给出了一种基于点到平面距离的有效的误差控制方法[37]。Lindstorm 采用 QME 误差度量指导代表顶点的选取，简化效果较好[38]。

4. Web 端三维模型渲染结果

通过对数据进行三维瓦片金字塔组织和 LOD 模型简化处理，可以控制每个瓦片中的模型的数据量大致相当。因此，渲染性能与当前绘制的模型个数有关，模型数量越少平均帧率越高，其性能也越好。而且该处理保证了低层级瓦片中的模型数量大但简化程度高，平均每个模型对象的数据量较小；高层级瓦片模型数量小但简化程度低，平均每个模型对象数据量较大。由于绘制完成时间很大程度上受数据 I/O 的影响，传输数据量越大，绘制时间相应越长，平均帧率也相对较低。因此，通过上述控制，模型的数据传输量可以保持在不同帧之间波动较小，保证了前端绘制性能的稳定性。同时，通过地平线剔除算法和 LOD 处理降低了整体数据规模，保证了可视化的稳定性。图 5 – 25 展示了大规模三维模型前端可视化效果。

图 5-25　人工建模模型可视化效果图

参考文献

[1] Liu Z, Jiang B, Heer J. imMens: Real - time Visual Querying of Big Data[J]. In Computer Graphics Forum. 2013, 32(1). 421 - 430.

[2] Lins L, Klosowski J T, Scheidegger C. Nanocubes for Real - time Exploration of Spatiotemporal Datasets [J]. IEEE Transactions on Visualization and Computer Graphics, 2013, 19(12): 2456 - 2465.

[3] Pahins C A, Stephens S A, Scheidegger C, et al. Hashedcubes: Simple, Low Memory, Real - time Visual Exploration of Big Data[J]. IEEE Transactions on Visualization and Computer Graphics, 2016, 23(1): 671 - 680.

[4] Li F, Yao B, Tang M, et al. SpatialApproximate String Search[J]. IEEE Transactions on Knowledge and Data Engineering, 2012, 25(6): 1394 - 1409.

[5] Wang L, Christensen R, Li F, et al. Spatial Online Sampling and Aggregation[J]. Proceedings of the VLDB Endowment, 2015, 9(3): 84 - 95.

[6] Siddique A B, Eldawy A, Hristidis V. Comparing Synopsis Techniques for Approximate Spatial Data Analysis [J]. Proceedings of the VLDB Endowment, 2019, 12(11): 1583 - 1596.

[7] Doraiswamy H, Freire J. A GPU - friendly Geometric Data Model and Algebra for Spatial Queries [C]. ACM-SIGMOD. Portland: ACM, 2020: 1875 - 1885.

[8] 田野, 向宇, 高峰, 等. 利用 Pictometry 倾斜摄影技术进行全自动快速三维实景城市生产——以常州市三维实景城市生产为例[J]. 测绘通报, 2013(2): 59 - 62.

[9] Remondino F. Heritage Recording and 3D Modeling with Photogrammetry and 3D Scanning[J]. Remote Sensing, 2011, 3(6): 1104 - 1138.

[10] 刘旭春, 丁延辉. 三维激光扫描技术在古建筑保护中的应用[J]. 测绘工程, 2006, 15(1): 48 - 49.

[11] Verma V, Kumar R, Hsu S. 3D Building Detection and Modeling from Aerial LIDAR Data[C]. Computer Vision and Pattern Recognition. New York: IEEE, 2006: 2213 - 2220.

[12] 张国宣, 韦穗. 虚拟现实中的 LOD 技术[J]. 计算机技术与发展, 2001, 11(1): 13 - 16.

[13] 梁健,李飞雪,李满春. 基于 Internet 的网络地图交互制图实现研究[J]. 计算机应用与软件,2008(1):85-87.
[14] 赵忠君,赵飞. 在线地图的交互可视化设计研究[J]. 测绘通报,2011(7):24-26.
[15] 杨现坤,崔伟宏. 基于数据库综合和 SVG 的网络制图综合系统研究[J]. 计算机应用,2009,29(1):201-204.
[16] Yue P, Gong J, Di L, et al. Web and Wireless Geographical Information Systems[J]. Lecture Notes in Computer Science, 2015, 5886(3-4):235.
[17] 薛纯. 基于 Hadoop 和 Mapnik 的矢量数据渲染技术研究[D]. 兰州:兰州交通大学,2015.
[18] 宋关福,钟耳顺,李绍俊,等. 大数据时代的 GIS 软件技术发展[J]. 测绘地理信息,2018,43(1):1-7.
[19] Leutenegger S T, Lopez M A, Edgington J. STR: A Simple and Efficient Algorithm for R-tree Packing[C]//Proceedings 13th International Conference on Data Engineering, Birmingham. UK: IEEE, 1997, 497-506.
[20] García R Y J, López M A, Leutenegger S T. AGreedy Algorithm for Bulk Loading R-trees[C]. In Proceedings of the 6th ACM International Symposium on Advances in Geographic Information Systems. Washington: ACM, 1998:163-164.
[21] Eldawy A, Mokbel M F, Jonathan C. HadoopViz: A MapReduce Framework for Extensible Visualization of Big Spatial Data[C]. 2016 IEEE 32nd International Conference on Data Engineering (ICDE). Helsinki: IEEE, 2016:601-612.
[22] Yu J, Zhang Z, Sarwat M. Geosparkviz: a Scalable Geospatial Data Visualization Framework in the Apache Spark Ecosystem[C]. Proceedings of the 30th International Conference on Scientific and Statistical Database Management. Bozen-Bolzano: ACM, 2018:1-12.
[23] Beil C, Kolbe T H. Citygml and the Streets of New York - a Proposal for Detailed Street Space Modelling[J]. ISPRS Ann. Photogramm, Remote Sensing and Spatial Information Sciences, 2017, Ⅳ-4(W5):9-16.
[24] Staso U D, Prandi F, Soave M, et al. 3D Web Visualization of Huge CityGML models[J]. The International Archives of the Photogrammetry, Remote Sensing and Spatial Information Sciences, 2015, XL-3(W3):601-605.
[25] Klaus Häming, Peters G. The Structure-from-motion Reconstruction Pipeline: A Survey with Focus on Short Image Sequences[J]. Kybernetika, 2010, 46(5):926-937.
[26] Khronos Group. glTF[EB/OL]. [2014-05-04]. https://github. Com/KhronosGroup/glTF.
[27] 霍亮,杨耀东,刘小勇,等. 瓦片金字塔模型技术的研究与实践[J]. 测绘科学,2012,37(6):146-148.
[28] 朱光,杨耀东. 静态多分辨率层次模型技术的研究与实践[J]. 测绘通报,2014(2):55-58.
[29] 艾丛,霍亮. 一种面向元数据的三维空间数据模型组织方法[J]. 测绘与空间地理信息,2016,39(5):149-151.
[30] 刘恒飞,刘纪平,王勇,等. 格网划分与四叉树相结合的海量建筑物数据组织与调度[J]. 测绘通报,2010(11):4-6.
[31] 朱庆,陈兴旺,丁雨淋,等. 视觉感知驱动的三维城市场景数据组织与调度方法[J]. 西南交通大学学报,2017,52(5):869-876.

[32] 于荣欢,宋汉辰,吴玲达. 数字地球上的可见性剔除算法[C]. 智能CAD与数字娱乐学术会议. 上海:中国图形图像学会,中国人工智能学会,2007.

[33] 黄翔. 大规模复杂场景可见性判断及剔除技术研究与实现[D]. 成都:电子科技大学,2010.

[34] 刘艳丽. 虚拟城市中三维建筑物模型的简化算法[D]. 武汉:华中科技大学,2005.

[35] Rossignac J,Borrel P. Multi - resolution 3D Approximations for Rendering Complex Scenes[J]. Journal of Trauma & Dissociation the Official Journal of the International Society for the Study of Dissociation,1993,7(1):5 - 18.

[36] Kok - Lim L,Tiow - Seng T,et al. Model Simplification using Vertex - clustering[C]. Symposium on Interactived Graphics Providence. Rhode Island:ACM,1997:75 - 82.

[37] 周昆,潘志庚,石教英. 一种新的基于顶点聚类的网格简化算法[J]. 自动化学报,1999,25(1):1 - 8.

[38] Lindstrom P. Out - of - core Simplification of Large Polygonal Models. [C]. ACM SIGGRAPH. New Orleans:ACM,2000:259 - 262.

第6章　高性能GIS平台

本章以国防科技大学研制的高性能地理信息系统平台HiGIS为例，介绍高性能GIS的平台架构、数据管理、并行计算以及并行绘制引擎。

6.1　平台架构

6.1.1　资源描述模型

GIS应用资源包含空间数据、地理计算分析程序、应用流程三个部分。

高性能GIS平台资源的范畴被界定为包括并行地理计算算法工具程序、各类地理空间数据集，以及由若干程序与数据集组合而成的复合应用在内的、能够为客户端用户提供计算与数据服务的资源。从概念上，将这些资源统称为应用(Geoapp)。应用可以包含一些配置信息(Appoption)。从应用派生出工具(Tool)，数据(Geodata)和复合应用(Model)[1]。其中工具是指常用的地理分析工具，如数据转换工具、矢量、栅格、地形分析工具、空间统计工具、地理智能分析工具等，数据主要是指用来表示空间实体的位置、形状、大小及其分布特征诸多方面信息的数据，可以用来描述来自现实世界的目标，具有定位、定性、时间和空间关系等特性。空间数据的组织模型通常包含场模型、要素模型和网络模型。其中，使用得较为普遍的是场模型中的栅格数据模型和要素模型中的矢量数据模型。复合应用通常需要工具和数据的组合完成复杂的地理计算流程。

从语义上看，工具作为一种应用是自然可接受的；而数据作为一种应用的语义则在于数据同样可以对外提供服务，并且能够以调用某个默认的处理程序来执行。复合应用与应用抽象基类和程序、数据两个具体类之间构成了一个组合模式(Composite Pattern)，它能够良好表达工具与工具复合、工具与数据复合以及数据与数据复合等实际应用中存在的具体案例。上述关系可由图6-1表达。

资源模型的设计决定了服务器对地理计算算法库和地理空间数据仓库的组织形式，也明确了算法与空间数据元数据库的逻辑模型。它为客户端对算法与数据进行高效检索与更新等操作提供了基础。

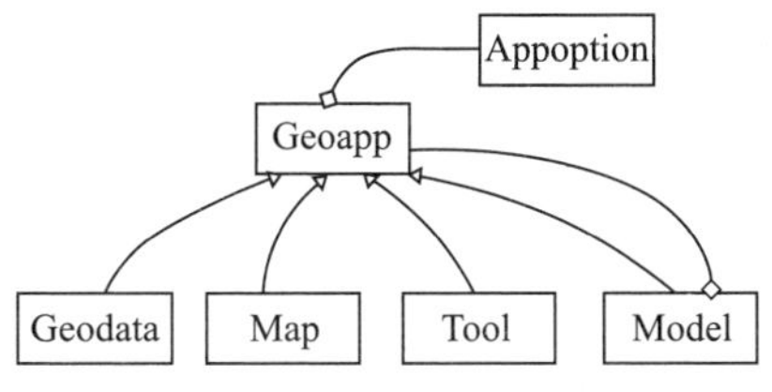

图 6-1 高性能 GIS 资源描述模型

6.1.2 软件功能架构

高性能 GIS 软件系统采用网络服务模式功能体系架构,分为服务端软件和客户端软件两大部分,总体功能架构如图 6-2 所示。

高性能 GIS 服务端软件通常是基于高性能服务器集群实现时空大数据管理、并行化地理计算分析、并行地图实时制图、三维时空数据可视化等 GIS 核心功能的服务器软件。主要作用是,通过可灵活组装的网络化 GIS 软件服务形式,为客户端 GIS 应用提供高性能高并发的多元化 GIS 功能服务,支持构建面向大数据量、复杂数据类型的地学数据综合处理分析的网络化应用。

为有别于面向业务应用的高层次 GIS 服务,高性能 GIS 核心服务的软件称为高性能 GIS 服务引擎软件,由五大服务模块构成,分别是:

(1) 数据服务引擎。简称数据引擎(Hipo),主要提供大数据量、复杂数据类型的地理时空大数据、海量位置数据及其关联数据的存储管理与高性能高并发访问功能。主要包含时空数据管理、空间数据管理、数据资源管理、算法资源管理、地图管理、目录管理、标签管理、空间信息检索、空间数据库、内存空间数据库、地图库、地图符号库、地图样式库、地图模版库、数据编目库、算法编目库、分布式文件系统、并行文件系统、地理时空数据导入导出等功能模块。数据服务引擎的公共功能被封装为服务接口形式对外发布,支持客户端调用。

(2) 地理计算服务引擎。简称计算引擎(Higine),主要提供多任务、多用户情况下地理计算算法及流程的资源分配、运行调度、状态监控、执行控制等功能。主要包含计算流程模型构造器、解释器、执行器、优化器、算法注册管理等功能模块,以及 MPI、Spark 等高性能地理计算基础执行环境。地理计算服务引擎的公共功能被封装为服务接口形式对外发布,支持客户端调用。

(3) 地理制图与可视化服务引擎。简称制图引擎(Hiart),主要提供基于高性能服务器集群的地理时空大数据实时制图与可视化功能服务,主要包含地图并行绘制、样式渲染、制图领域专用语言编码与解析、协同制图、制图综合等功能服务,以及地图瓦片、导入导出等基础功能服务。地理制图与可视化服务引擎的

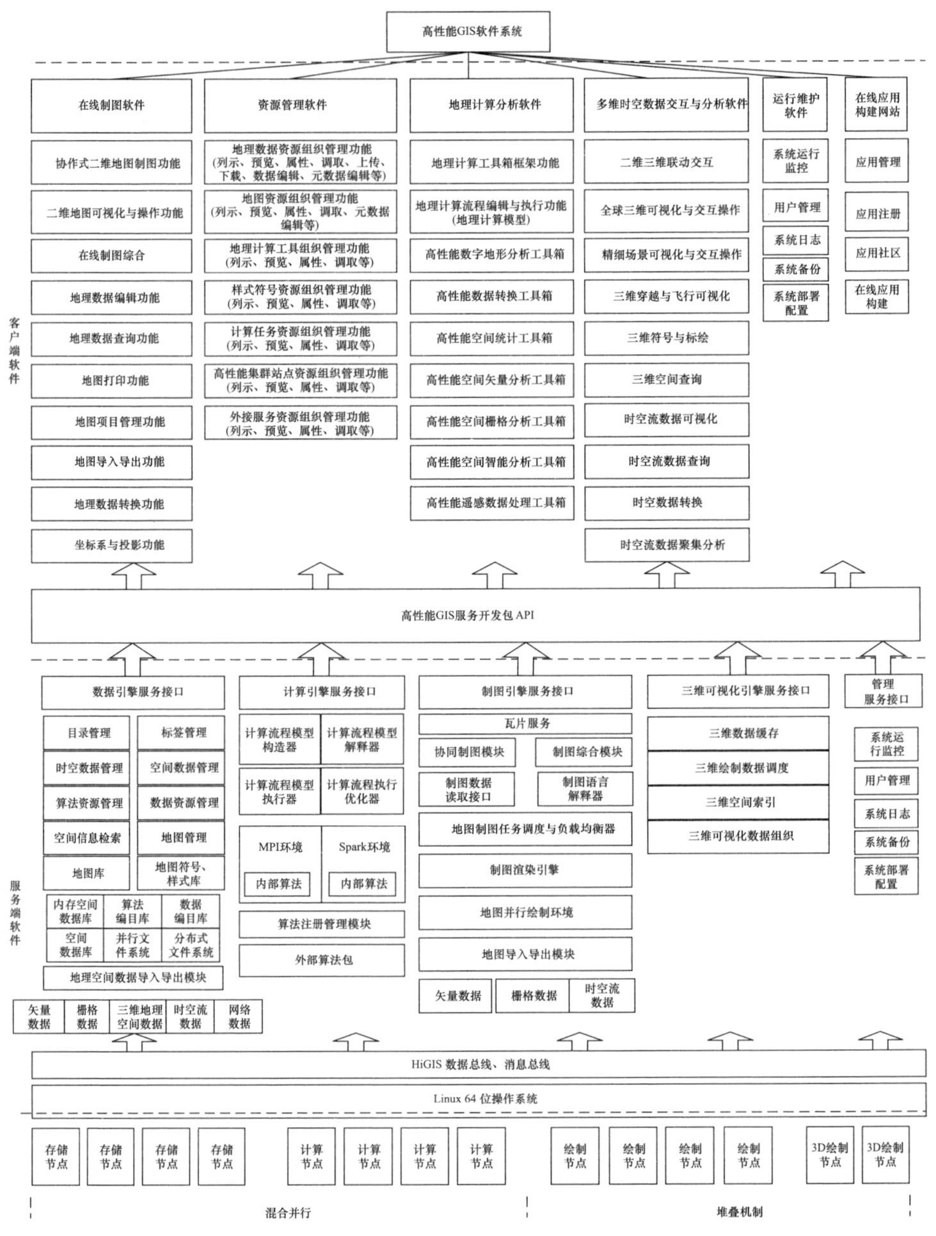

图 6-2 高性能 GIS 软件系统功能架构

公共功能被封装为服务接口形式对外发布,地图数据被封装为栅格瓦片和矢量瓦片服务接口形式对外发布,供客户端调用。

(4) 三维可视化服务引擎。简称三维可视化引擎(Hiact),主要提供基于高性能服务器集群的三维地理空间服务器可视化功能服务，主要包含三维并行绘制、三维绘制数据调度、三维瓦片等功能。三维可视化服务引擎的公共功能被封装为服务接口形式对外发布，三维可视化数据被封装为三维瓦片服务接口形式对外发布，供客户端调用。

（5）管理服务。简称 Himan，主要提供整个高性能 GIS 软件系统运行与应用的管理功能，主要包含系统运行监控、用户管理、系统日志、系统备份、系统配置部署等功能服务。管理服务通过专用协议服务接口形式对外发布，供管理客户端调用。

高性能 GIS 客户端软件是面向用户终端平台实现的在线地图浏览、自适应地图制图、时空大数据管理、地理计算分析、三维时空数据可视化等地理信息管理分析操作功能的交互软件。主要作用是：提供通用化操作界面，为用户方便使用高性能 GIS 软件系统的数据资源、地理计算资源、地图资源等提供人机交互工具。高性能 GIS 客户端软件主要包括在线制图软件、资源管理软件、地理计算分析软件、多维时空数据交互与分析软件、软件系统运行维护软件，以及用于支持在线应用构建的在线应用构建网站系统。

高性能 GIS 客户端软件将主要基于高性能 GIS 服务开发包实现。高性能 GIS 服务开发包是面向主流编程语言的高性能 GIS 功能 API 开发库，它对数据服务引擎、地理计算服务引擎、制图引擎、三维可视化引擎等核心服务进行了语言封装，支持用户应用程序按照规范的编程接口进行调用，用于构建符合用户自主业务需求的服务化高性能地理信息应用程序程序和系统。两种面向互联网应用开发语言的开发包，分别是 Javascript 语言开发包和 Python 语言开发包。

由于高性能 GIS 的服务模块功能复杂，在服务调用与应用开发时，可以基于信息技术领域的微服务架构思想，以容器为服务部署的载体，将传统的 GIS 集成度高、功能复杂的应用拆分为多个可独立部署的微服务，实现高性能 GIS 更细粒度的弹性伸缩与灵活部署[2]。同时，微服务可以部署到容器而非虚拟机中，降低资源占用并可快速伸缩。通过高性能 GIS 容器的自动化编排技术，实现计算、存储和网络等信息基础设施的资源动态调度，使高性能 GIS 更高效，更弹性，更新更实时，运行更稳定，如图 6 - 3 所示。

所有的核心服务都可以采用分布式并行计算架构，垂直结构更加简洁，横向扩展更加方便。在微服务架构中，可以抽象出分布式服务层和基础设施层，多个分布的服务可以对应到不同的计算节点上。这样，支持基于互联网的应用模式更加鲜明，形成独立的 RESTful API 接口[3]。

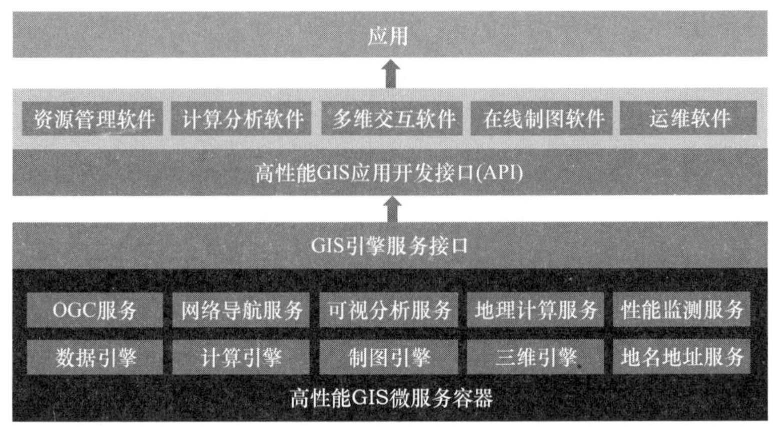

图 6-3　高性能 GIS 微服务架构

6.1.3　硬件部署环境

高性能 GIS 软件系统运行的硬件基础、网络基础,以及面对的数据管理、空间分析和地图可视化等功能问题都与传统 GIS 软件有质的区别。对于以分布式并行为特点的高性能 GIS 软件系统,其规模和复杂性比传统 GIS 软件要大得多,除了传统 GIS 软件研制中需要考虑的功能问题外,还需要考虑系统性能、可扩展性、可用性等更为复杂的问题。

基于硬件架构的高性能 GIS 平台,需要考虑包含高性能硬件体系架构、所运行支持的操作系统、文件系统、数据管理系统、任务调度系统以及其他相关系统等方面的技术。在硬件层要描述和定义支撑高性能 GIS 运行的硬件平台环境,以及面向不同应用环境的平台接入技术,用于保障高性能 GIS 在各种平台下的可靠运行。

因此,高性能 GIS 平台硬件总体架构包括以下几个要素:

(1) 地理计算集群(GeoComputation Cluster)。运行地理计算并行算法的高性能计算集群,为整个平台提供计算服务。主要特点是由多台多核服务器节点组成,节点间通过高速网络互联,并与其他三组集群高速互连。各节点 CPU 核数目较多,主频较高,内存容量较大。其中有一个主计算节点 MCN(Master Compute Node),用于接收计算作业、在普通计算节点间调度分配计算任务、监控计算过程和进行异常处理等。其他节点作为普通节点,参与地理并行计算。

(2) 空间数据集群(Spatial Data Cluster)。存储和组织平台中各类地理空间数据的高性能集群,为整个平台提供空间数据访问服务。主要特点是由多台多核服务器节点组成,节点间通过高速网络互联,并与其他三组集群高速互联。该集群中节点的内存较大，外存访问速度快、容量大。其中有一个主数据节点 MDN(Master Data Node)，用于统一接收 I/O 访问请求，并转发至其他数据节点进行 I/O 访问，同时，该节点也存储整个数据集群的数据组织目录，记录了所有数据在集群中的分布存储情况。

(3) 地理可视化集群(Geographic Data Rendering Cluster)。对集群中存储和处理的地理空间数据进行可视化和地图绘制的高性能集群，为整个平台提供交互式制图服务。主要特点是由多台带有 GPU 处理器的多核服务器组成，节点间通过高速网络互联，并与其他三组集群高速互联。该集群中有一个主绘制节点 MRN(Master Rendering Node)，用于统一接收平台的地理空间数据绘制请求，并负责将该请求按照负载均衡调度方法分发到其他绘制节点上去，实现整个集群绘制能力的最大化。

(4) 地理应用集群(Geographic Application Cluster)。对集群中数据、算法、地图资源进行整合，提供某种应用服务的集群。主要特点是采用分布式体系结构高可用集群。主要特点是由多台应用服务器组成，节点间通过高速网络互联，并与其他集群高速互联。该集群中有一个主控制节点 MAN(Master Application Node)，用于统一接收平台的应用服务请求，并负责将该请求按照负载均衡调度方法分发到其他应用节点上去，实现整个集群应用支持能力的最大化。

(5) 互联网络。对各集群及集群内节点进行互联的高速网络，一般可采用商用交换机搭建的高速以太、Infiniband 等网络，或专用集群网络，如 GigaNet、Myrinet 等。而接入网络则用于对外部应用终端进行接入，访问平台中数据、计算资源的工作网络。可采用普通速率的网络，如百/千兆以太网等。

(6) 终端。各类平台的应用终端，包括桌面计算机、平板类终端、手持类移动终端，以及采用平台开发接口构建的第三方应用系统等。

根据上述总体架构设计，高性能 GIS 平台一般的硬件部署架构如图 6 - 4 所示。

6.1.4 应用模式

高性能 GIS 与传统的 GIS 在体系架构上有很大的差异。数据管理、地理分析计算和可视化全部基于高性能的服务器完成。面对应用高性能 GIS 处理大规模地理计算任务的用户，在应用模式上也与传统使用方式有所区别。主要的应用模式如图 6 - 5 所示。

应用客户端通过 HTTP 访问接口，提交用户的任务请求，将其以作业的形式封装后转发给后台的地理计算引擎，在作业执行过程中向用户报告执行进度，在执行结束后向用户展示执行结果。根据后台地理计算引擎对客户端与服务器之间调

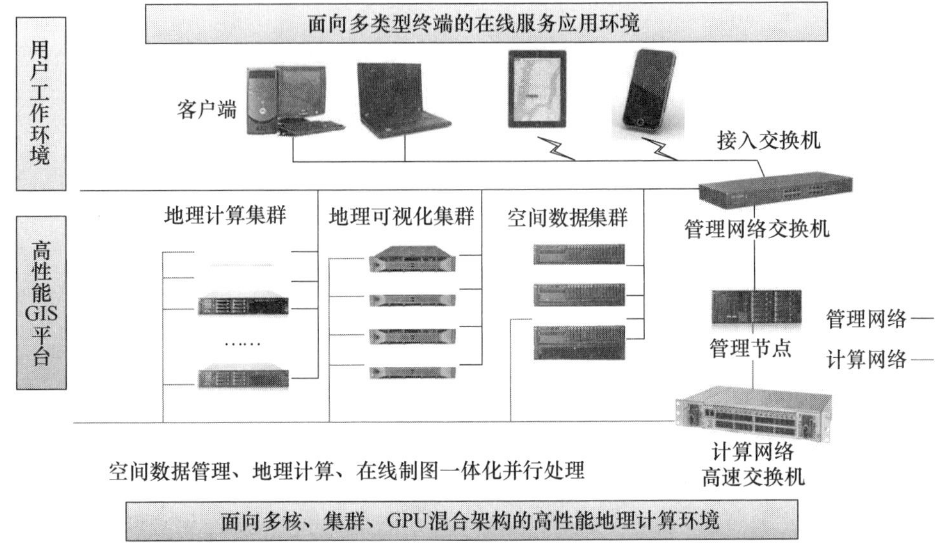

图 6-4　高性能 GIS 硬件部署环境

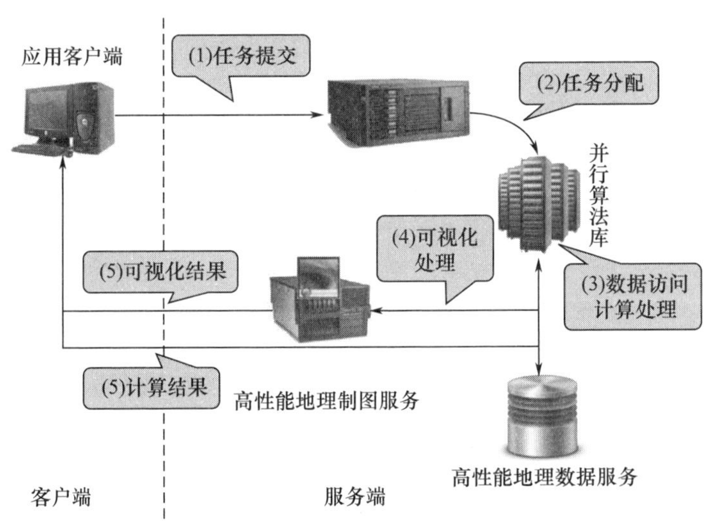

图 6-5　高性能 GIS 应用模式

用接口的定义,客户端完成对作业和作业流的封装,以及执行请求的发送。作业中包含了要调用服务器端哪个具体算法和执行该算法所需的参数等运行时信息。而作业流则包含了一批作业以及这些作业之间的相互依赖关系。计算引擎完成对任务的分配和资源调度[4]。在提交的任务中,如果涉及数据访问,由数据服务引擎提供支撑。在数据可视化方面,高性能的服务器可以实现对计算结果的快速可视化,如果计算结果无需可视化,也可以直接返回给应用客户端。在制图、标绘等需要大量交互的应用中,高性能 GIS 则主要在客户端完成这些交互任务。

6.2 数据管理引擎

6.2.1 地理空间数据存储架构

高性能 GIS 的应用特点表现为:“计算和 I/O 交织,操作与数据关联”。地理数据服务引擎的核心是提高地理数据的存取性能。此外,在高性能 GIS 的其他服务之间,也需要与地理空间数据进行共享和通信,这要求提供一个能够统一描述复杂地理空间数据的抽象数据模型,包括相关的数据结构与操作接口。

地理数据服务引擎的设计目标是:

(1) 屏蔽高性能计算和通信(协作)、地理空间数据访问等实现细节,形成高性能 GIS 应用的数据支撑框架[5]。

(2) 封装高性能数据结构、集成成熟的地理分析算法,形成时空大数据模型;加快地理空间数据检索,支持地理空间数据类型在高性能计算中的使用[6]。

地理数据服务引擎的功能视图面向两类用户:

(1) GIS 平台用户。为用户描述高性能 GIS 可供使用的地理资源,引擎应该支持用户上传、检索和下载地理应用资源等。

(2) 应用开发人员。为用户提供空间数据访问接口。引擎应该支持应用开发人员读写数据、查询数据以及在计算和流程中传递共享数据。

在实现方面的需求考虑如下:在复杂的数据结构表达方面,要能够支持对数据请求的表达,其中包括如何描述数据、数据集以及数据的过滤条件,能够支持对数据处理的表达,其中包括空间数据从外存到内存的映射,在内存中进行数据传递(计算节点间、应用流程间)。在高性能与高并发的结合方面,要能够支持数据处理高性能和数据访问高并发。重点解决以下问题:

(1) 以抽象的接口层作为体现。采用面向对象思想设计,借鉴开源空间数据模型 GDAL、OGR 等,以封装器方式支持多元地理空间数据及其关联关系的访问[7-8]。多时相遥感数据、时空数据流和三维模型数据的元数据,统一在时空大数据多元模型中表示,元数据存储在空间数据库集群中,数据可以采用内存空间数据库、NoSQL 空间数据库或文件系统等多种模式进行管理,通过各自的封装器,扩展 SQL 以完成对底层数据的统一访问。这样上层服务功能如应用资源注册、数据导入/导出、应用资源检索等,面对的是统一的数据引擎服务接口。

（2）解决外存到内存映射问题。访问空间数据、执行地理计算、地图制图与可视化都是通过服务接口访问，需要考虑访问数据时的高效存储调度和负载均衡机制。时空大数据多元模型的物理模型采用读写分离的分布式空间数据库集群实现。集群由一个读写（R/W）节点和 N 个只读（R）节点构成。R/W 节点可以执行数据的查询、读取、写入和更新操作，R 节点仅能执行数据的查询和读取。R/W 节点之间通过数据同步技术实现 R/W 节点数据到 R 节点的数据同步。集群由存储调度与负载均衡模块负责实现数据读写任务的调度，将用户查询请求分发到后端的 R 数据库节点之上，通过多个 R 数据库的并行处理来提高存储系统用户并发性。集群为 R/W 节点配置镜像节点，实现 R/W 节点的高可用性。当 R/W 主节点失效的情况下，备份节点立即接管主节点进行工作。

高性能 GIS 的数据服务引擎体系如图 6-6 所示。

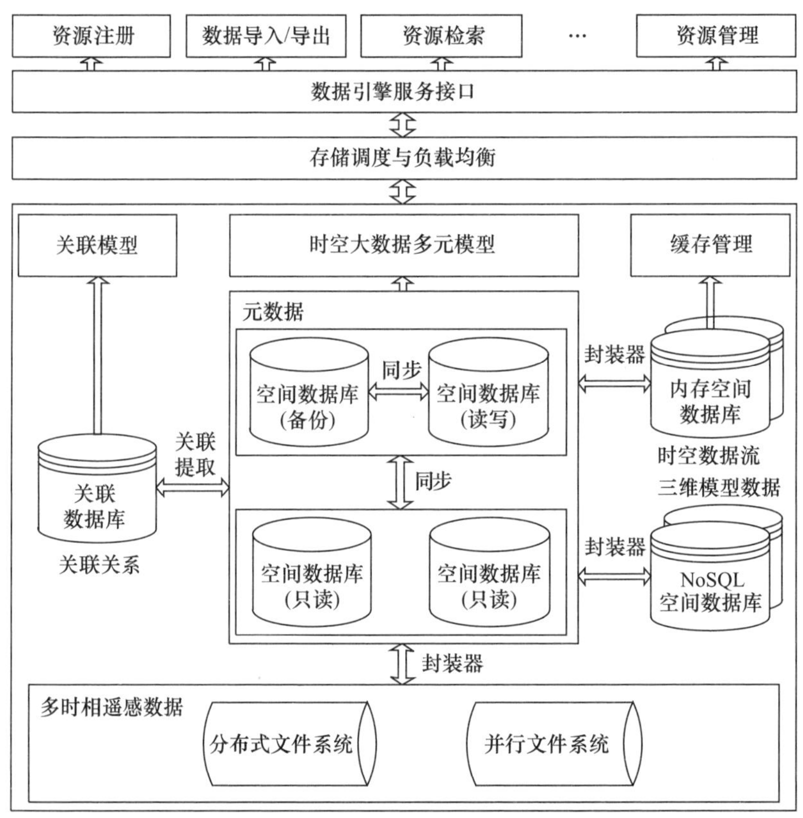

图 6-6　地理空间数据服务引擎体系

地理数据服务引擎在运行时对计算资源的需求量并不高，但是对并发性能和扩展能力要求高，以应对元数据定义的变化，因此设计目标：功能简明精炼，结构清晰，提供清晰的抽象分层，易于扩展和维护。在实现上将使用对象—关系映射框架简化数据库访问，降低对数据库结构的依赖。功能模块尽量不互相依赖，以插件方式实现对多元地理数据的管理。

在缓存体系架构方面，内存是常用的数据缓存介质，实际上数据缓存更加复杂。数据缓存一方面是利用高速存储设备缓存用户频繁访问的热点数据，避免频繁从低速设备读取数据造成的性能损失；另一方面是缓存计算结果，避免频繁重复计算造成的资源浪费和性能损失。数据缓存的基本思想是尽可能使热点数据存储在高速设备中和尽可能使数据离客户端近，同时需要良好的调度策略保证缓存内的数据是热点数据，并将访问频率比较低的数据及时清理出缓存。

对于高性能 GIS 来说，则需要构建多级缓存机制，来保证客户端能够尽可能快地获得热点空间数据。高性能 GIS 服务缓存分为客户端缓存、反向代理缓存、分布式应用缓存、数据库缓存和分布式文件系统缓存，如图 6－7 所示。

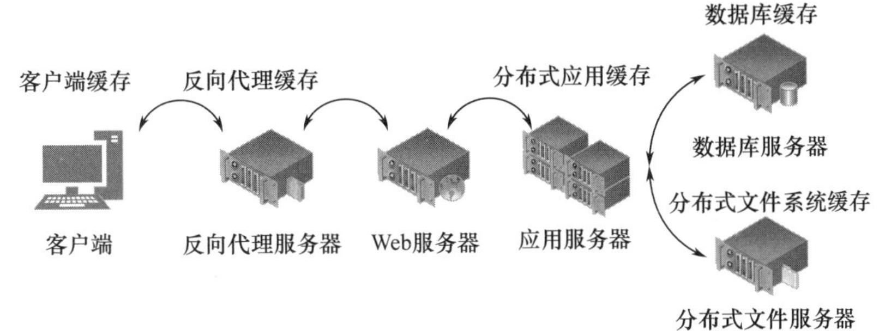

图 6－7　多级缓存体系结构

（1）客户端缓存。

最靠近用户效果也最好，直接避免了客户端对服务器数据的请求。客户端缓存空间数据缓存分为内存缓存和本地文件缓存两种。适合在客户端进行缓存的数据通常是静态的 HTML、Javascript、CSS、图片文件，还有栅格数据和三维系统中用到的数据量较大的 DEM 和模型数据等，这些数据都有一个共同的特点就是变化频率非常小。各类客户端工具软件可以设计和实现自己的客户端缓存策略，像一般的三维客户端都会选择缓存地形瓦片和模型数据，以获得更高的效率。

（2）反向代理缓存。

反向代理会以请求的 URL 为 key，将请求的结果为 value，以（key，value）对的方式缓存在反向代理中，以备下次访问直接使用。用户请求首先被反向代理截取请求，反向代理在缓存中检索请求是否被缓存。如果检索到，则直接从缓存中提取数据，并返回客户端；否则再将请求转发到 Web 服务器。反向代理缓存省去了大量的磁盘 I/O 和服务器计算操作，很大程度上提升了系统的吞吐量。

(3) 分布式应用缓存。

这是分布式应用服务器的缓存，也是核心业务逻辑的缓存之处，在应用服务器进行缓存的数据种类非常多，像栅格图片数据、使用频繁的矢量数据、用户权限数据、地址匹配结果数据、服务器流量监控状态数据、WFS 的 GetFeature 查询结果数据、WMS 的 GetMap 实时出图数据、SQL 的查询结果数据、数据库表中的记录、实时的 GPS 信号数据等，几乎只要能够涉及的数据都有可能在此处被缓存。此处缓存的数据量较大往往需要使用分布式缓存，此处的 key 需要根据缓存的内容和数据不同使用不同的 key 生成策略。

(4) 数据库缓存。

数据库中对于那些很少被修改但是经常频繁读取的数据进行缓存（如账号数据、使用频繁的空间索引数据、SQL 查询结构等），这些数据被缓存之后应用程序下次获取时，数据库直接从内存中把数据返回，不用再进行磁盘的读取操作，速度有了很大提升。

(5) 分布式文件系统缓存。

与数据库缓存类似，不过分布式文件系统缓存更为简单，就是对频繁读取的文件数据块缓存到内存，以获取更快的速度，一般服务器的操作系统都支持数据文件的缓存。

6.2.2 分布式空间数据库集群

为适应空间数据的爆炸式增长，分布式与数据库相结合的技术应运而生。分布式数据库系统是指数据在物理上分布在不同的计算机节点或者站点，但是其在逻辑上属于一个系统。分布式数据库的主要优点是能通过普通廉价的机器组成服务器集群，将数据分发至各个集群，同时通过容错技术来实现高效率、低成本以及可靠性。因此，分布式数据的结构不仅具备传统数据库的相关特点，其效率又高于传统数据库。高性能 GIS 平台中，分布式空间数据库集群主要用于存储大规模矢量数据和空间元数据，需要解决的关键问题包括空间数据的分片策略、并行导入方法和分布式查询算法[9]。

(1) 空间数据分片策略。

针对分布式空间数据库以及地理空间数据的特性要对数据划分进行重新设计。因为要满足集群节点的可扩展性，就要求数据的存储也必须支持分布式，这就要对一个概念上统一的空间数据集进行必要的数据块划分，再将各数据块分配到各节点上。分布式数据分块策略直接影响系统中数据存储节点的均衡、分布式查询优化，进而影响空间数据处理与分析的响应时间，因此选择合适的数据块划分方法是分布式内存空间数据管理至关重要的步骤。

数据分片又称数据划分，是利用一定策略将较大的数据分割成多个不相交的数据块，为数据的分布式存储及并行传输提供基础。良好的空间数据划分策略应满足逻辑的无缝保持性和空间对象的不分割性两个基本的原则。典型的空间数据分割方法主要是将整个空间区域分割成网格，并将空间对象根据其位置分配到不同的节点中。常用的空间数据分片策略有网格划分、空间填充曲线划分等。但是由于空间对象不均匀分布的现象非常普遍，单个空间对象可能与多个网格相交，造成了分配方式的复杂性。

因此，可以先根据单个空间对象的最小外包矩形框求出其质心，再对其质心使用 Geohash 算法得到其编码，对数据进行分片。图 6 – 8 显示的是对中国部分省市采取 Geohash 算法后所得到的编码值（编码长度设置为 8），从中可以看出，地理位置邻近的省市，其编码具有相同前缀。

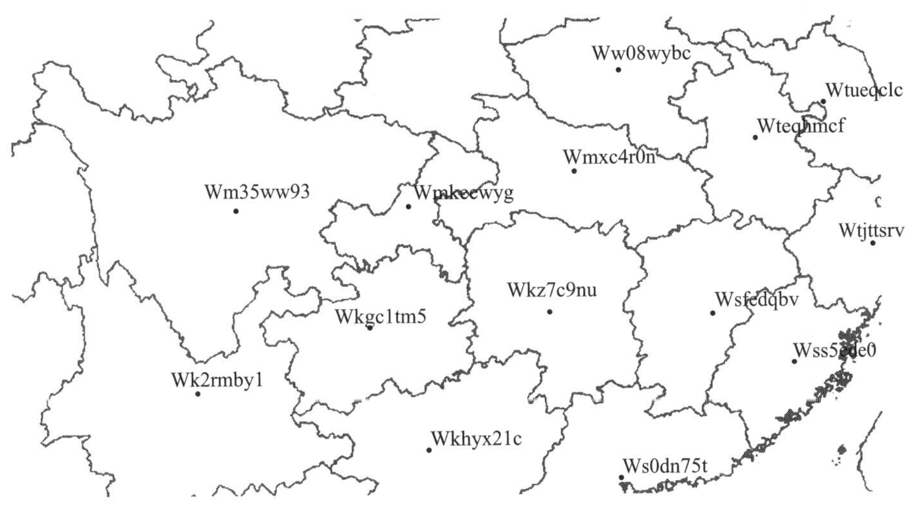

图 6 – 8　部分省市 Geohash 编码

根据 Geohash 算法可以对大数据集进行空间划分，利用集群对分片数据进行存储管理，当客户端向集群发送查询请求时，主节点将用户的请求分发到各个从节点上进行并行查询，从节点再将查询结果传回主节点，主节点接收返回的结果合并后提交给用户。

（2）空间数据并行导入方法。

对于单个较大的空间数据，相较于普通数据，其导入性能往往较低。为了解决这一问题，主要是把按照一定策略分成逻辑片段的数据，通过传统的轮询、哈希、范围等方法将分片合并，并行地传输至不同的物理节点上。轮询方法首先将分片按行编号，然后使用轮询算法将分片映射到不同的物理节点，哈希方法与轮询方法一样，先进行按行编号，再用哈希算法将分片映射到不同的节点上。但是，对于空间数据，使用轮询方法和哈希方法可能将处于地理邻近的分片映射到不同的节点中，不利于保持数据的空间邻近性。而范围划分，是先对记录进行排序，然后按照排序码将其划分成多个区域，并使得每个区域大致含有相同数目的记录。这能较好地保证在某一属性上，值相近的数据能处于同一节点中。利用范围划分方法的这一特点，通过对数据进行 Geohash 编码后，按照其值进行排序，根据范围划分的方法，通过程序将数据并行地分发至不同的物理节点，以提高大数据集的导入效率。上述方法保持了空间数据的地理特性，使得相近的空间数据尽可能分布在同一个物理节点中。而最终的分片个数主要是由 CPU 的核数确定，高效的算法应保证节点中每个 CPU 都发挥其作用。因此分片数目可估计为 CPU 核数的 2 ~4 倍。

（3）分布式空间查询处理算法。

对于分布式的空间数据库而言，它是由 N 台高性能计算机所构成的 N 个数据库节点，这些数据库节点构成并行的数据库服务器集群。但是对于客户端而言，则是作为一个整体提供空间数据库查询服务。以空间范围查询为例，它是给定多边形查询区域 R 和空间对象集 M，进行查询时就是查找 M 中所有与 R 相交或者被 R 包含的空间对象，其算法伪代码如下所列：

```
算法 6 - 1  Range - Query(M,R)
输入:空间对象集 M,查询区域 R
输出:返回 M 包含在查询区域中的总个数 count;
count = 0;
for(i = 0;i < Mnumber;i + + )   //对数据集中的每一条记录进行遍历查询
  if M(i) ∈ R//判定 M 中的第 i 条记录是否在查询区域 R 中
        count = count + 1;
return count   //返回 M 中在查询区域 R 内的总数
```

在分布式空间数据库中的并行处理空间范围查询主要是将集群分成一个主节点和若干个从节点，主节点不存储数据，只是用来存储数据的元数据信息，当主节点接收到命令后，并行地分发到从节点中，从节点在各自的数据库中执行主节点分发的命令，并将结果返回至主节点，由主节点将结果汇总后返回给用户。

6.2.3 内存空间数据库

内存数据库基于 key－value 结构和 GeoHash 编码进行存储[10－11]，分为数据库、空间数据集、数据图层和矢量要素四个层次。高性能 GIS 的内存空间数据库需要实现相应的空间编码、数据导入、空间索引创建等函数，主要函数说明如表 6－1～表 6－8 所示。

数据导入函数 SetGeom( )：负责单条矢量要素的插入。

表 6－1　SetGeom 函数结构

函数名称	SetGeom
参数 1(char* Dataset)	数据集
参数 2(char* key)	矢量要素的“主键”
参数 3(char* wkt)	矢量要素的几何信息，WKT 格式
返回值(bool)	成功返回 0，失败返回 1

批量数据导入函数 SetDataset( )：批量导入一个矢量数据集。

表 6－2　SetDataset 函数结构

函数名称	SetDataset
参数 1(char* Dataset)	要导入的数据集名称
参数 2(char* Tablename)	在 Redis 中存储时的数据集名称
返回值(bool)	成功返回 0，失败返回 1

矢量要素读取函数 GetGeom( )：根据给定的 key，从 Redis 中取出对应的矢量要素，根据参数，返回对应信息。

表 6－3　GetGeom 函数结构

函数名称	GetGeom
参数 1(char* Dataset)	数据集
参数 2(char* key)	要读取的矢量要素的“主键”
参数 3(char* attri1)	矢量要素的属性 1，可默认
参数 4(char * attri2)	矢量要素的属性 2，可默认
…	…
参数 n(char* attrin)	矢量要素的属性 n，可默认
返回值(FeatureNode)	返回获得的矢量要素信息

函数 GetDataset( )：获取给定数据集的所有要素的相关信息，根据指定的参数返回特定的属性，若属性参数全部默认，则全部返回。

表 6-4 GetDataset 函数结构

函数名称	GetDataset
参数 1(char* Dataset)	数据集
参数 2(char* attri1)	矢量要素的属性 1,可默认
参数 3(char* attri2)	矢量要素的属性 2,可默认
…	…
参数 n(char* attrin)	矢量要素的属性 n,可默认
返回值(FeatureNode)	返回所有矢量要素的指定信息

函数 geohash_binary_encode():对空间点进行指定长度的 Geohash 编码。

表 6-5 geohash_binary_encode 函数结构

函数名称	geohash_binary_encode
参数 1(double latitude)	坐标点的纬度
参数 2(double longitude)	坐标点的经度
参数 3(char* result)	计算得到的 geohash 编码
参数 4(int length)	geohash 编码长度(01 串长度)
返回值(bool)	成功返回 0,失败返回 1

函数 geohash_bbox_adapt_encode():针对二维空间对象(线、面、查询框)的自适应编码函数,返回空间对象对应的编码集。

表 6-6 geohash_bbox_adapt_encode 函数结构

函数名称	geohash_bbox_adapt_encode
参数 1(double lblat)	MBR 左下角坐标点的纬度
参数 2(double lblon)	MBR 左下角坐标点的经度
参数 3(double rtlat)	MBR 右上角坐标点的纬度
参数 4(double rtlon)	MBR 右上角坐标点的经度
参数 5(char*** Codeset)	计算得到的空间对象的编码集合
返回值(bool)	成功返回 0,失败返回 1

函数 gh_CreateSpatialIndex():对已经存储在 Redis 集群中的数据集创建 geohash 空间索引。

表 6-7 gh_CreateSpatialIndex 函数结构

函数名称	gh_CreateSpatialIndex
参数 1(char* Dataset)	要进行空间检索的数据集
返回值(bool)	成功返回 0,失败返回 1

函数 gh_GetGeomsByBox_Adapt( ):空间检索函数,给定一个空间范围(即查询框),返回所有在该范围内的矢量要素。

表 6-8 gh_GetGeomsByBox_Adapt 函数结构

函数名称	gh_GetGeomsByBox_Adapt
参数 1(char * Dataset)	要进行空间检索的数据集
参数 2(double * Box)	查询框坐标数组,包含查询框左下角和右上角的点的坐标
参数 3(int count)	符合查询条件的要素个数
返回值(ListNode * Result)	返回查询得到的矢量要素

6.2.4 分布式并行文件系统

随着对地观测技术的发展,地理空间栅格数据的规模日益增长,元数据信息也愈发丰富。传统的文件格式(如 TIFF、BMP、JPEG 等)结构单一,所有数据全部存储在同一个文件中,无法有效地表达出地理空间数据的完整信息。随着地理过程模型复杂程度的提高,伴随着数据密集型的特点,地理计算越来越呈现出计算密集型的特征。在高性能 GIS 的各种地学分析中,为了方便用户提取并处理栅格文件的具体元数据信息和图像数据,并支持大规模栅格数据的并行 I/O 操作,将现有栅格数据的元数据信息以及各个波段的图像数据,分别分解至不同二进制对象中。这样做的好处是,一方面实现了数据内容与表现的分离,方便用户根据自己的需求描述数据,也利于用户获取各种丰富的元数据,甚至修改元数据。例如,如果需要对某个栅格影像实施放大、缩小、压缩等处理,会涉及修改栅格文件的部分元数据信息。另一方面,各个波段的图像数据都分别写成专门的二进制对象,即 n 波段的栅格影像会对应 n 个记录图像数据的文件,对于一个大数据量的地理栅格数据,这种方式更容易支持在并行硬件环境中的分布式读取。

假设 GRDM(GeoRaster Data Model)模型是对地理栅格数据的抽象模型,GRDM 接口能够实现对影像数据的读取、显示和变换,下面是具体的提取方法:

地理栅格数据在 GRDM 中表示为一个 GRDM 对象,基于并行计算模型 MPI 来实现基本的函数,帮助用户提取栅格影像的相关信息。例如:

GRDM * grdm = (GRDM *) open(grdmFile, 'r')

用来打开一个 GRDM 对象,然后使用函数:

Band * band = grdm - > GetBand("1")

按波段序号或波段名称获取指定波段的内容;调用函数:

Band::GetImagePara()

获取 band 级的所有 ImagePara 数据,包括该波段的宽、高、数据类型等参数,根据这些参数进行计算并且为图像数据分配内存空间,定义数组来存放数据。

为了提高面向地理栅格数据的 I/O 速率,GRDM 还可以采用并行 I/O 接口和异步并行 I/O 接口。例如,在获取地理栅格数据的元数据信息并分配内存空间后,调用 MPI_ReadRect 函数可以并行地将数据块读入各进程的本地内存中。

GRDM 不仅提供了获取元数据的函数,还有对应的设置函数,让用户根据需要修改栅格数据的相关元数据信息,如 Band::SetHistoryOperationInfo 函数可以设置修改元数据中的历史操作信息。

表 6-9 ~ 表 6-13 列出几个基本函数及其相关描述。

表 6-9 open 函数

函数名	void * GRDM::open(string grdmFileName,char mode)
参数	string grdmFileName:grdm 对象的路径名或者元数据文件路径 char mode:r 为只读;w 为修改;c 为创建
返回值	NULL:打开失败 GRDM 对象指针:打开成功
功能	创建/打开空间元数据文件
备注	若有出错,则会抛出异常

表 6-10 close 函数

函数名	bool GRDM::close()
返回值	true:关闭成功;flase:关闭失败
功能	关闭 GRDM 数据对象
备注	若出错,则抛出异常

表 6-11 GetBand 函数——获取指定波段

函数名	Band * GRDM::GetBand(int bandIndex) Band * GRDM::GetBand(string bandName)
参数	int bandIndex:指定波段序号 string bandName:指定波段名称
返回值	Band*:获取成功,返回指定的波段对象 NULL:获取失败
功能	按波段序号或波段名称获取指定波段
备注	若出错,则抛出异常

表 6-12 MPI_Open 函数——并行打开波段数据文件

函数名	boolBand::MPI_Open(MPI_Comm comm,char mode)
参数	MPI_Comm comm:MPI 的通信子 char mode:r 为只读;w 为修改;c 为创建
返回值	true:打开成功 flase:打开失败
功能	多进程并行打开波段数据文件
备注	若出错,则抛出异常

表 6-13 SetHistoryOperationInfo 函数

函数名	bool Band::SetHistoryOperationInfo(GeoMetaTable HistoryOperationInfoTable)
参数	GeoMetaTable:待设置的元数据 table
返回值	true:成功 flase:失败
功能	设置 Band 级的所有 HistoryOperationInfo 元数据
备注	若出错,则抛出异常

6.2.5 地理空间数据应用访问接口

地理空间数据应用访问接口基于 HTTP 提供对高性能 GIS 管理的全部资源进行管理和访问,以资源检索为例:

■ 检索资源接口

GET/apps

■ 参数描述

参数类型	名称	描述	数据类型
Query	app_id	资源 id 列表,用逗号分割	string
Query	app_id_in_page	检索资源所在页面	string
Query	app_type	资源类型(WORKFLOW=1,TOOL=2,FEATURE=3,RASTER=4,MAP=5,…)	string
Query	box	检索空间范围,以逗号分割 minx,miny,maxx,maxy	string
Query	catalog_id	检索目录 id	string
Query	keys	检索资源属性列表,以逗号分割,默认为 app_id,name	string
Query	name_keywords	检索关键词列表,以逗号分割,默认为检索所有	string
Query	order_by	检索结果排序属性列表,以逗号分隔,默认为资源名称	string

（续）

参数类型	名称	描述	数据类型
Query	order_orient	排序方式，升序 asc，降序 desc，默认为 asc	string
Query	page	检索结果页面号，从第一页开始，默认为 1	integer
Query	page_size	检索结果每页数量，默认为 1	integer
Query	share	是否检索共享数据，1 为检索，0 为不检索	integer
Query	spatial_relation	检索结果与 box 空间关系	string
Query	tags	检索列表标签，以逗号分割，默认为检索所有	string
Query	user_id	用户 id，默认为保留用户 guest	string

■ 响应结果

HTTP Code	描述
200	返回成功信息
500	失败，返回错误消息

■ 成功响应结果

名称	描述	数据类型
count	总条数	string
data	详细数据	< object > array

■ 查询请求参数示例

```
{
  "app_id":"string",
  "app_id_in_page":"string",
  "app_type":"string",
  "box":"string",
  "catalog_id":"string",
  "keys":"string",
  "name_keywords":"string",
  "order_by":"string",
  "order_orient":"string",
  "page":0,
  "page_size":0,
  "share":0,
  "spatial_relation":"string",
  "tags":"string",
```

"user_id":"string"
}

■ 查询响应示例

{
"count":"28545",
"data":[{
"app_id":36771,
"name":"0"
},{
"app_id":37600,
"name":"01"
}]
}

6.3 并行计算引擎

地理数据规模的不断增长,要求地理计算的性能不断提升。同时,针对用户的应用需求,需要将多个任务进行组合,形成工作流,再进行地理计算。上述问题所产生的流程,往往复杂度比较高,所以高性能 GIS 的流程调度策略必须做到以下三点:①能够充分利用计算资源;②保证地理计算作业流程高效准确地执行;③保证用户对流程的可控制性操作。

在设计流程调度引擎时,应该充分考虑各种存在的因素,从而使调度引擎是高扩展性、高兼容性、高效率的。首先,考虑到很多现有的成熟的算法不应该因为流程引擎或者平台的改变而改变,这样就必须考虑流程调度引擎对不同算法的可扩展性。其次,为了能够满足用户方便地同服务端进行交互,流程调度引擎必须满足其他服务(如可视化引擎、数据引擎等服务)的相互协调。再次,流程引擎还必须保证对用户的可控制性。最后,还要有日志系统的保证,以及每个算法所产生的结果的查询。

如果没有地理计算服务对作业流程正确的解析与执行,那么用户对于自己建立的复杂的地理应用流程,就要进行手动提交。用户很容易对具有复杂的依赖关系的作业造成遗漏;对无依赖关系的作业,也不能够很好地使其并行执行。所以,高性能的地理计算服务引擎需要完成以下要求:

(1) 算法可以重用。

(2) 充分利用硬件资源。

(3) 对具有复杂依赖关系的作业流程能够正确执行。

(4) 算法的多语言支持。

(5) 设计实现 REST 风格的网络访问接口。

6.3.1 并行计算架构

1. 引擎服务流程

在 B/S 模式下,前端采用 Web 页面为用户提供交互;服务端的工作流执行引擎提供应用接口与流程调度操作。工作流执行引擎直接负责地理计算作业的流程解析和流程中各个算法任务的控制,是调度的核心。因此,引擎必须完成以下基本功能:

(1) 解析用户提交的作业流程请求,生成可供作业调度模块执行的脚本。

(2) 对作业任务的执行进行并行控制。

(3) 作业监控,支持查询状态、取消、停止等操作。

(4) 结果显示,实现用户对提交的作业流请求的期望,可视化地展现在前端。

(5) 作业日记记录,供用户查询分析。

用户通过网页前端提交自己的工作流程,此流程通过 HTTP 的请求,发送 JSON 结构数据给引擎;引擎对流程进行解析,确定流程执行顺序,没有依赖关系的作业可以并行初始化,有依赖关系的作业进行线程阻塞等待前序作业完成;在作业执行中,可以根据请求信息,分析作业流程中算法执行的信息,作业调度模块根据接收的执行脚本和动态获得的执行信息,调用计算节点资源进行高效计算;算法运行情况可以通过引擎向用户反馈,用户可以对作业进行控制性操作;作业执行完毕后,将结果保存到数据库中,同时,前端通过调度模块的服务接口显示结果信息,如图 6-9 所示。

2. 引擎主要模块

地理计算引擎的用户访问接口使用消息机制进行 Web 前端与地理计算服务端的通信,采用支持多语言特性的方式实现可以加强可扩展性。

地理计算引擎把用户请求解析,生成面向多种计算模式的作业脚本,提交给相应的作业管理系统,利用合理的调度策略,在相应的计算节点上并行执行,提高资源的利用率。

引擎的功能模块主要划分为数据资源(Repo)模块、作业控制(JobControl)模块、作业跟踪(JobTracker)模块、接口封装会话(Session)模块和作业调度交互(JobTorque)模块,如图 6-10 所示。

接口封装会话模块:完成对客户端请求接口的封装,解析流程请求,并创建

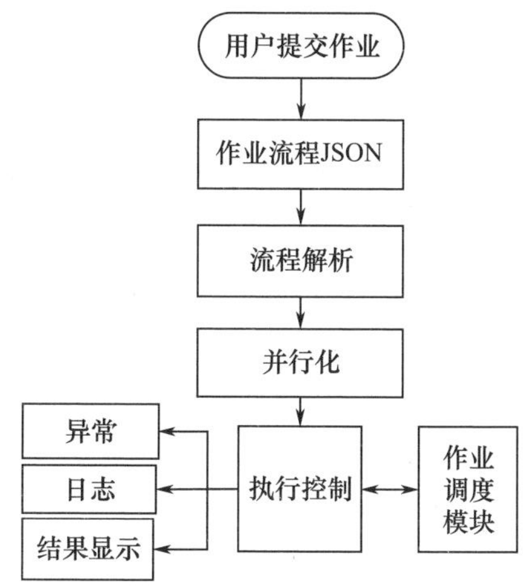

图 6-9　地理计算引擎服务工作流程

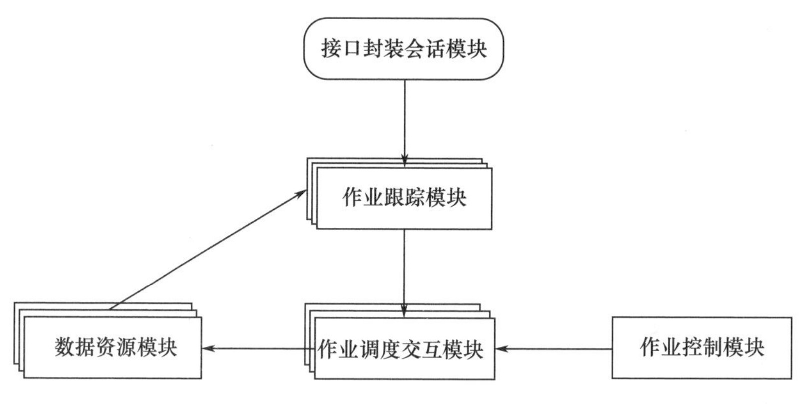

图 6-10　地理计算引擎功能模块

维护 JobTracker 的线程。作业跟踪模块:根据创建的作业线程,完成对单个作业的跟踪。依据工作流程的依赖关系对作业进行解析,对解析出来的依赖关系分析其前驱、后继,节点对其他作业实行线程阻塞等待;对没有依赖关系的作业进行传送给作业调度交互模块;还可以完成以往作业的查询等操作。作业调度交互模块:对作业管理系统的接口进行封装,根据作业跟踪模块提交的作业数据进行组装成可供作业管理系统执行的脚本,然后进行提交。这里同时获取当前所执行的作业状态,并且将结果存入数据库,在后台输出日志信息等。作业控制模块:对于复杂的地理计算服务,用户提交了多个作业流程,由于某种原因可能会人为地控制地理应用的执行顺序,从而需要对工作流程或者单个作业实施停止、撤销等控制性的操作。这个模块支持作业的控制功能。数据资源模块:主要存储的是作业的执行情况，计算结果信息。

6.3.2 地理计算引擎接口

在地理计算执行引擎中，地理计算流程可以抽象成有向无环图，一个作业或算法即一个图中的节点，如果需要执行，则它的前驱节点必须都已经执行完毕并且数据都可以流经此节点。同样的道理，一个作业执行完毕后，它必须发送消息给自己的后继，通知其已经执行完毕。因此，地理计算引擎服务的接口设计中，必须包含前驱数组和数目、后继数组和数目，以及当前算法可唯一识别序号。这用于保证流程可以正确执行。同时作业流请求经过引擎的解析，生成可执行脚本，若要计算节点可以执行，则需包含算法的信息和一些执行参数。

执行信息的存储是将作业流中算法的执行结果插入到持久化存储中，供接口调用。针对用户对作业流的控制性，还需要开始、取消等操作。地理计算引擎接口主要结构如下：

```
struct Job{
    1:i32 id,
    2:list<i32> parents,
    3:i32 parent_count,
    4:list<i32> children,
    5:i32 child_count,
    6:map<string,string> app_options,
    7:Context runtime_context,
    8:string app_uri
}
struct JobResult{
    1:string message,
    2:double progress,
    3:JobStatus status
    4:i32 id
}
struct Result{
    1:Status flow_status,
    2:string message,
    3:double progress,
    4:list<JobResult> job_result_list
```

```
}
struct JobFlow{
    1:list<Job>jobs,
    2:i32 job_count,
    3:string name
}
Exception JobException{
    1:i32 app_id,
    2:string name,
    3:string message
}
Service Job{
    i64 start_single_job(1:Job job,2:string user_id)throws(1:JobException e),
    i64 start(1:JobFlow flow,2:string user_id)throws(1:JobException e),
    void pause(1:i64 client_ticket),
    void resume(1:i64 client_ticekt),
    void cancel(1:i64 client_ticekt),
    result get_status(1:i64 client_ticket),
}
```

引擎接口的主要参数说明如表 6 – 14 所示。

表 6 – 14　地理计算引擎接口参数说明

参数	说明
Id	流程中作业的唯一识别号
Parents	前驱作业集合,指定了数据的依赖关系
parent_count	前驱作业数目
Children	后继作业的集合,指定了数据的流向
child_count	后继作业数目
app_options	地理计算算法程序的参数
runtime_context	算法执行参数
app_uri	算法的路径
Message	作业执行日志信息
Progress	作业执行进度
Status	作业执行状态

地理计算引擎服务的接口基于 HTTP 提供对高性能 GIS 计算任务的调用、取消和状态监控,以启动一个缓冲区分析的作业为例:

■ 启动作业接口

POST/start

■ 参数描述

参数类型	名称	描述	数据类型

FormData	flow	例如:
		{
		"name":"HiGIS_Buffer",
		"job_count":1,
		"jobs":[{
		"app_uri":"/hpgc_utils/higis_buffer",
		"app_name":"HiGIS_Buffer",
		"params":{
		"submit":true,
		"options":[
		{
		"key":"src",
		"name":"输入矢量数据",
		"value":"input"},
		{
		"key":"dst",
		"name":"输出矢量数据",
		"value":"output"},
		{
		"key":"radius",
		"name":"半径(米)",
		"value":"100"}],
		"process_count":4,
		"user":"admin"}
		}
		]
		}
			object

FormData	user	用户 ID	string

■ 响应结果

HTTP Code	描述
200	返回成功信息
500	失败,返回错误消息

6.3.3 地理计算任务的调度

高性能 GIS 不仅需要充分利用硬件架构的计算能力,还要对存储资源、计算资源等进行综合调度,使得数据负载、计算负载等在一定条件下达到综合平衡。计算、存储等资源在很多情况下是相互制约的因素。

地理计算任务调度类似 Mesos[12]和 YARN[13],采用的是一种分而治之的机制,由一个简化的集中式资源调度器负责将集群中的资源分配给各个具体的地理计算框架,而具体的地理计算框架调度器负责将资源进一步分配。用户可以根据地理计算的需要将 Hadoop、MPI、Spark、Storm 等计算框架或系统接入地理计算任务调度系统中。客户端提交地理计算任务可以触发相应的处理请求,任务调度器根据计算任务的性质将其置入相应的计算任务队列,系统利用轮询器,不断查询任务队列,判断是否有就绪的计算任务。符合就绪的计算任务的计算资源可能有多个,如何选择计算资源是计算任务调度的关键问题。

整个任务调度并行执行的流程以图 6-11 为例,用户同时提交了两个工作流程,服务流程 1 所组合的工作流中存在并行的执行关系,服务流程 2 是一个单一的任务。

当用户同时提交服务流程 1 和服务流程 2 到地理计算服务端时,服务执行引擎接收到两个工作流后,进行解析和并行调度,即两个用户请求产生两个流程控制,形成两个控制线程。然后控制线程根据提交的工作流中的依赖关系进行单个作业间的并行调度。根据作业脚本的解析,服务流程 1 中的作业是可以并行执行的,这时服务流程 1 的控制线程分出两个执行线程进行单个作业间的并行调度,因此有三个执行线程同时进行。这时每个执行线程生成相应的执行脚本并提交到计算节点上并行计算,产生的结果存储在计算引擎的日志数据库中,这里存放的是计算时间等文本信息。资源数据库存放的是数据资源,以及原始数据通过负载的地理流程计算后产生的新数据。

以下分析服务的并行调度技术。

(1) 服务引擎与调度系统的两级并行。

支持多用户并发地理计算服务的核心是服务执行引擎(Higine)和作业调度系统,Higine 支持多用户同时提交作业流请求,进行并行调度。这个过程中,每个用户之间是并行进行的,没有相互影响干扰。提交的脚本在作业调度系统中,

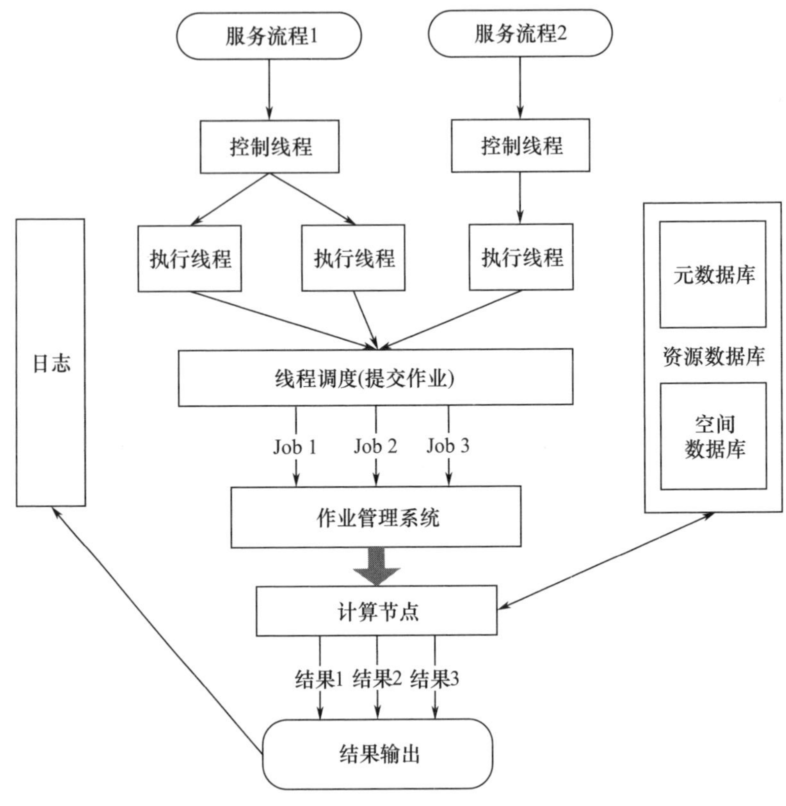

图 6－11 地理计算任务调度示意

分发到不同的计算节点上,各个节点进行节点内的调度和并行计算,最后得到计算结果。如果采用多种并行计算模式,则 Higine 将任务执行脚本交给相应的作业执行引擎运行。

(2) 并行调度技术。

在 Higine 中,服务端接收到客户端的服务请求,然后创建其对应的控制线程。在用户提交多个服务流程请求时,产生的控制线程是并行的。这里的并行控制是流程级别的并行。每一个服务流程请求对应一个控制线程,有利于用户进行包括暂停、取消等控制操作。以服务流程为控制线程的开启,可以支持多用户并发或者单用户多流程提交。

控制线程开启后,对服务流程解析操作。依据作业流程提交的数据,Higine 分析其相互依赖关系。对作业流中的作业无相互依赖关系的进行并行操作,这时控制线程根据并行执行的作业数目产生相应的执行线程;若是顺序执行则直接产生一个执行线程,对作业进行操作。在这里的并行我们称为活动级别的并行调度。

通过 Higine 中的两级并行调度,充分利用计算资源,做到支持多用户并发访问请求,满足流行的 B/S 模式的地理计算服务。

(3) 多线程调度技术。

高性能地理计算的工作流中,不同的算法之间由于数据流向的不同会产生不同的依赖关系。在 Higine 中,要能正确地区分无依赖可并行执行的算法和有依赖关系必须顺序执行的算法。为了能够有效地控制工作流中各个算法的执行顺序,Higine 采用了线程阻塞的方法来控制算法是否要执行。在工作流的信息中,每个算法必须有前驱和后继两个数组。前驱数组是存放当前算法所依赖的算法的集合;后继数组存放的是当前算法产生的数据所流向的算法的集合。当算法的前驱数组数目为空时,当前算法执行;不为空时,则执行线程阻塞,等待前驱中的算法执行完成。

后继数组中的算法会根据当前算法执行完成后,接收来自此算法的广播函数播出的消息,这个消息是在控制线程之内广播的不影响其他用户的服务流程。后继数组中的算法接收到信息后就更改自己的前驱数组信息。

正是这种线程调度机制,使 Higine 能够长时间有效地运行,并向用户提供高效的服务。

6.3.4 并行地理空间分析

空间分析是基于地理对象的位置和形态的空间数据的分析技术,其目的在于提取和传输空间信息。空间分析是地理信息系统的主要特征。空间分析能力(特别是对空间隐含信息的提取和传输能力)是地理信息系统区别于一般信息系统的主要方面,也是评价一个地理信息系统成功与否的一个主要指标。以下从基础分析、矢量分析、栅格分析和计算流程几方面举例来说明如何在高性能地理信息系统中调用并行地理空间分析功能。

(1) 投影变换。

由于数据的多样性,当数据的空间参考系统(坐标系统、投影方式)与用户需求不一致时,就需要对数据进行投影变换。同样,在完成本身有投影信息的数据采集时,为了保证数据的完整性和易交换性,要定义数据投影。

地球是一个不规则的球体,为了将其表面的内容显示在平面上,就必须将球面地理坐标系统变换到平面投影坐标系统。因此,运用地图投影方法,建立地球表面上和平面上点的函数关系,使地球表面上由地理坐标确定的点,在平面上和它有一个相对应的点。地图投影的使用保证了空间信息在地域上的连续性和完整性。

投影变换是将一种地图投影变换转换为另一种地图投影。

矢量数据投影变换如图 6－12 所示。需要指定的参数包括输入参数和并行参数。

图 6－12　矢量数据投影变换工具

■ 输入栅格文件:指定输入的栅格数据文件。

■ 变换类型:指定投影变换的类型,单击右侧下拉按钮,分为“L”“E”“O”三种类型。

■ 变换参数:指定变换的参数。

■ 输出栅格文件:指定输出的栅格文件。

■ 内存限制:指定并行算法运行的内存限制。

■ 进程数:指定并行的进程数。

参数指定完毕后,单击对话框下部“提交执行”按钮运行。

栅格数据投影变换如图 6－13 所示。指定的参数同样包括输入参数和并行参数。

■ 输入栅格数据:指定输入的栅格数据文件。

■ 输出栅格数据:指定输出的栅格数据文件。

■ 目标参考系:指定目标的参考系,单击下拉按钮,有“3 － degree Gauss － Kruger zone 25”“Gauss － Kruger zone13”“Antarctica Polar Stereographic”等选项。

■ 内存限制:指定并行算法运行的内存限制。

■ 进程数:指定并行的进程数。

参数指定完毕后,单击“提交执行”运行。

(2) 矢量分析。

缓冲区是对一组或者一类地图要素(点、线或面)按设定的距离条件,围绕这组要素而形成具有一定范围的多边形实体,从而实现数据在二维空间扩展的

图 6－13 栅格数据投影变换工具

信息分析方法。缓冲区建立的形态多种多样,主要依据缓冲区建立的条件来确定。常用的点缓冲区有圆形、三角形、矩形和环形等;线缓冲区有双侧缓冲、双侧不对称或单侧缓冲区等形状。面缓冲区有内侧和外侧缓冲区。不同形态的缓冲区可满足不同的应用要求。

以缓冲区分析为例说明如何使用并行矢量分析算法。缓冲区工具分为并行点缓冲区分析、并行线缓冲区分析、并行面缓冲区分析,如图 6－14 所示。

缓冲区工具需要指定的参数包括输入参数和并行参数。

■ 输入矢量数据:指定输入的矢量数据文件。

图 6－14 缓冲区分析工具

■ 输出栅格数据:指定输出的栅格数据文件。

■ 半径:指定缓冲区的半径。

■ 叠加类型:指定缓冲区的叠加类型,单击下拉按钮,有“合并”和“分离”选项。

■ 容差:指定缓冲区的容差。

■ 内存限制:指定并行算法运行的内存限制

■ 进程数:指定并行的进程数。

参数指定完毕后,单击“提交执行”运行。

(3) 栅格分析。

数字地形模型简称 DTM,是在测绘工作中用数字表达地面起伏形态的一种方式,又称为数字高程模型。数字地形模型可以提取各种地形参数,如坡度、坡向等。数字地形分析是典型的栅格分析算法。

高性能 GIS 中的基本地形参数中的局部地形参数计算分为坡度、坡度变率、坡向、坡向变率、平面曲率、剖面曲率、非球形曲率、平剖曲率差、最大曲率、最小曲率、平均曲率。

下面以坡度为例介绍基本地形参数计算工具,如图 6－15 所示。

图 6－15　坡度计算工具

坡度计算工具需要指定的参数包括输入参数和并行参数。

■ 输入栅格数据:指定原始的栅格数据文件。

■ 输出栅格数据:指定输出的栅格文件。

■ 内存限制:指定并行算法运行的内存限制。

■ 进程数:指定并行的进程数。

参数指定完毕后,单击“提交执行”按钮运行。

(4) 并行计算流程。

流程模型界面是用于创建、保存和运行算法流程的窗口。通过创建流程模型,可以实现地理计算算法的自动化执行。用户创建好模型并保存后,便可以在日后很方便地使用该模型,从而提高工作效率。“模型视图”是用户创建流程模型的窗口,在该窗口下,用户可以根据需要按构造流程图的方式创建流程模型,该界面主要由工作区操作面板、工具选择窗口和数据选择窗口三部分组成(图 6 - 16)。用户可以分别从工具选择窗口和数据选择窗口选择构造流程图模型所需的工具和数据,并拖动到工作区面板,进而完成流程模型的创建。

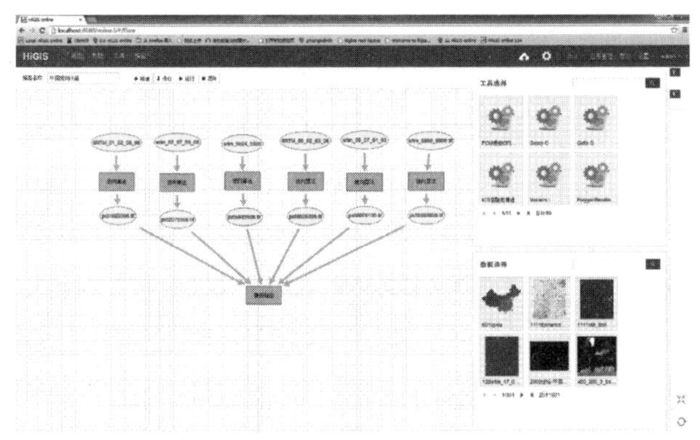

图 6 - 16　模型视图窗口界面

流程模型的管理权限:

用户对“我的模型”目录下的模型拥有打开、编辑、保存、运行、删除、共享的权限,当用户选择共享模型时,该模型便进入系统的“模型仓库”,可以供其他用户打开并执行。

用户对“模型仓库”中流程模型的操作权限分为两种情况:①对模型仓库中由用户共享的模型,用户对该模型拥有打开、编辑、保存、运行、删除、取消共享的权限,当用户取消共享时,该模型便从模型仓库中消失。②用户对模型仓库中其他不是由该用户共享的流程模型只拥有打开、运行的权限。所有保存在服务器上的流程模型都可以通过标签进行快速检索,流程模型标签由用户在创建流程模型时指定。

用户在工作区选择某一流程模型,单击该模型缩略图图标,可以查看模型的详细信息,如图 6 - 17 所示。打开流程模型,进入流程模型的编辑界面,此时单击操作面板上方的运行按钮,该流程模型便被提交至服务器自动运行。之后用户可以到任务管理中查看流程运行情况。

在流程模型创建时,用户可以从“数据选择”和“工具选择”窗口中选择需要

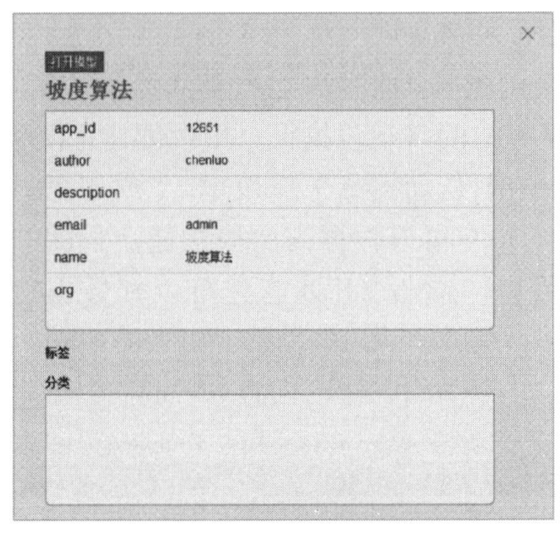

图 6 – 17　模型详细信息显示窗

的数据和工具放到操作面板。通过图形化的方式完成流程设计，如图 6 – 18 所示。具体操作如下：

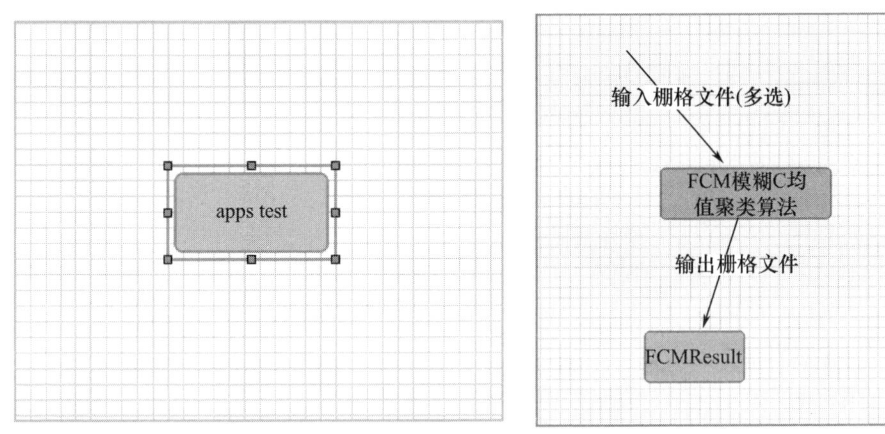

图 6 – 18　数据和工具选择示例

① 当用户双击输入数据部件时，会弹出数据选择目录，用户可以在这里更改输入数据。

② 当用户双击工具部件时，会产生与单击工具缩略图相同的效果，在这里可以选择数据并设定必要参数执行该工具。

③ 当用户双击输出数据部件时，可以修改输出数据的文件名。

用户编辑好流程模型后，单击“保存”，流程模型便保存在模型目录下，如果需要再次编辑，可以查询找到该模型，查看模型的详细信息，以及单击“打开模型”按钮，便进入流程模型编辑界面。

6.4 并行绘制引擎

并行绘制引擎提供地理数据的制图信息注册、数据绘制等功能。地理制图服务的使用分为两个阶段，在制图信息注册阶段，接受数据的位置和绘制风格，解析生成绘制服务所需的地图描述文件，并发布一个图层；在数据绘制阶段，接受要绘制的范围，进行瓦片的推送和按需绘制。其中，注册阶段提供 RPC 接口，而绘制阶段采用 HTTP 协议的 TMS 服务，以应对高并发的请求。绘制服务组件及相关软件模块如图 6 - 19 所示。

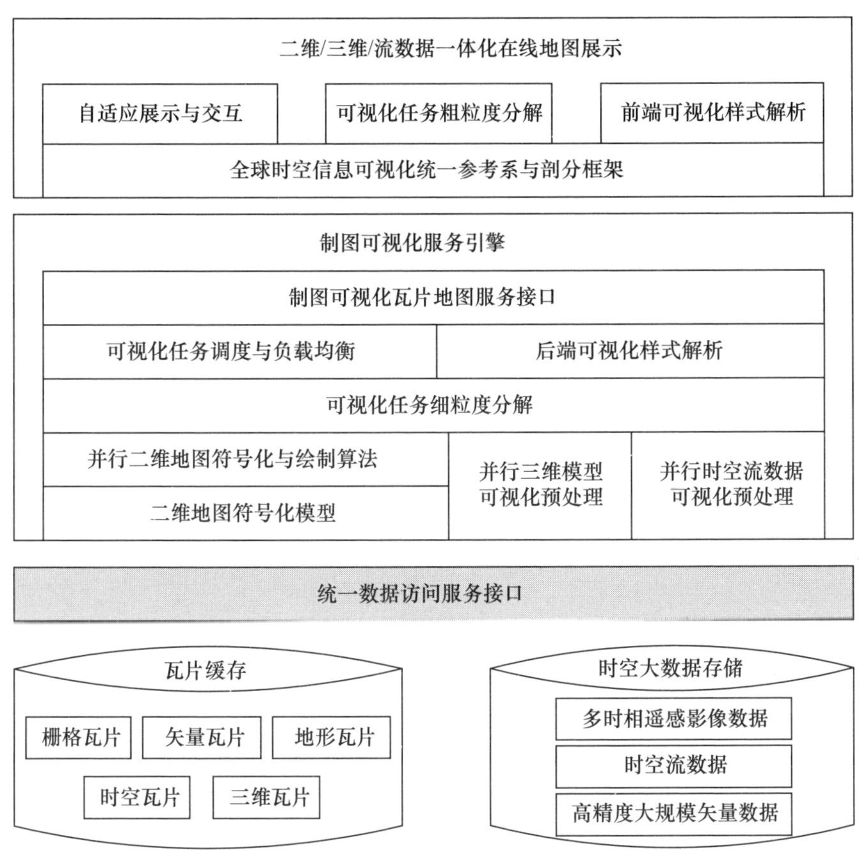

图 6 - 19　绘制服务组件及相关软件模块

地理制图服务面向的是实时数据渲染和系统数据渲染两类需求，并要同时满足绘制速度与绘制质量两个指标。

设计目标：

（1）提供稳健的实时数据制图服务发布的能力（TMS 自动化发布）。

（2）应对高并发的绘制请求。

（3）提供速度和绘制效果皆优的地图绘制，达到地图制图的要求。

（4）应对绘制操作对服务器的压力。

设计决策：

（1）注册与绘制相分离，实现需求灵活但并发性要求不高的注册功能，以及并发性要求较高，但请求相对简单的绘制功能。

（2）地图绘制引擎需要达到速度和效果的双赢。

（3）采用缓存和按需绘制的结构，大幅减少地图被再次浏览时所需时间，也缓解服务器的绘制压力。

6.4.1 绘制引擎架构

绘制引擎提供了一个网络地图制图的解决方案[14]。具体的制图流程如图 6－20所示，可以描述如下：

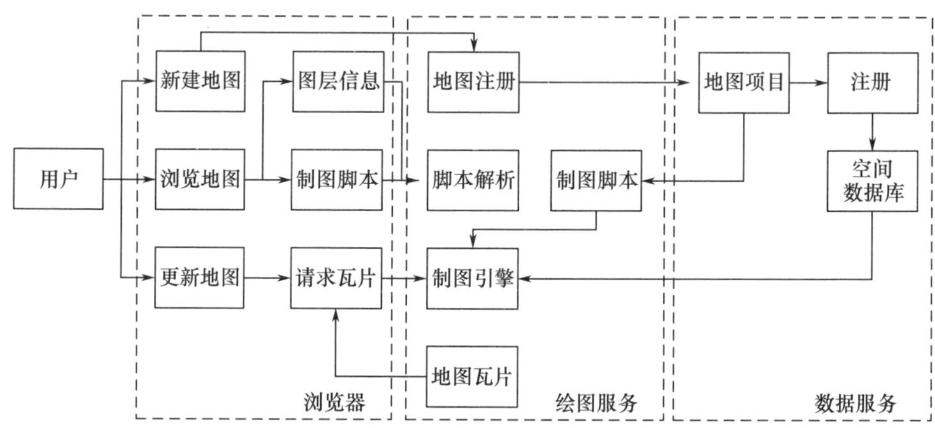

图 6－20　绘图引擎工作流程

（1）创建新的地图项目，由绘制引擎注册并生成新的地图服务。

（2）选择需要的地理数据并添加到地图项目中。

（3）用户编写基于 CartoCss 的制图脚本，设定各地图图层的样式。

（4）终端向服务器提交地图项目的样式文件以及图层信息文件、服务器解析文件并生成制图引擎的制图脚本。

（5）客户端向服务器请求地图瓦片，制图引擎读取制图脚本和瓦片对应的空间数据，绘制地图瓦片，并返回给客户端。

（6）客户端显示地图，并实现与用户的交互。

绘图引擎提供以下服务接口：

（1）新建地图。终端向绘图服务请求新建地图。绘图服务向数据服务请求新建地图，由数据服务引擎创建地图项目文件，向数据库注册该地图，返回地图工程文件位置和地图ID。

（2）更新地图。终端向绘图服务提交CartoCss制图脚本和地图的图层信息。绘图服务根据提交的文件解析生成绘制引擎的制图脚本。

（3）请求地图瓦片。终端提交地图瓦片坐标和地图的ID，绘图服务读取已经生成的绘制脚本，根据脚本信息，向数据服务读取数据后，根据脚本设定的样式绘制地图瓦片。

6.4.2 基于脚本的地图制图

脚本制图模块主要提供设定地图样式的功能，用户通过编写制图脚本设定地图样式，绘制引擎解析该脚本可绘制出指定样式的地图。脚本制图模块与地图服务模块一起，提供高灵活度的地图制图服务[15-16]。

为了应对高并发请求的情况，绘制采用了分级负载均衡的策略。先在管理节点对终端传过来的瓦片请求进行负载均衡。管理节点根据各绘制节点的负载情况，将更多的瓦片请求交给负载较轻的绘制节点。为充分利用多核CPU的资源，在绘制节点的内部，会有多个Hiart服务进程在侦听请求，因此，节点内部也需要进一步进行负载均衡。在这一层的均衡中，可以均匀地将任务分配给不同的Hiart进程，以达到资源合理利用的目的（图6-21）。

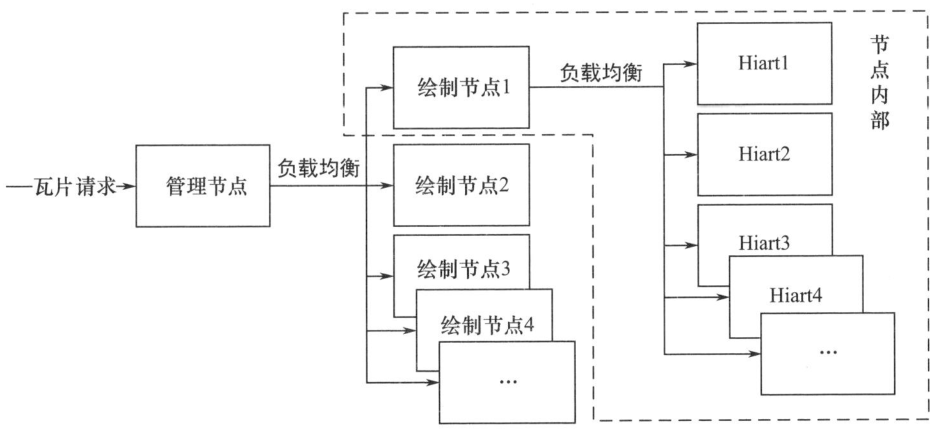

图6-21　绘图引擎的负载均衡

为了加快瓦片的请求服务，减少不必要的重新绘制工作，Hiart 会将生成的地图瓦片按照瓦片金字塔模型将地图瓦片存储起来。当接收到地图瓦片之后，Hiart 先判定地图样式是否已经更新，若地图样式已经更新，则清空地图所有的缓存瓦片，并重新绘制地图瓦片。否则，判定地图瓦片是否已经存在，若存在，则直接返回；否则绘制地图瓦片后返回。

这个机制能够大幅提高大规模数据的可视化速度。大规模空间数据的绘制需要消耗大量的计算资源和时间，如果每次请求相同数据地图的相同瓦片都重新绘制，不仅浪费大量的计算资源，而且不利于地图的快速加载。

但同时，这种缓存机制也会带来一个问题。地图样式更新之后，需要让所有的 Hiart 进程都知道地图已经被更新。然而，每个节点的 Hiart 服务都是相对独立地运行，因此，需要通过一个同步的机制，使得每个 Hiart 服务共享地图的更新信息。为此，在绘制机群中设定一个绘制主节点，地图的创建和更新任务都由该节点的 Hiart 服务接收，Hiart 完成任务后通知所有绘制节点地图更新信息。

基于网络服务的高性能 GIS 架构是具有高可扩展性的，扩展模块可以在三大服务的基础上进一步封装地理应用，并向外部发布服务。拓展模块通过内部的网络接口，调用三大服务的接口，获取空间数据、地图绘制和地理计算等服务和功能。在此基础上，添加独特的模块功能，并以网络服务的形式对外发布，如图 6 - 22 所示。由于拓展模块屏蔽了底层实现，并提供像三个服务一样的接口，在外部看来，拓展模块与三大服务是一个有机的整体。通过这种模式可以为高性能 GIS 不断添加新的模块，拓展高性能 GIS 的能力。

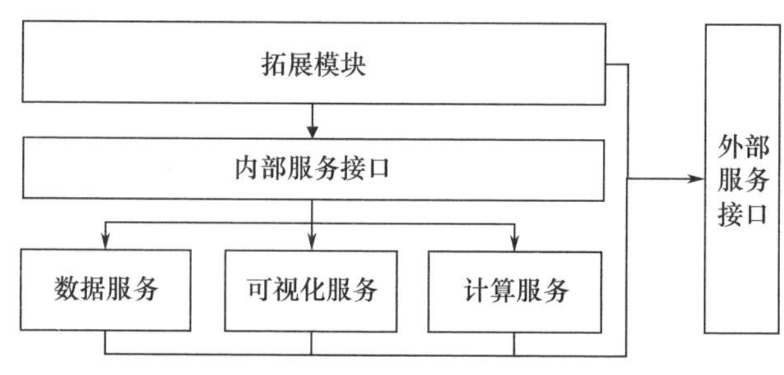

图 6 - 22　拓展模块示意图

以自动地图图例服务为例，说明拓展模块的构建方式。自动图例是绘制服务的一个拓展模块。自动图例在调用绘制引擎解析制图脚本服务的基础上，首先对解析的脚本进行制图要素和要数样式的提取；其次根据地图视图窗口的空间范围，空间尺度过滤掉不在视口范围内的要素和样式；再次再调用绘制引擎的绘制接口进行图例符号的绘制；最后采用模版技术生成图例的 HTML 文本返回给客户端显示。图 6－23、图 6－24 是自动图例服务的例子。

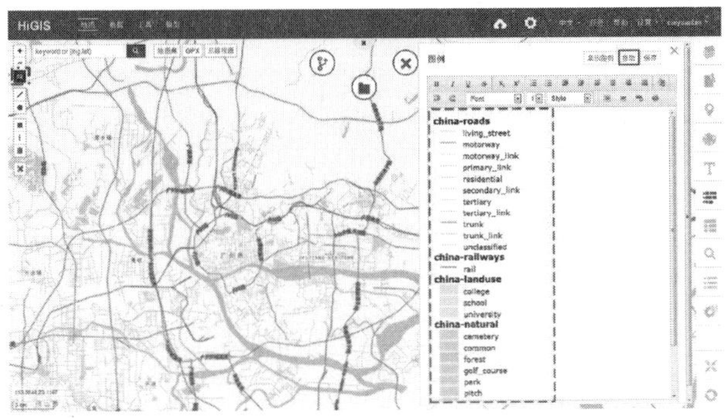

图 6－23　OSM 中国第 12 层自动图例

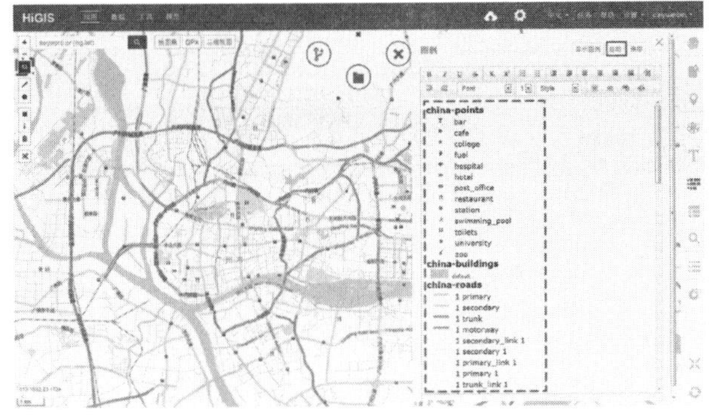

图 6－24　OSM 中国第 13 层自动图例

自动图例会出现虚框内的图例页面。对比两幅地图，它们表示的空间范围大致都在广州市，由于所在地图尺度不一样，所以道路的样式也不一样。图例服务可以根据地图视口的内容自动生成正确的图例。

6.4.3　三维可视化引擎

Web 三维可视化是增强高性能 GIS 三维可视化平台与设备适应能力的核心体现，系统采用 B/S 体系架构，分为数据可视化层、数据传输层与数据存储层。底层为数据存储层，主要负责数据的预处理和数据的存储和管理；顶层为数据可视化层，由浏览器客户端直接与用户进行交互展示；中间层为数据传输层主要负责数据请求与访问、数据调度等，如图 6－25 所示。

系统核心渲染引擎客户端以免插件的方式进行大范围、高精细程度地理时

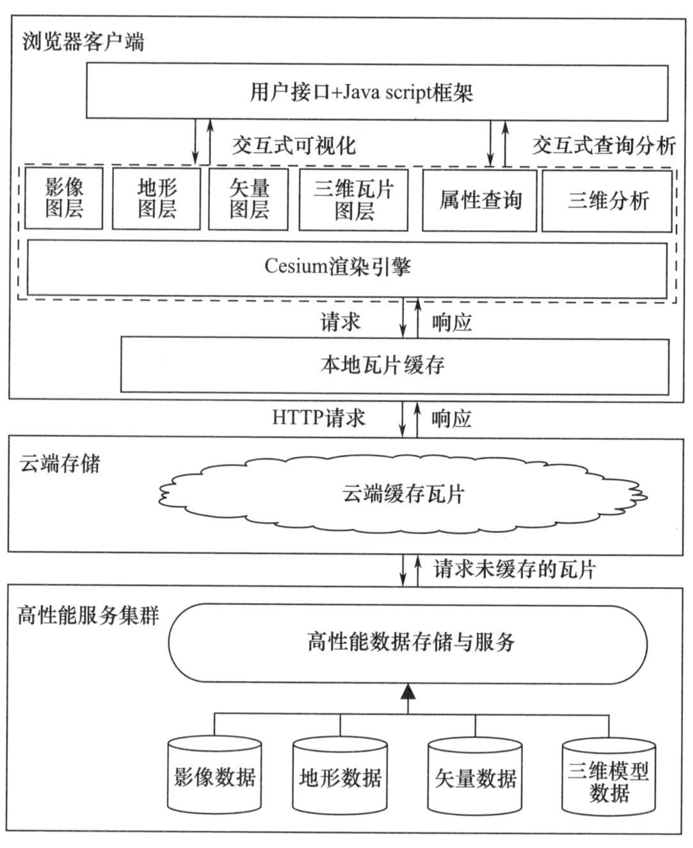

图 6-25　三维可视化引擎系统架构图

空场景三维可视化。免插件的方式使用户能够在跨终端、跨平台的多样化移动设备上进行三维场景浏览。系统总体架构，主要分为浏览器客户端、多级缓存系统和服务器存储系统[17]三部分。

(1) 浏览器客户端。

客户端是面向用户的数据可视化与数据查询分析的交互窗口，它主要分为用户界面、本地数据缓存器与渲染引擎三部分。

用户界面采用 Javascript、HTML 等网络编程语言进行界面设计，用户接口设计为地形接口、影像接口、三维模型接口和查询分析接口。用户点击或者勾选所感兴趣的数据，客户端响应用户向服务端发送数据请求，并将获取的数据绘制渲染至相应图层。

本地数据缓存器主要是基于浏览器设置了数据缓存池，也是该系统多级缓存的重要组成部分。浏览器根据用户请求在本地数据缓存池中请求数据，若不存在该数据则向远程服务端请求。同时请求到的数据会在本地缓冲池中进行存储,加快数据多次请求的效率。

渲染引擎是基于虚拟地球开源项目 Cesium 的二次开发的基础上搭建的,其在架构上主要包括 Core、Render、Scene 以及 DynamicScene 四层,如图 6-26所示。Core 是数学运算库,主要提供一些基本的数学运算;Render 是图形绘制库,主要进行底层的绘制任务;Scene 封装了面向开发人员的高级 API;DynamicScene 是时空动态数据绘制库,提供了更为高级的动态可视化接口。

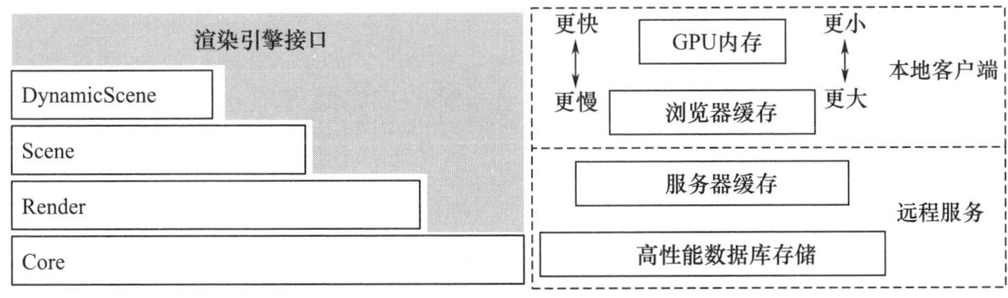

图 6-26　渲染引擎接口与多级缓存架构

(2) 多级缓存系统。

多级缓存是对大规模数据集高效渲染的一种有效的机制,它在本地客户端与远程服务器之间有多种缓存器如 GPU 内存、浏览器缓存、服务器缓存和服务器存储。如图 6-26 所示,多级缓存系统的最顶层为 GPU 内存,它的容量小但速度快;最底层为服务器存储,它的容量大但速度慢。客户端首先向 GPU 内存请求数据,若没有则依次向浏览器缓存、服务器缓存和服务器存储依次请求数据,直至检索到该数据为止。多种类型的缓存与存储器的使用,可利用内存访问的一致性来创建容量大的、更快速的缓存架构。

(3) 服务器存储系统。

原型系统的服务器系统主要有:数据预处理功能和数据存储管理功能。

数据预处理:主要包括地形数据处理模块、影像数据处理模块和三维模型数据处理模块。地形数据处理模块与影像数据处理模块将原始栅格数据进行全球划分四叉树切片,并存储于相应的文件系统中。三维模型数据处理模块将数据转换成 3D Tile 标准格式,然后进行混合瓦片金字塔进行组织,并存储于文件系统中。

数据存储管理:主要为混合数据库系统,它包括文件系统和数据库系统,文件系统主要存储地形、影像数据和三维模型数据,通过文件存储的方式实现瓦片金字塔索引。而数据库系统主要存储三维模型关联的属性信息，为用户的交互性数据分析查询提供数据。同时可为三维模型建立索引结构，实现三维模型的合理的组织和管理。

基于上述系统设计思想，三维可视化引擎能够支持客户端使用标准 Web 浏览器，以无客户端插件的方式打开、浏览和操作地理空间三维数据，集成了包括全球剖分、GPU 加速、动态调度、快速渲染、多细节层次模型、真实感渲染等基础三维地理空间可视化算法库，融合高性能计算、三维索引与调度、CPU/GPU 和内存/外存协同的大场景三维可视化绘制等技术，可为构建三维地理空间应用提供平台支撑。

支持三维场景交互操作，用户可以通过鼠标拖拽对场景进行缩放、旋转等操作，可以任意自由视角漫游浏览全球。该系统的主界面如图 6－27 所示。支持相机控制、飞行漫游、模型属性查询等相关功能。飞行漫游操作如图 6－28 所示。

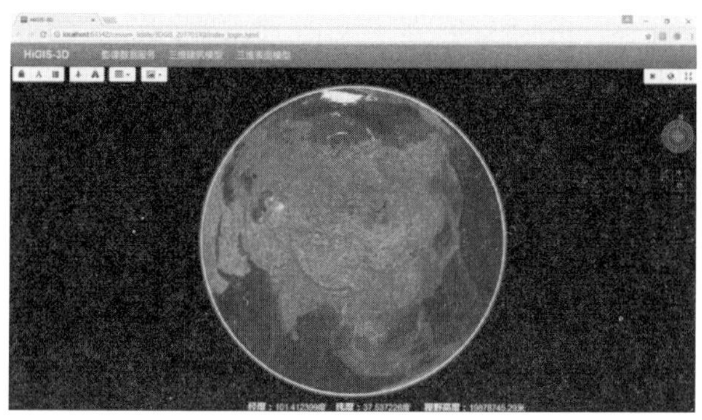

图 6－27　全球场景快速交互漫游

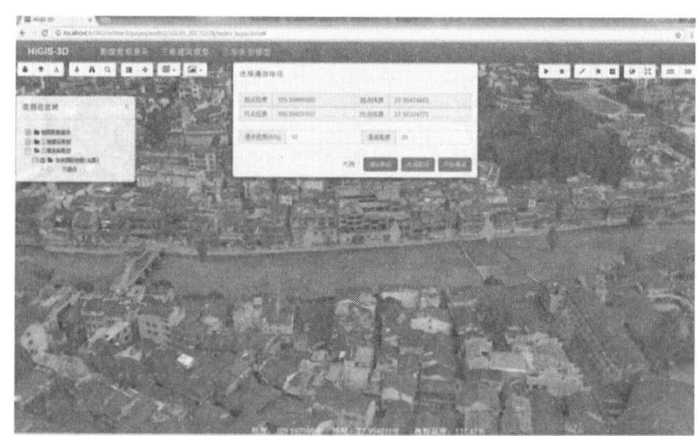

图 6－28　飞行漫游功能

高分辨率遥感影像可视化如图 6－29 所示，根据用户提供的标准格式的遥感影像数据进行可视化。

图 6－29　高分辨率遥感影像可视化

支持全球局部地区的地形数据可视化，可根据用户提供的 DEM 数据对该地区地形进行可视化。用户能以自由视角漫游查看该地形数据，如图 6－30 所示。

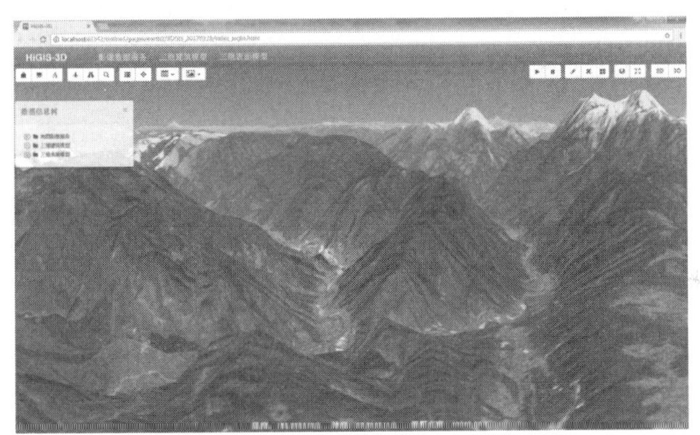

图 6－30　大规模三维地形可视化

支持大规模三维地物模型的可视化，可根据用户提供的标准格式的三维模型数据进行地物模型的可视化，如图 6－31 所示，用户能以自由视角漫游查看该地物模型。支持模型的透明贴图纹理，增强模型的真实感，如图 6－32 所示。用户光标放置在模型上可高亮显示，单击模型后可以查询建筑物相关的属性信息，如图 6－33 所示。

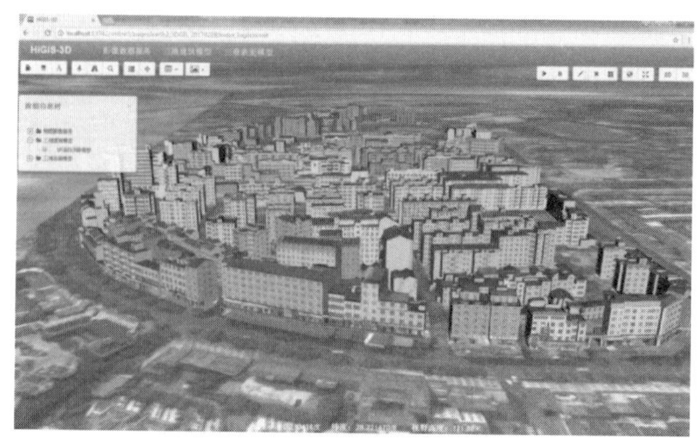

图 6－31　大规模三维地物模型可视化

图 6－32　支持模型的透明贴图纹理

图 6－33　单击模型查询建筑物相关属性信息

根据用户提供的标准格式的倾斜摄影测量的数字表面模型数据进行三维模

型的可视化,如图 6 - 34 所示,用户能以自由视角漫游查看该三维模型。用户可以根据提供 POI 接口将重要的兴趣点以布告板的形式标识在三维场景中,用户单击布告板可进行查询兴趣点属性信息,如图 6 - 35 所示。

图 6 - 34　大规模倾斜摄影数据可视化

图 6 - 35　兴趣点相关属性信息单击查询

参考文献

[1] Xiong W, Chen L. HiGIS: An Open Framework for High Performance Geographic Information System [J]. Advances in Electrical and Computer Engineering, 2015, 15(3): 123 - 132.

[2] 郭甲戌,胡晓勤. 基于 Docker 的虚拟化技术研究[J]. 网络安全技术与应用, 2017, (10): 28 - 29.

[3] Pautasso C, Zimmermann O, Leymann F. RESTful Web Services vs. "Big" Web Services: Making the Right Architectural Decision[C]//the 17th International World Wide Web Conference, WWW08. Beijing: ACM, 2008: 805 – 814.
[4] 张冰. 基于通信顺序进程和工作流的高性能地理计算引擎研究[D]. 长沙:国防科技大学,2014.
[5] 周建鑫,陈荦,熊伟,等. 地理栅格数据并行 I/O 的研究与实现[J]. 地理信息世界,2013(6):62 – 65.
[6] 程果,陈荦,吴秋云,等. 一种面向复杂地理空间栅格数据处理算法并行化的任务调度方法[J]. 国防科技大学学报,2012,34(6):61 – 65.
[7] 赵春宇. 高性能并行 GIS 中矢量空间数据存取与处理关键技术研究[D]. 武汉:武汉大学,2006.
[8] 刘义,陈荦,景宁,等. 利用 MapReduce 进行批量遥感影像瓦片金字塔构建[J]. 武汉大学学报·信息科学版,2013,38(3):278 – 282.
[9] 彭瑾. 基于分布式空间数据库的渐进式查询处理技术[D]. 长沙:国防科技大学,2017.
[10] Liu Q. A High Performance Memory Key – Value Database Based on Redis[J]. Journal of Computers, 2019, 14(3): 170 – 183.
[11] 赫高进. 集群环境下内存空间数据库查询技术研究[D]. 长沙:国防科技大学,2015.
[12] Benjamin H, Andy K, Matei Z, et al. Mesos: a Platform for Fine – grained Resource Sharing in the Data Center[C]. In Proceedings of the 8th USENIX Conference on Networked Systems Design and Implementation (NSDI'11). Boston: USENIX Association, 2011: 295 – 308.
[13] Vinod K V, Arun C M, Chris D, et al. Apache Hadoop YARN: Yet Another Resource Negotiator[C]. In Proceedings of the 4th annual Symposium on Cloud Computing (SOCC '13). New York: ACM, 2013: 1 – 16.
[14] 孙璐. 面向服务器集群的地理空间数据绘制及其优化方法[D]. 长沙:国防科技大学,2013.
[15] 蔡苑彬. 基于网络地图制图的制图综合技术研究[D]. 长沙:国防科技大学,2014.
[16] Bostock M, Davies J. Code as Cartography[J]. The Cartographic Journal, 2013, 50(2): 129 – 135.
[17] 甘麟露. 基于 Web 的大规模三维城市模型可视化关键技术研究[D]. 长沙:国防科技大学,2017.

第7章　高性能GIS应用

7.1　智慧城市应用

现代化的城市中,每个人及其周围设备都已经成为时空数据“生产者”,例如,跑步软件记录的轨迹、出租车行驶的轨迹。

在诸多移动对象数据中,作为蕴含丰富时空模式的典型,出租车轨迹数据能够通过广泛分布的传感器设备快速采集,对于探测城市生活脉动、反映人群出行模式意义重大。但是,“爆发式”的数据增长给实时分析带来了严峻的挑战。例如,浙江省一天的出租车轨迹数据就达到了10GB,如何有效组织管理并从中挖掘模式信息的难度不言而喻。因而,要从海量移动对象轨迹数据中挖掘有效信息,高效的分析处理技术必不可少。

(1) 聚集分析是移动对象信息重要的处理方式。聚集计算将多个移动对象数据转换为单一聚集值,支持更好地观察移动对象的群体特征,发现其行为规律。同时,减少刻画群体特征的数据量,降低位置服务系统中网络传输和可视化处理的压力。

(2) 智慧城市实时在线分析应用中,可以使用Spark作为高性能的计算架构[1-2],对轨迹数据并行构建网格和空间索引,进行并行聚集分析计算;基于HTML 5的客户端可视化,聚集结果在浏览器中实时展示。

(3) 高性能GIS系统实现数据存储与管理、时空分析、地理计算等功能。客户端采用标准浏览器,支持电脑端和智能移动终端。服务端由数据管理模块和聚集计算模块两部分组成,客户端由交互可视化模块组成。系统体系架构如图7-1所示。

① 数据管理。

数据元组以<key,value>格式存储,一条数据代表城市轨迹数据的一个采样点,以出租车为例,key代表单条出租车数据点的唯一关键字,value代表包含采样点经纬度、时间、速度、载客情况等多种信息。空间数据比较复杂,需要有效地组织。构建索引是一种空间数据的有效组织方式,构建索引前,首要考虑空间数据聚集特征,即将空间上邻近的数据划分到同一个数据块中。空间填充曲线具有良好的空间邻近特性,Hilbert曲线等编码方式都可以用于数据划分[3]。

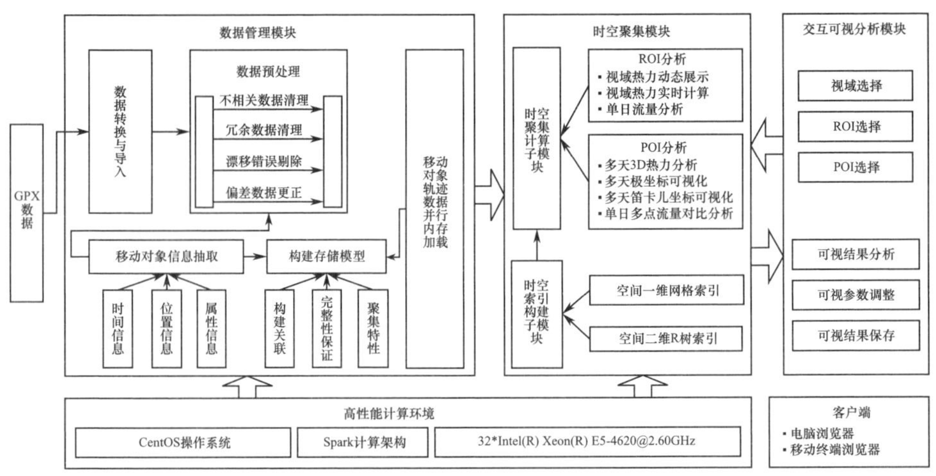

图 7－1　高性能轨迹数据热点分析

② 时空聚集。

时空聚集主要分为时空索引构建和时空聚集计算两部分。先将划分后的数据加载至内存,构建一维网格索引和 R 树类的二维索引两种索引。格网索引将空间二维信息映射到一维尺度上,利于大范围格网聚集值的获取。R 树索引能实现高效剪枝,提高搜索效率。

具体应用中,接收客户端发送过来的聚集分析参数后,基于索引并行计算。对兴趣区域(Region of Interest,ROI)采取一维索引,快速计算出多个格网的聚集结果;对兴趣点(Point of Interest,POI),采取 R 树类索引的聚集查询方式(一种先查询后按时间分段聚集的方式)。得到结果后,反馈到前端。

③ 交互可视化分析。

运行于客户端 Web 浏览器中,主要包括两种尺度下的交互可视分析方式。ROI 尺度下,提供视域热力图实时绘制、带进度条的动态展示以及聚集流量曲线图可视分析。POI 尺度下,提供极坐标、三维、笛卡儿坐标可视分析,还支持多点单日流量曲线比较。

7.1.1　城市热点快速可视分析

案例背景:出租车在城市车辆中占有重要比重,其数据能够映射到一系列热点事件、交通拥堵等城市特征。由于这些蕴藏的信息对城市生活有重大影响,如果能够从大规模数据中快速找到这些有价值的信息,将为城市决策者制定道路通行政策、为居民选择出行方案、为出租车司机避开拥堵提供有益参考。

方法步骤:利用 ROI 分析工具,通过缩放确定热点区域。可从右下角的当天流量曲线发现视域范围内聚集信息随时间的变化特征。然后,从实时更新的热力图中发掘更多信息。

（1）南京数据对比分析。图7－2所示是南京玄武湖周边地区。图7－2(a)表示白天8:17的实时热力分布,而图7－2(b)表示夜间22:55的实时热力分布。图(a)、(b)中右下角的流量曲线相同,都代表当天流量,用于和一天的总水平对比。白天时间,玄武湖北方的区域易形成热点区域,原因是南京火车站坐落于此,出租车聚集于此等待乘客;对比可以发现,在夜间时分,市中心易形成热点。

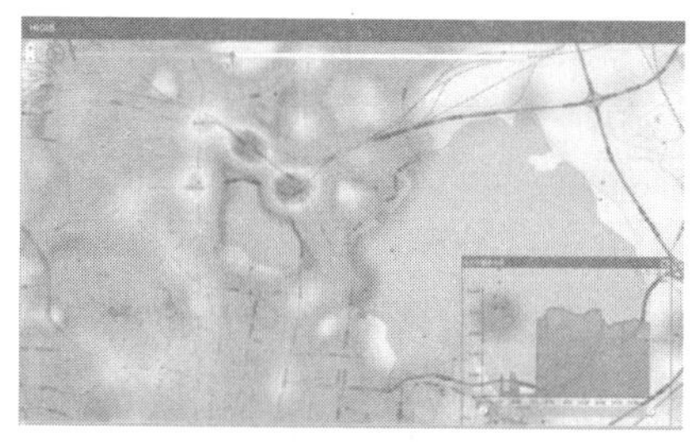

(a) 白天聚集可视化

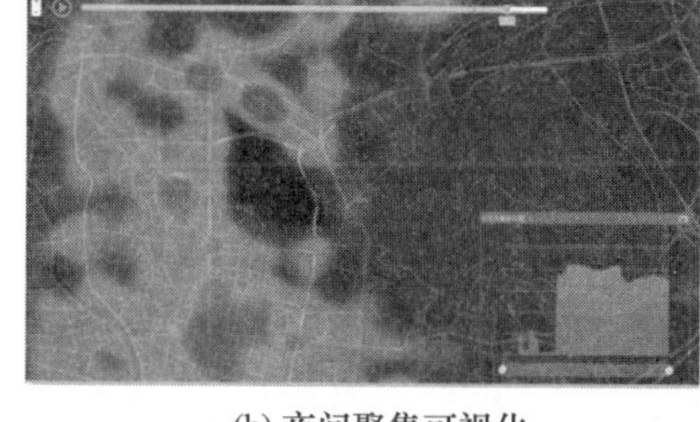

(b) 夜间聚集可视化

图7－2　南京市玄武湖周边实时热点分析

（2）长沙数据夜间分析。长沙素有“星城”美誉,以夜生活丰富多彩而著称。图7－3所示为长沙市的中心城区,包含五一广场、黄兴路步行街、坡子街、解放西路酒吧街等热点旅游和夜宵区域。图中时间是夜间23:39,城市的热点范围沿着图中东西轴线和南北轴线分布。其中,东西轴线为五一大道,这条道路的东侧为长沙火车站,西侧偏南的位置是“酒吧街”所在的解放西路。同样,南北轴线为长沙市的南北主干道——芙蓉大道,这条路的每个路口同样容易形成热点。

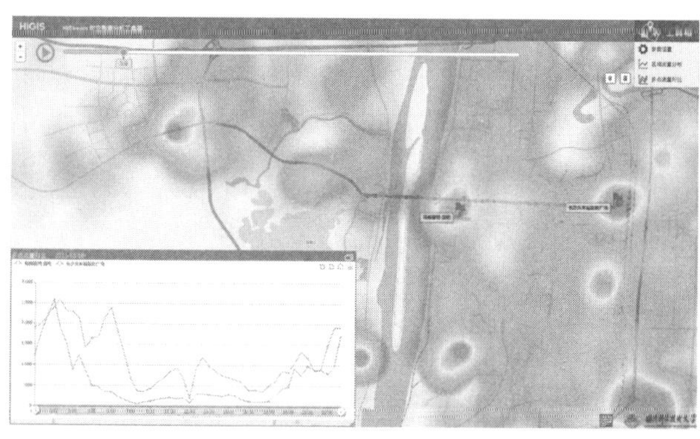

图7－3　长沙市实时热点分析

7.1.2 城市异常模式快速检测分析

随着经济社会和城市建设的发展,交通出行需求迅猛增长,出租车出行供需矛盾和运营服务水平不高的问题日益突出。对目前出租汽车的运营特征进行分析,有利于为解决目前出租汽车行业中存在的各种问题提供决策参考信息。

(1) 方法步骤。从以上目标出发,对北京市区的出租车运营特征进行查询。考虑到白天城市中很多地点都可能成为热点区域,因而从夜间的热力特征入手。首先,选定时间2:00—5:00,利用夜间ROI模式进行总体预览,锁定部分热点。其次,利用POI分析工具,进行进一步确认。最后,利用POI对比分析工具将聚集模式相近的点放在一起比较。

(2) 发现结果。这类夜间的热点区域除了加油站就可能是交班区域。如图7-4所示,通过夜间热力图观察到,POI 1~5号点在夜间的模式比较相似:其夜间的聚集值明显高于白天,且这些位置往往位于机场高速、京藏高速、京港澳高速等进出北京的高速公路的周边。

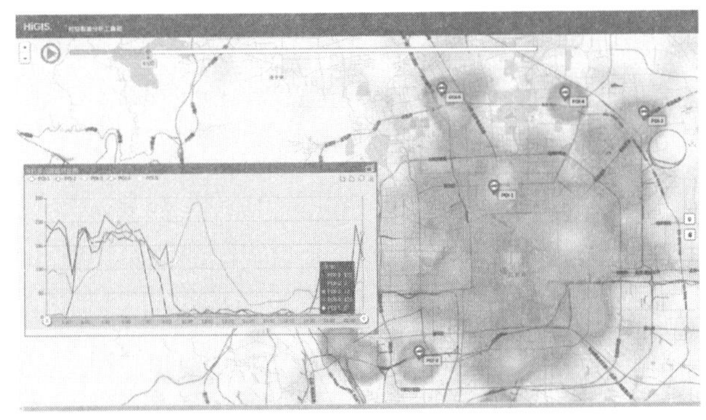

图7-4 北京市异常模式分析

(3) 结果验证。经过对比验证,这些热点正是北京市出租车夜间交车聚集区。形成这种局面的原因与目前北京出租汽车驾驶员以远郊区县户籍人员为主有很大关系。由于这些驾驶员每天都要往返于市区与郊区之间,其交接班地点必定选择在交通便利、汽车清洁、加油都比较方便的地点。因此,进出京高速公路周边成为了进行交接班的首选区域。

(4) 参考意义。由以上分析知道,北京市出租车交接班的空间分布呈现了明显的区域集中性,且集中于进出京高速公路周边。针对这一特性,交通管理部门可结合GPS实时监控等技术手段选择交接班覆盖强度较大的重点区域对出租汽车的交接班进行实时监测,可以有效解决目前出租汽车交接班行为难以管理或是管理较为粗放的问题;同时,也能够为保证出租汽车在出行高峰时段的整体供给能力提供有力的技术管理手段。

同样,对长沙市的数据可以开展同样的分析。

(1) 发现结果。在模式一的热点快速可视分析的基础上,凌晨 3:00 时,ROI 范围内还有几个其他几个热点区域,这几个地方并非长沙市传统的酒吧、夜宵等夜生活区域,也不是长沙市区马王堆、四方坪等交班区域。通过多点 ROI 对比分析工具,这几个热点区域具有类似的热力分布模式,即夜间存在一个高峰值,在长沙市出租车通常的 18:00 交班时间前还有一个低谷。图中 12:00 的低谷是由于数据缺失而造成的,需要排序该扰动带来的干扰。

(2) 结果验证。结合实际地名地址服务,可以检验得到这几处区域正是加气站所在的位置,验证了异常模式,如图 7-5 所示。

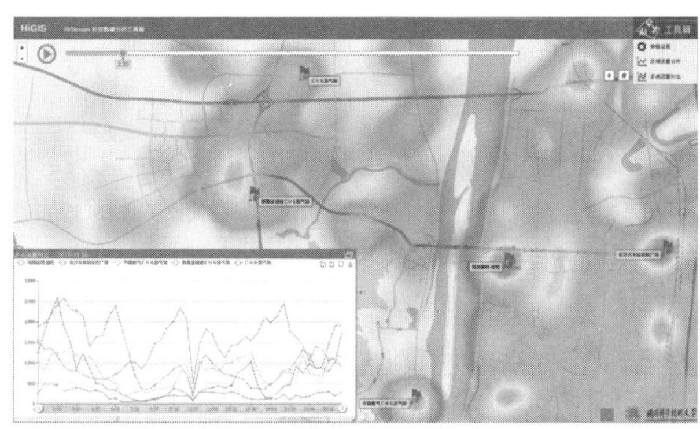

图 7-5 长沙市异常模式分析

7.2 应急测绘应用

在应急测绘等实际领域中,GIS 平台需要为自然灾害等突发事件提供准确、快速的数字地形分析,以保证分析结果的实时获取。现有算法应对实际需求能力不足,且难以匹配当前高速增长的数据量等问题,已成为当前 GIS 软件的重大挑战。

目前,许多数字地形分析的相关研究致力于提升部分数字地形分析技术特定计算步骤的效率,或将基础的并行方法直接应用于特定的数字地形分析算法。而这些研究普遍存在以下几点问题:

(1) 经过近几十年的研究与发展,传统串行数字地形分析算法趋于成熟,个别步骤计算效率的提升往往不能有效降低整体算法的复杂度。

（2）常用并行方法多采取较为简单的规则数据平均划分方法。这类方法具有较强的普适性和健壮性，使部分数字地形分析算法的计算效率得到了显著提升。然而，在处理复杂数据结构和特定条件下的数字地形分析问题时，此类并行方法的计算效率可能会大幅降低。个别情况下，此类并行算法的计算效率可能低于串行算法，甚至导致算法失效。

（3）现有研究所采用的并行分析方法大多要求各个进程间的计算结果不存在相关性，以便完成计算结果的融合。然而，实际的数字地形分析问题多为邻域相关型问题乃至全局相关型问题。在处理这类问题时，常见的并行算法通常会失效，必须根据算法实际情况设计合理的计算结果融合方案才能实现算法的并行化，以达到提高数字地形分析算法效率的目的。因而，应急测绘应用中的填挖分析和淹没分析等特别需要高性能计算的支持。

7.2.1 填挖分析

填挖分析是数字地形分析中的一种重要技术，其核心功能为填挖方面积和体积的计算。填挖分析的结果直接而准确地展示了自然灾害、人类活动等因素对地形地貌的影响，反映了不同时间段地形的变化及其趋势。此外，填挖分析还是多种工程建设的基础步骤，直接关系工程的经费规划和工程方案的优化，是多种研究的基础性工作，更在工程建设中存在巨大的实际价值。填挖分析结果仅由给定位置的数据点确定，属于非邻域相关型问题。

传统的条带划分并行填挖算法对数据处理规模和分析效率都有一定的提升，其采用的条带数据划分方案具有较强的适用性。然而，在数据量较大时，条带划分并行填挖算法需要尽量降低任务粒度以保证较低的内存需求，而任务粒度降低的代价是数据划分方案和运算结果的频繁通信，影响了并行算法效率[4]。更为重要的是，条带划分并行算法仅在处理矩形区域的填挖分析时才能获得较高的计算效率，而在处理图 7－6(a)所示的不规则区域内的 DEM 数据时的效率明显降低，并且难以保证各个进程之间的负载均衡。事实上，由于不规则区域与条带边界的交点的计算方法相对复杂，任务划分部分的计算量甚至可能高于填挖分析部分的计算量，此时并行算法计算效率的提升并不明显，同时进一步增加了并行算法的设计难度。而如果未能确定每个条带内需要进行分析的不规则填挖区域，则无法实现给定不规则区域条件下的填挖分析，导致算法失效。

对于如图 7－6(a)所示 DEM 数据，定义用户需要进行填挖分析的不规则区域为填挖区域，其最小外包矩行框内的其他区域为无效区域。在采用图 7－6(b)所示条带划分算法时，除了需要对填挖区域进行分析外，大量的内存空间和计算资源浪费在无效区域上。而当填挖区域为如图 7－6(a)所示的条状数据或

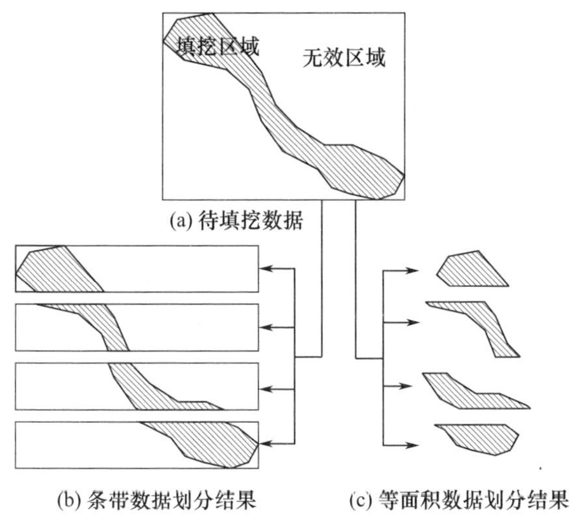

图 7-6　不规则 DEM 数据在条带数据划分和等面积数据划分下的效果图

其他不规则区域时,无效区域占全部读入数据的比例可能非常高,且所有的数据点都要判断是否在不规则图形内部。对于计算复杂度不高的填挖分析来说,这极大地增加了总运算时间。

此外,在条带数据划分策略下,由于每个进程内需要进行填挖分析的不规则区域和单个条带内的计算任务难以提前确定,很难量化各个进程的实际计算任务,导致负载不均衡。

为解决条带划分算法存在的问题,可以采用如图 7-6(c)所示的基于等面积数据划分的并行填挖分析算法,该算法具体采用将填挖区域按相等面积进行划分的方法,能有效解决条带划分算法存在的问题。

1. 等面积数据划分策略

对于面积相等的区域,数据读写量和填挖分析的计算量基本相等,因此等面积区域划分策略能够有效地实现并行填挖算法的负载均衡。实际采用的方法是将栅格数据划分为包含填挖区域面积相等的条带,同时建立相应的二元索引以记录条带内需要进行分析的填挖区域,而后仅对条带内填挖区域的数据进行分析,从而提高计算效率(图 7-7)。

在图 7-7 所示不规则区域中,每个条带内包含的填挖面积可以通过以下公式得出:

$$\text{Meanarea} = S/N$$

式中:N 为条带任务数;S 为填挖区域总面积,其计算公式为

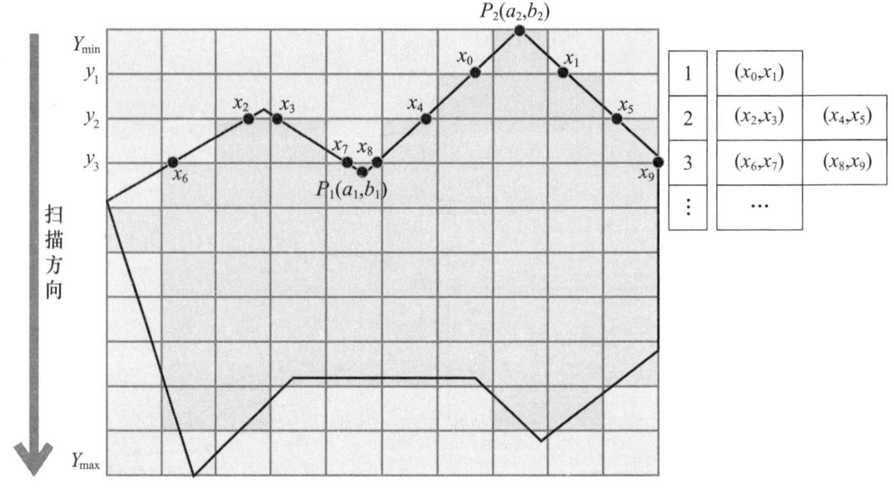

图 7－7　基于扫描线的等面积划分算法

$$S=\frac{1}{2}\times\left(\begin{vmatrix}a_1 & b_1\\ a_2 & b_2\end{vmatrix}+\begin{vmatrix}a_2 & b_2\\ a_3 & b_3\end{vmatrix}+\cdots+\begin{vmatrix}a_{n-1} & b_{n-1}\\ a_n & b_n\end{vmatrix}+\begin{vmatrix}a_n & b_n\\ a_1 & b_1\end{vmatrix}\right)$$

式中：a_i、b_i分别为不规则区域第 i 个顶点 P_i的横、纵坐标。对于填挖区域中包含无效区域的情况，只需用外侧较大的填挖区域面积减去内部较小的无效区域面积即可。如图 7－7 所示，等面积数据划分方法包含以下 5 个主要步骤：

(1) 确定不规则区域在 y 方向上的最大最小值 Y_{max}和 Y_{min}。

(2) 从 Y_{min}到 Y_{max}进行扫描，分别求出每个纵坐标与不规则区域的各个交点的横坐标 x_i。

(3) 判断同一纵坐标对应的两个交点间的栅格是否在填挖区域内，并建立交点坐标的二元索引，如图 7－7 右侧标出的$\{y_2,(x_2,x_3)\}$和$\{y_2,(x_4,x_5)\}$，其中每个索引$\{y_i,(x_n,x_{n+1})\}$表示第 y_i行的 x_n到 x_{n+1}之间的数据点都属于填挖区域。

(4) 假设 y_{mu}为第 M 个条带的上边界，记录该行二元索引包含的栅格数目对应的填挖面积之和 S_m，若 S_m小于 Meanarea，则 S_m与下一行的填挖面积累加，直至 S_m大于 Meanarea，记录此时条带 m 的下边界坐标 y_{md}，并以 y_{md}作为条带 $M+1$的上边界。将 S_m置为 0，用于计算下一个条带数据的边界。

(5) 重复步骤(2)至(4)，直至将全部数据近似按相等填挖区域面积划分为 N 个条带。此时第 M 个条带包含 $y_{M+1}-y_M$行数据，每行数据包含 $2k$ 个交点(k 为该行二元索引个数)。

在(2)计算扫描线与不规则区域的交点横坐标时，对于包含 v 个顶点的任意不规则多边形区域，为了计算每个横坐标对应的交点坐标，需遍历全部 v 个顶点的坐标。对于一个包含 n 个数据点的 DEM 数据，其数据宽度约为 $n^{0.5}$，此时计算全部交点坐标的计算复杂度为 $O(vn^{0.5})$。对于主进程而言，交点坐标计算算法的复杂度较高，容易导致负载不均衡，降低实际计算效率。因此，实际采用的交点坐标计算方法如下：

对于图 7-7 所示经过 $P_1(a_1, b_1)$ 和 $P_2(a_2, b_2)$ 两点的直线，直线方程可表示为

$$\Delta y/\Delta x=(b_2-b_1)/(a_2-a_1)=k$$

由于需要确定不规则多边形与各个纵坐标的交点，因此选择 Y 方向为主步进方向，即每次递增 1，此时 X 方向每次递增 k。对于直线上已知的第 i 个交点的坐标，可用公式：

$$x_{i+1}=x_i+k$$
$$y_{i+1}=y_i+1$$

得到第 $i+1$ 个交点的坐标。将计算出的直线上每个点的纵坐标保留，横坐标四舍五入即得到全部交点的栅格坐标。如图 7-7 中的 x_0、x_4 和 x_8 就可根据顶点 P_1 和 P_2 的坐标计算得出。

通过采用上述方法，通常情况下可将(2)中计算交点坐标的算法复杂度降为 $O(v+n^{0.5})$，有效提高了数据划分算法的计算效率，有助于实现并行算法的负载均衡。

2. 等面积划分填挖算法并行化

这样数据被划分为包含填挖区域面积相等的 N 个条带，并通过二元索引记录每一行数据包含的填挖区域范围。在实际任务分配中，采用并行任务分配策略，由主节点将每个条带的二元索引发送到各个计算节点，计算节点根据接收的二元索引分别读入数据并进行填挖分析，计算节点在完成计算后将填挖分析结果返回至主节点，由主节点进行汇总后得到最终填挖分析结果。

通过采用二元索引读取数据，每次读入的数据量很少，能够实现对任意规模数据的填挖分析，消除了内存对填挖分析的限制。在等面积划分条件下，每个条带的填挖分析计算量和 I/O 开销基本相等。为了保证计算节点的负载均衡，在进行数据划分时，使条带任务数 N 与计算节点数量相等，即每个计算节点仅对一个条带数据进行填挖分析。

3. 并行填挖分析算法性能

为了验证等面积数据划分算法的性能，实验测试了 DEM 数据在不规则区域内的填挖分析性能，测试数据信息如表 7-1 所示。

表 7-1　实验数据

名称	分辨率/m	尺寸	大小/GB
China90	90	72001 × 48001	6.9
China270	270	24001 × 16001	0.7683

为验证基于等面积数据划分的并行填挖算法的并行效率，现将条带划分并行算法与等面积划分并行算法针对如图 7-7 所示不规则区域进行对比测试，实验采用高性能计算平台进行测试，处理范围控制在 China90 文件中像素范围为 48000 × 18000 的矩形数据块中，在图 7-7 所示不规则区域下，条带划分方案共需要读入约 1.91GB 的矩形数据进行分析，而等面积划分方案仅需读入填挖区域内的 1.41GB 数据，显著降低了算法 I/O 开销。取 4 次算法运行时间的平均值作为算法运行时间并记录，观察并行算法进行填挖分析的时间随进程数目变化的趋势，实验结果如图 7-8 所示。

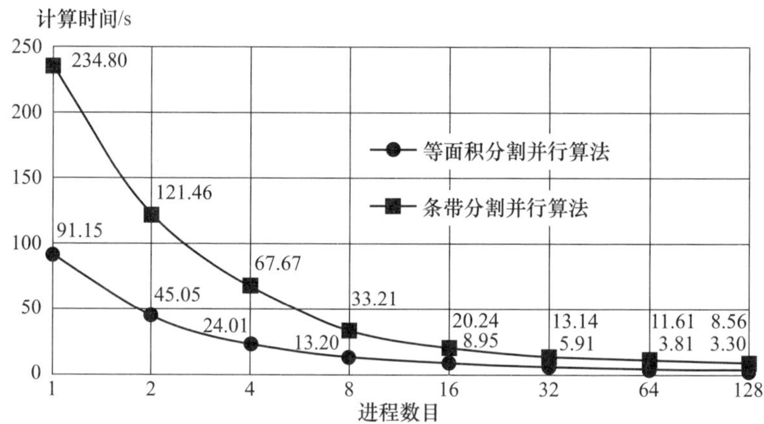

图 7-8　算法处理时间随进程数的变化趋势

可以看出：等面积划分并行填挖算法运行时间明显低于条带划分并行填挖算法，且两者的运算效率与进程数目的关系相似。且当条带数目为 1 时，条带划分并行填挖算法退化为传统串行填挖算法。

7.2.2　淹没分析

淹没分析属于水文分析，是数字地形分析的核心任务之一，是建立在流域分析和工程设计等因素之上的综合分析方法，其核心任务是评估和分析暴雨和洪水等因素导致的洪涝灾害的影响。我国是全球洪涝灾害最多的国家之一，每年因洪涝灾害而造成的经济损失可达数百亿元以上，且伤亡通常较为严重。此外，由于淹没分析受到多种因素影响,分析难度较高,目前的模型和分析算法多具有较大的局限性。由于淹没分析所涉及的地形范围普遍较大,且对数据精度的要求较高,进行淹没分析的数据量往往极大。此外,常见的淹没分析算法复杂度较高,在海量数据和复杂条件下的淹没分析计算效率很低,相应的淹没分析时间可能极长。因此,高性能淹没分析算法有着广阔的研究前景和切实的研究价值,对民众的生命财产安全和国家灾害治理有着重要意义。根据不同的实际条件和分析模型,相应的淹没分析问题属于邻域相关型问题或全局相关型问题。

传统的淹没分析算法数据依赖性较高,并行化难度较大,且算法串行分量较多,并行化后计算效率的提升并不明显[4-5]。根据 DEM 数据结构特点和给定淹没水位的实际条件,以下介绍一种条带边界追踪算法。条带边界追踪算法的核心是将数据按条带划分方案分割后,以游程编码记录潜在淹没区段,并以单个边界上的潜在淹没区段为起点,对条带内的潜在淹没区域进行追踪。再以另一边界上未被追踪的潜在淹没区段为起点进行追踪,直至将潜在淹没区段按照与各个边界潜在淹没区段的连通性划分为多个潜在淹没区域为止。

1. 条带边界追踪算法

条带内的潜在淹没区域划分为双边界区域、单边界区域和内部区域三种类型,这三类潜在淹没区域类型如图 7-9 所示。

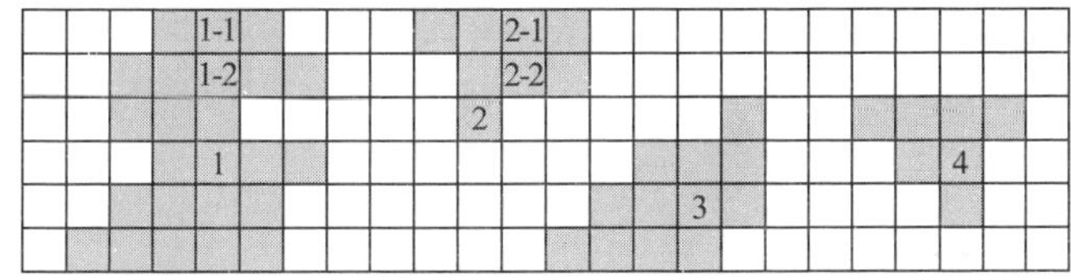

图 7-9 三种潜在淹没区域

潜在淹没区域 1 贯穿了整个条带数据,且区域 1 同时具有上边界和下边界两种潜在淹没区段,将此类潜在淹没区域定义为双边界区域。潜在淹没区域 2 和 3 为单边界区域,即仅在一个边界上具有潜在淹没区段的区域,而潜在淹没区域 4 为内部区域,即没有边界区段的潜在淹没区域。

由于不包含种子点的条带数据的内部区域不可能为实际淹没区域,条带边界追踪算法不记录内部区域,即不记录区域 4 所示的这一类潜在淹没区域,在进行淹没分析时,对种子点所在条带数据进行条带边界追踪,若记录的潜在淹没区域不包含种子点,说明种子点在给定条带数据的内部区域中,此时只需要以种子点为起始点进行种子填充法确定实际淹没区域即可。除种子点所在条带外,其他条带的内部区域不可能被划分为实际淹没区域,故不对相应区域进行记录。条带边界追踪算法的主要步骤如下:

建立一个与条带等宽的链表,再将条带内的全部潜在淹没区段用游程编码进行压缩并存储于建立的链表中,将这个链表称为区段链表。与分块压缩追踪算法不同的是,在将全部潜在淹没区域按顺序记录于区段链表后,条带边界追踪算法不采用四邻域方法对潜在淹没区域进行追踪,而是以潜在淹没区段是否相交作为潜在淹没区域追踪的主要标准,具体方法为:

假定从上边界向下追踪,创建一个新的三维链表,链表宽度与上边界潜在淹没区段数量相等(即为2),表示当前条带向下追踪的潜在淹没区域数量为两个,每一行的二维链表对应一个潜在淹没区域。每个二维链表的宽度与条带数据宽度相等,用于记录给定潜在淹没区域包含的条带数据内每一行的潜在淹没区段,将这个三维链表称为区域链表。

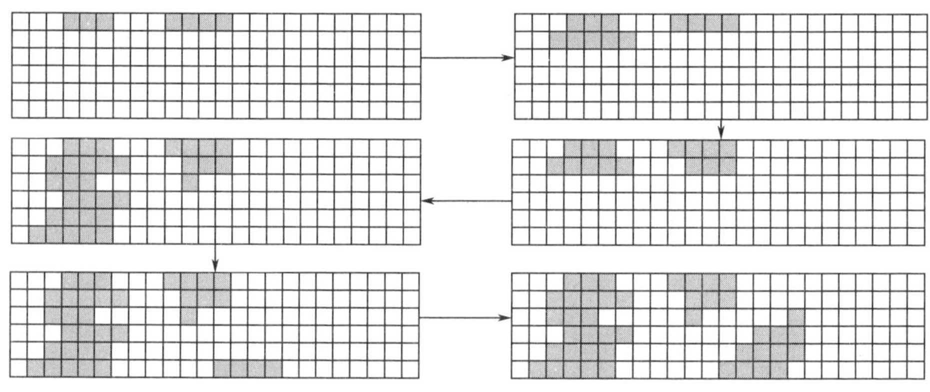

图 7-10 潜在淹没区域追踪过程

条带边界追踪算法的潜在淹没区域追踪过程如图 7-10 所示。图 7-9 中的潜在淹没区段 1-1、1-2、2-1 和 2-2 分别表示潜在淹没区域 1 和 2 在条带数据内第一行和第二行的潜在淹没区段。将第一行的两个潜在淹没区段 1-1 和 2-1 分别添加到区域链表中表示对应潜在淹没区域的对应行中,并在区段链表中将这两个区段分别标记为区域 1 和 2。按顺序从这两个区段出发进行潜在淹没区域的追踪。即以区段 1-1 为起点,按顺序追踪相邻行的潜在淹没区段。对于区段 1-1,由于其上方没有潜在淹没区段,因此按顺序遍历第二行的潜在淹没区段。由于区段 1-1 与区段 1-2 相交,将区段 1-2 添加到区域链表中的对应位置,并将区段链表中的区段 1-2 标记为区域 1。在追踪区段到 2-2 时,由于区段 1-1 的右端点小于区段 2-2 左端点,结束区段 1-1 的追踪。再以区段 2-1 为起点进行追踪,将区段 2-2 添加到区域链表中的对应位置,并将区段链表中的区段 2-2 标记为区域 2。此外,若区域 2 包含的区段与区域 1 包含的区段相交,则将区域 2 和区域 1 合并为一个区域,将区域 2 的全部潜在淹没区段添加到区域1内，并从区域链表中删除区域2及其内部区段。

重复上述步骤，即可得到以上边界潜在淹没区段为初始区段的区域1和区域2这两个潜在淹没区域。再以下边界未标记的潜在淹没区段为初始区段进行追踪，得到潜在淹没区域3。在两边界包含的全部潜在淹没区段追踪结束后，得到当前条带包含的全部双边界区域和单边界区域。通常情况下，在追踪时，对于种子点所在条带上方的条带数据，先进行下边界区段的追踪再进行上边界区段的追踪。与之相反，对于种子点所在条带下方的条带数据，先进行上边界区段的追踪再进行下边界区段的追踪，这样有利于提升条带边界追踪算法效率。

条带边界追踪算法的优点主要体现在以下两个方面。首先，条带边界追踪算法不记录内部区域，这避免了大量用于生成内部区域的无效计算成本。其次，指定条带内的潜在淹没区域仅由给定的淹没高度确定，而不是由其他条带的边界淹没区段决定，有利于实现淹没算法的并行化。同时区域追踪算法将分块压缩追踪算法在全部数据上的串行追踪计算分散为各个条带数据内部的区域追踪，有利于降低并行算法的串行分量，提高算法的可并行程度，能够显著提高并行算法效率。

2. 淹没分析数据划分及任务分配

在进行并行计算之前，需要对数据进行划分，以便各个计算节点可以并行地读取数据并同时进行全部分析任务的计算。

数据划分方案采用横向条带数据划分策略。由于条带数据划分方案属于平均数据划分策略，通常情况下每个条带数据的I/O开销及计算任务较为均衡。将所有条带数据由上至下进行编码。如图7－11所示，图中顶部条带的编码为1，底部条带的编码为n。

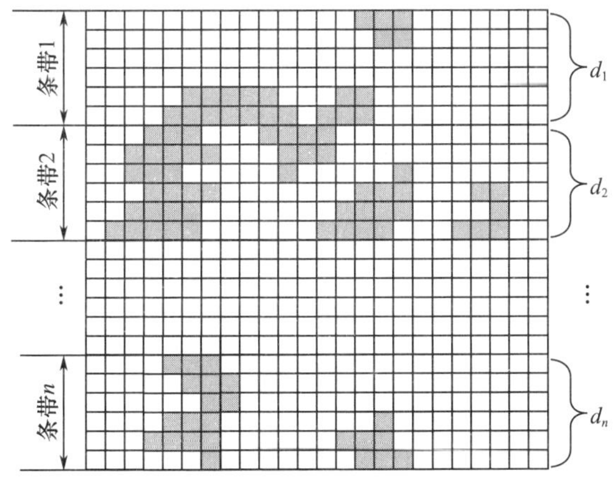

图7－11　并行淹没分析数据划分示意图

任务分配策略根据条带的顺序为每个进程分配 A 个条带，再将剩余的 E 个条带分配给前 E 个进程。为了简化任务分配方案，条带的数量要小于计算节点数量或为计算节点数量的整数倍。在这种情况下，各个进程的负载通常更加均衡。

对于每个进程，可以按行读取条带 DEM 数据并进行相应的潜在淹没区段生成及压缩。在这种策略下，每次读取的数据量很小，有助于完成大规模 DEM 数据的分析。

3. 淹没分析结果融合

有源淹没分析中相邻条带数据间的淹没分析结果具有相关性，因此虽然可以并行计算条带内的潜在淹没区域，但将潜在淹没区域筛选合并为实际淹没区域的步骤需要串行完成。

如图 7-12 所示，根据各个条带内的潜在淹没区域生成实际淹没区域的主要步骤如下：

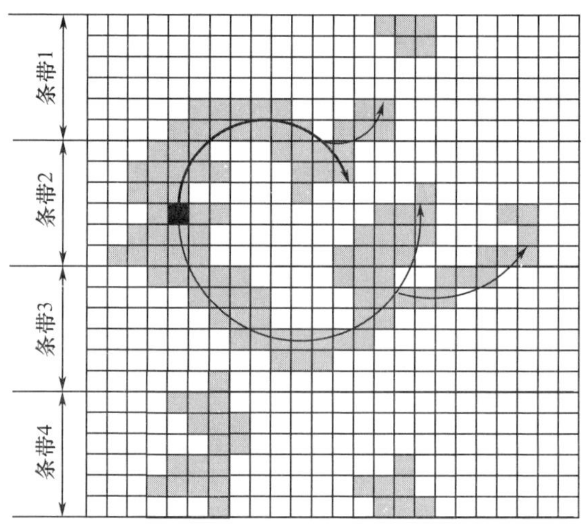

图 7-12　并行淹没分析结果融合示意图

(1) 创建一个二维列表，其宽度等于整个 DEM 数据的宽度，用以记录每一行的全部实际淹没区段。

(2) 根据数据划分方案和并行任务分配策略并行执行条带边界追踪算法。执行完毕后，每个进程将分配到的条带数据内的潜在淹没区域返回至主进程并记录在建立的二维列表中。

(3) 找到包含种子点的条带，定位种子点所在的潜在淹没区域并将其标记为实际淹没区域。

（4）从当前实际淹没区域的边界区段出发，按本章提出的边界追踪算法对相邻条带的潜在淹没区域进行追踪，将追踪到的区域添加到实际淹没区域中。

（5）重复（4），直至到达 DEM 数据的边界或者不再添加新的实际淹没区域为止。

4. 条带边界追踪算法并行化

为了提高给定水位的淹没分析计算效率，需实现条带边界追踪算法的并行化，具体步骤如下：

通过条带划分方法，将数据划分为面积相等的 N 个条带，再根据其任务分配策略，由主节点将每个条带的编号及上下边界发送到各个计算节点，计算节点根据编号分别读入条带数据并进行潜在淹没区段生成和条带边界追踪，以获得条带内的潜在淹没区域。计算节点在完成计算后将潜在淹没区域返回至主节点，由主节点通过淹没分析结果融合方法将潜在淹没区域筛选合并后得到实际淹没区域，即淹没分析结果。

通过实现条带边界追踪并行算法，根据算法所采用的平均数据划分方案，每个进程需要处理的条带数据量基本相同。每个条带的 I/O 成本基本相等，边界追踪计算量相近，能够实现并行负载均衡。算法流程如图 7－13 所示。

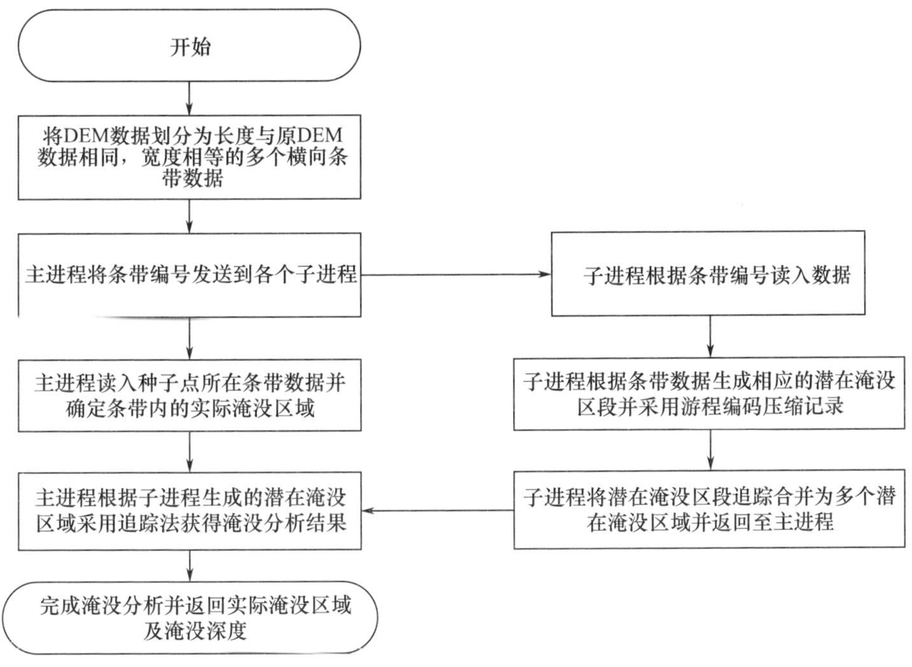

图 7－13　条带边界追踪并行淹没算法流程图

5. 算法效果

对于如图 7 - 14(a)所示 DEM 数据和淹没种子点 p,假设淹没高度为点 p 的高程,则相应的淹没分析结果如图 7 - 14(b)所示。

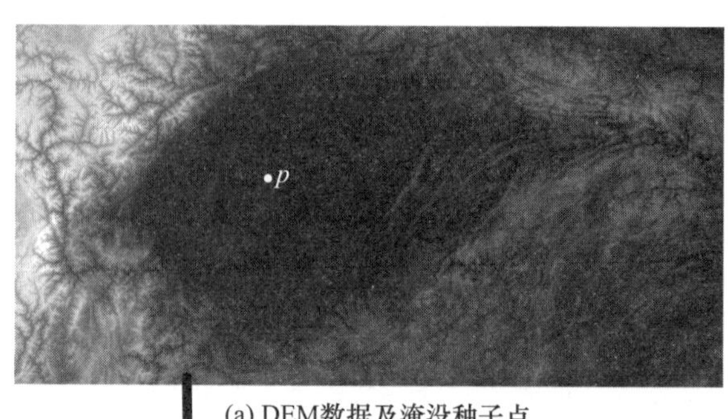

(a) DEM数据及淹没种子点

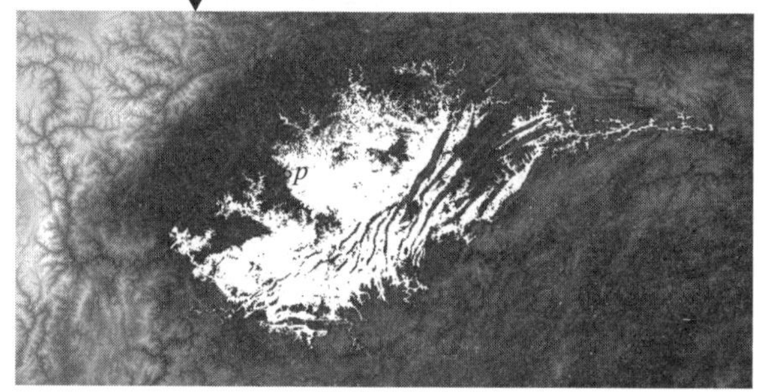

(b) 淹没分析结果

图 7 - 14　给定 DEM 数据及淹没种子点条件下的淹没分析结果示意图

如图 7 - 14(a)所示,对于给定 DEM 数据,白色为高程较大的区域,黑色为高程较小的区域,淹没种子点 p 所在黑色区域可近似看作一个盆地。以种子点 p 的高程作为淹没高度得到的淹没区域为图 7 - 14(b)所示的白色区域。对比可知,盆地内高程较高的条状山脊区域未被划分为淹没区域,其余高程较低的黑色部分则被划分为淹没区域。

7.3 综合信息服务应用

7.3.1 遥感影像快速发布

遥感影像快速发布是指在 Web 浏览器浏览影像时,可以根据当前的地理范围动态地计算所需显示的影像瓦片的行列号,通过行列号以及级别得到瓦片的编码,而后通过编码向服务器端请求相应瓦片进行显示,从而达到无需预处理、快速发布的目的[6]。

分幅影数据集内影像的数量往往非常巨大,以 0.2m 分辨率的影像来说,一个中小规模的县往往需要 4000 幅左右影像才能完全覆盖,全部数据量大致为 320GB。并且如果存在多个接图表的情况下,两个接图表相邻接的区域必然会存在无效值,如何从对方数据集内找到相应区域的数据并填补自己的无效值部分,是一个必须要解决的问题。目前大部分瓦片金字塔的生成方法都是必须先生成影像金字塔,而后读取影像金字塔各个层级,再对该层级数据进行切片形成瓦片金字塔[7-8]。也有利用 GPU 来加速的方法,但是需要专用的硬件[9]。当影像数据量非常大时,建立各层级金字塔,以及分别读取各层级金字塔数据进行切片,这是非常耗时的一个操作[10]。

一种有效的方法是直接对分幅结果影像进行瓦片化操作,如果存在多个接图表的情况下,那么以一个接图表为基准,依次寻找其他分幅文件夹相应层级下与该瓦片相同行列号的瓦片,因为瓦片行列号具有唯一性,相同层级下相同行列号代表着相同地理范围,因此可对这些相同行列号的瓦片进行融合,利用融合操作将有效值替换掉无效值。

合理的任务划分是保证并行算法高性能的关键,为了实现最优的切片效率,采用轮询法的任务划分方式。此方式能够在最大程度上保证各个进程的负载均衡,从而使算法效率趋于最优。

第三章的图 3 - 16 例子中,影像瓦片的总数为 20,共有 5 列 4 行。不失一般性的,可以认为将要生成的瓦片列号 t_x 范围为 0 ~ 4,行号 t_y 范围为 0 ~ 3。进程总数 $n = 8$,所有的进程共同执行的任务轮次为 $i = 20\% \ 8 = 2$,两轮任务分配之后剩余的瓦片数量为 k = tcount/4,表示 8 个进程在执行完前两轮的任务分配之后,进程编号为 0 ~ 3 的 4 个进程还要额外处理剩余的 4 个瓦片,8 个进程总共要执行 3 轮,前两轮每个进程都被分配了任务,最后一轮只有部分进程被分配了任务。以进程 0 为例,在此次任务划分中共进行 3 个轮次的任务执行,每轮中分配到一个瓦片,三个轮次中被分配的瓦片依次为当前层级中瓦片行列号编码为(0,3)、(3,2)、(1,0)的三个瓦片,这三个瓦片一起构成了进程 0 的任务队列,划入该进程的任务池中,它们在任务队列中的任务序号依次为 0,1,2。

在任务划分完毕之后,各个进程只能看到自己任务池中瓦片的序列号而看不到瓦片的行列号,为了完成切片任务,每个进程需要根据自身的进程号 i 和任务池中瓦片的任务序号 j 来计算出当前执行切片的瓦片的行列号。仍以进程 0 为例,该进程要处理三个瓦片,其中(0,3)号瓦片的任务序号为 0,所以该瓦片在所有待切片瓦片中的位序 pos 等于 $0 \times 8 + 0 = 0$;(3,2)号瓦片的任务号为 1,pos 为 $1 \times 8 + 0 = 8$;(1,0)号瓦片是 tcount % $n \neq 0$ 的情况,$\text{pos}_2 = 20 - 4 + 0 = 16$。计算出每个瓦片在所有瓦片中的位置序号 pos_2 和 pos 后,就可以反算出每个瓦片的行列号。这样,就将各个进程任务池中瓦片的任务序列号和瓦片行列号建立起了一一映射的关系,每个进程可以通过上述过程反算当前轮次是执行哪个瓦片的切片工作,保证了切片算法的正确性。

在瓦片金字塔生成的过程中,可以采用每个层级的瓦片都从原始的影像数据直接切片的方式得到。由于瓦片金字塔是一个四叉树的模型,每个低层级的瓦片都对应着高一层级的四个瓦片,因此有了最高层级的瓦片后还可以采用基于已有的高层级瓦片合成的方式得到低层级瓦片。通过实验比较,后一种方式执行效率更高,故而在实际应用中采用基于高层级瓦片合成的方式来获得低层级的瓦片[11],如图 7-15 所示。

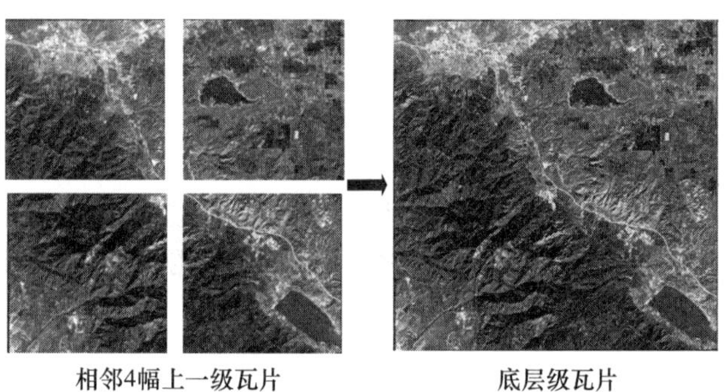

图 7-15　由高层级瓦片合成低层级瓦片

在采用高层级瓦片合成的方式获取低层级瓦片时,关键在于找到低层级瓦片和高层级瓦片的对应关系。由于待切片的遥感影像的地理覆盖范围已经确定,所以确定了瓦片层级后可以切割生成的瓦片的最大、最小行列号也是可以确定的,具体计算公式如下:

$$\begin{cases} \text{tmin}X = \left\lceil \dfrac{\text{gimgmin}X + \text{originShift}}{\text{Resolution} \times \text{tilesize}} \right\rceil - 1 \\ \text{tmax}X = \left\lceil \dfrac{\text{gimgmax}X + \text{originShift}}{\text{Resolution} \times \text{tilesize}} \right\rceil - 1 \\ \text{tmin}Y = \left\lceil \dfrac{\text{gimgmin}Y + \text{originShift}}{\text{Resolution} \times \text{tilesize}} \right\rceil - 1 \\ \text{tmax}Y = \left\lceil \dfrac{\text{gimgmax}Y + \text{originShift}}{\text{Resolution} \times \text{tilesize}} \right\rceil - 1 \end{cases}$$

这些瓦片的切分任务依然采用车轮法划分给各个进程。当一个进程处理第 k 层级、行列号为 (X,Y) 的瓦片时,需要用到第 $k+1$ 层级中瓦片行列号依次为

$(2X,2Y)$,$(2X+1,2Y)$,$(2X,2Y+1)$,$(2X+1,2Y+1)$的四个高层级瓦片。

每个进程确定当前层级的瓦片行列号和对应的高层级四个瓦片的行列号后,先生成空的瓦片文件,然后从文件路径下找到所需要的高层级瓦片,通过GDAL库的RasterIO函数以1/2采样的方式读取四个瓦片的数据,最后将数据写入到瓦片文件的相应位置,这样就完成了对一个低层级瓦片的合成,如图7-16所示。

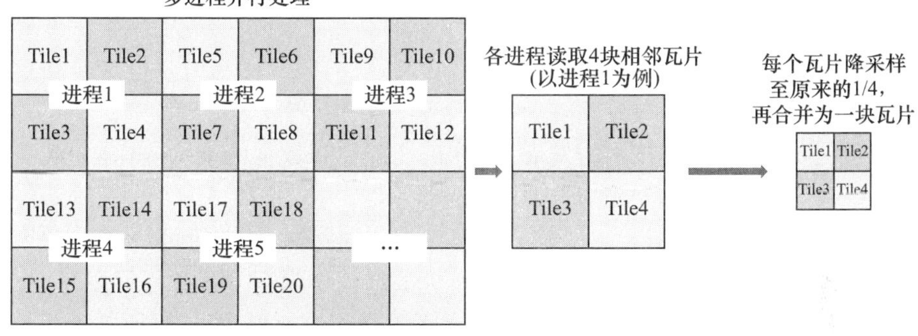

图7-16　基于高层级瓦片的低层级瓦片合成示意图

将高性能瓦片化算法应用到湖南省影像统筹中,实现大规模分幅影像数据集的高性能瓦片化,如图7-17所示。湖南省0.5m分幅影像数据约25000幅,数据量大小约2.3TB,在6台24核CPU服务器上运用该算法,数小时完成全部最高到19级的影像数据瓦片化。

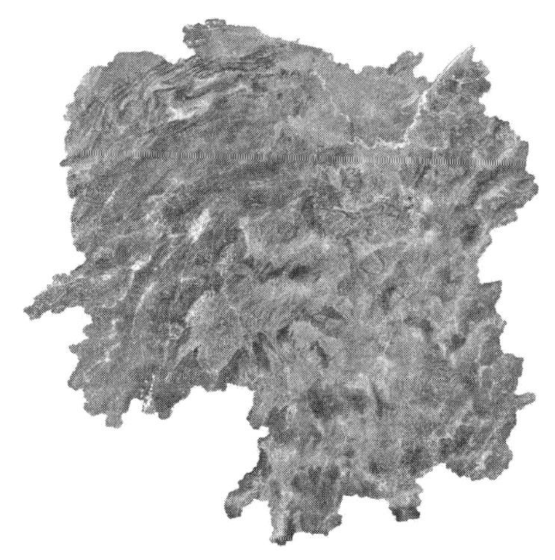

图7-17　湖南省0.5m遥感影像

7.3.2 可达性分析

自20世纪50年代起,路网可达性便成为交通地理、土地规划等相关领域研究的一个热点问题。一个地点的可达性通常可以定义为该地点通过可使用的交通方式到活动地点或者服务设施点的便捷程度。近年来,可达性分析被广泛用于评估交通系统性能、研究城市发展、改善城市居民到工作点和医疗设施的便捷度等方面。根据不同的应用需求,广大学者定义了多种可达性度量模型[12-14],比较典型的有基于距离的模型[15]、基于机会的模型[16]、基于重力的模型[17]等。其中基于距离的模型通常用作被研究点到设施点的距离作为可达性度量指标,此距离可以指到所有服务设施点的平均距离、加权距离或者最近距离。

随着空间信息处理技术的发展,计算机处理空间数据的能力越来越强。很多常用GIS软件都提供了较为方便的可达性分析功能,比如ArcGIS的路网分析工具包(Network Analyst)可基于输入道路图层创建路网,并进行可达性分析[18]。为了支持更为复杂的可达性分析模型,一些学者基于现有GIS软件开发了自己的可达性分析扩展包[19],一些学者基于空间数据库进行可达性分析[20]。此外,还出现了很多独立的可达性分析软件,比如HRTA[21]、UrbanAccess[22]和Access-Mod5[23]。

不过,由于可达性分析具有较高的计算复杂度,现有分析解决策略均无法实现较为快速、高精度的可达性分析。为了减少分析响应时间,这些工具通常采用牺牲分析精度的方式,例如,UrbanAccess只分析了道路上的不同节点到服务设施的可达性,未分析不在道路上点的可达性;世界健康组织提供的可达性分析工具AccessMod5则将路网栅格化,然后基于栅格进行路网分析,此模型可大大减少路网分析计算量,但是无法应对多模式路网分析以及单双向道路问题。

随着空间数据规模的增加和计算机技术发展,并行计算技术被广泛用于解决各种各样复杂的空间分析问题[24]。在可达性分析领域,Cheng[25]将并行计算技术用于分析英国曼彻斯特的工作可达性,但是其实现策略并不足够优化,而且未使用空间索引进行加速。目前,并没有较为理想的并行可达性分析工具。

以下分析在综合信息服务应用中,如何高效地分析避难所的可达性,具体包括路网快速重构方法、并行处理策略以及一些基于地图综合技术的计算化简方法。

1. 路网快速重构方法

在应急救援情况中,由于道路塌方、区域内路网阻断等情况存在,通常需要重新构建路网。由于构建路网输入的原始道路数据不包含空间拓扑信息,构建路网主要需从道路数据中提取路网的节点和边。为了保证路网分析的效率,构建的路网需要尽量简洁,通常选择道路中的交叉路口作为路网中的节点。对于一些没有必要生成路网节点的点,需要进行剔除,图 7 – 18 展示了路网中的有必要的节点和没必要的节点。

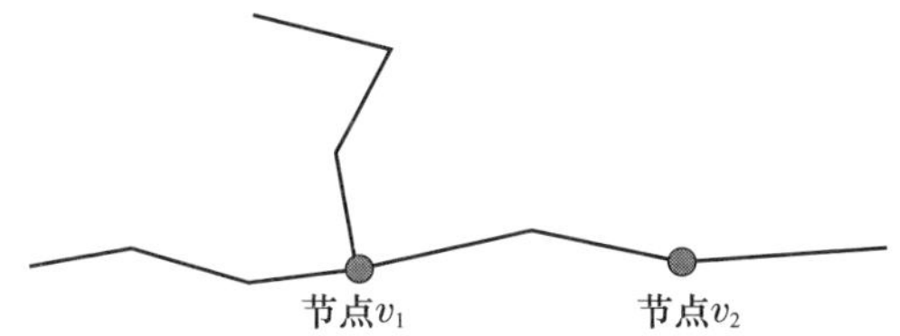

图 7 – 18　有必要的节点 v_1 和需要剔除的节点 v_2

快速路网重构方法借助空间索引,只需遍历一遍所有道路数据便可完成路网重构。具体构建策略为:

(1) 将道路图层中每一条道路线段的两端作为路网中的节点,每条道路线段作为路网中边。在此步骤中,只需读取道路线段两端点的数据,便可完成初步路网构建。经过此步骤构建的路网,可能存在一些错误,例如,有些道路线段内部的节点仍可能为路网中的节点。

(2) 遍历每个道路线段内部节点,如果发现与初步构建的路网节点有节点重合,则将对应的道路线段分裂成两条路网边,同时增加新的路网节点。经过此步骤,便可完成路网拓扑结构的构建。

(3) 根据多元约束条件下道路权值计算方法,计算路网中每条边对应的权重,并对每条路网边构建空间索引。此步骤中的空间索引主要用于将不在道路上的点映射到道路上来。

2. 并行处理策略

将待研究区域划分为空间格网,以空间格网作为研究单元,研究每个空间格网到避难所的可达性。随着格网划分分辨率的增加,分析规模按平方规模扩大。采用并行计算方式对可达性分析能够起到加速的作用。一个较为简单的分配策略是将每个待分析格网作为独立任务单元,然后将所有任务均匀得划分给所有并行分析进程,每个进程依次处理每个独立任务。然而,由于相邻的空间格网很可能共享同一段规划路径到相同设施点,如图 7 – 19 所示,采用这种方式则会代入大量重复计算。不过,这也并不意味着在并行计算中不允许重复计算,有时进程间通信的代价会大于重复计算的代价。并行任务划分策略应该兼顾计算和通信代价。

如图 7 – 20 所示并行任务划分策略,在(1)中,由于采用路网重构策略,路网重构速度较快,且消耗资源不多,路网构建并未采用并行方式构建,而是在每

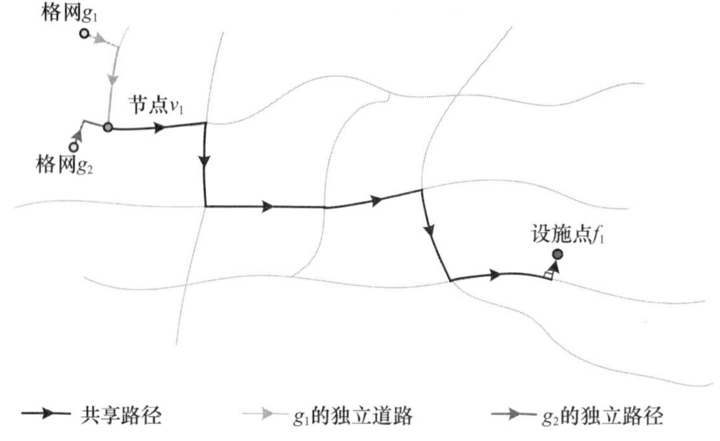

图 7-19　相邻格网共享同一段规划路径到相同设施点

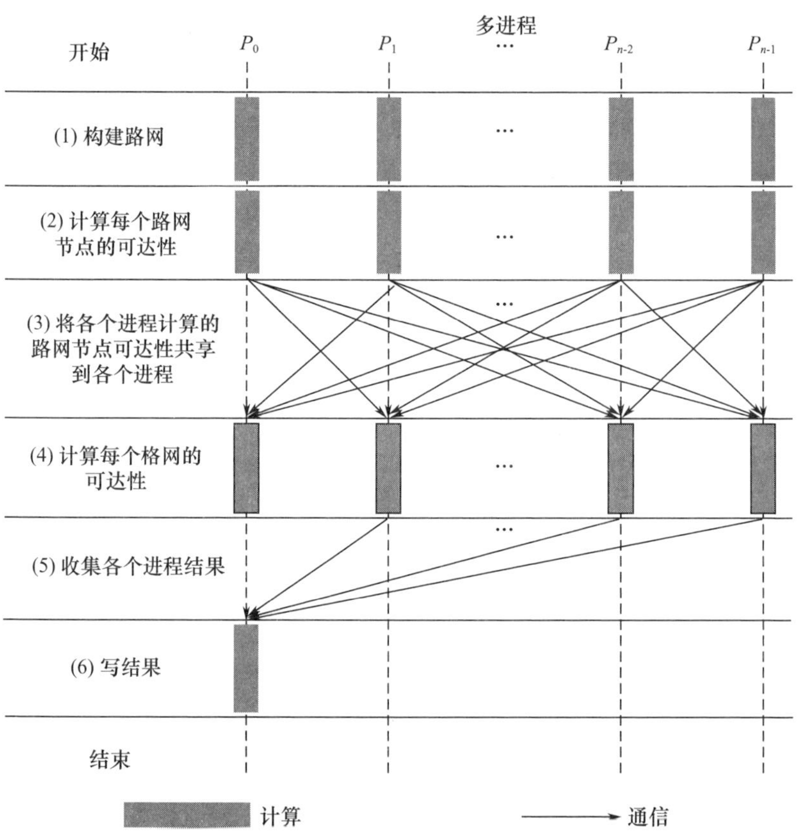

图 7-20　并行任务划分策略

个进程中分别构建一遍路网；在(2)中，采用应急救援路径规划算法分别计算每个路网节点到各个设施点的最短路径，并计算出各个路网节点到设施点的可达性，此步骤中，将各个路网节点均匀划分给各个进程，采用并行方式计算；在(3)中，将(2)中计算出的结果分发给各个进程，使每个进程都获取到所有路网节点到设施点的可达性值；在(4)中，将所有格网均匀划分给不同进程，每个进程分别计算每个格网到路网节点的代价，进而推算出每个格网到设施点的可达性；(5)和(6)将各个进程的计算结果收集到主进程中，并将结果输出。

3. 基于地图综合技术的计算化简方法

在可达性执行过程中，有些格网可能会与多个道路片段或者设施点相交。如图7-21所示，格网 g_1 同时与 s_1、s_2、s_3 及 s_4 相交，格网 g_2 同时与 f_1、f_2 及 f_3 相交。由于可达性分析精度不会超过格网划分精度，在应急救援情况下，为了进一步减少计算量，我们需要将道路和设施点进行化简以达到更高的精度。

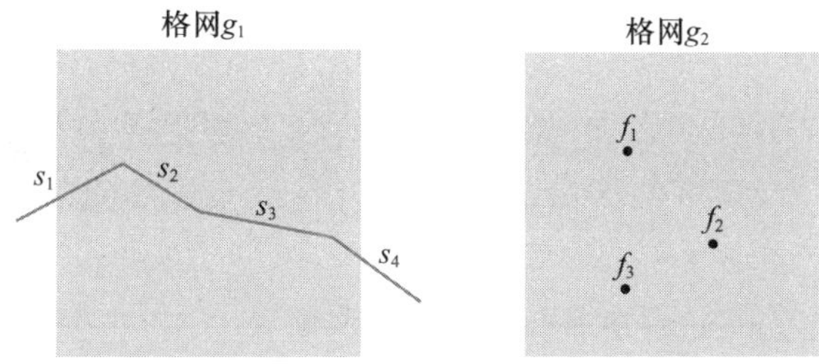

图7-21 同一空间格网与多个道路段或设施点相交

地图综合技术被广泛应用于空间数据化简，采用地图综合技术对空间数据进行化简，可以进一步减少计算量，实现更快的分析性能。具体化简策略包括：对于同一空间格网与多个道路段，遍历道路节点时，当下一个道路节点到前一个道路节点距离小于格网分辨率，则直接跳至下一个节点；对于同一空间格网与多个设施点相交的情况，将所有设施点的中心作为新的设施点，如图7-22所示。

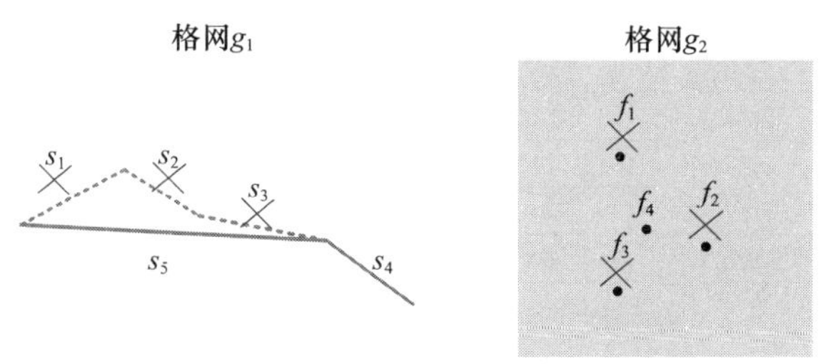

图7-22 对道路段或设施点进行化简

采用高性能 GIS 方法与 ArcGIS、PostGIS、UrbanAccess 和 AccessMod5 可达性分析性能进行对比,实验结果如图 7－23 所示。由结果可知,无论路网构建速度还是可达性分析性能,均明显优于其他方法。其中,采用 ArcGIS 进行可达性分析,总耗时为 3116. 59s,是高性能方法耗时的 5000 多倍。采用 ArcGIS 实现可达性分析耗时较长的原因主要有两个:一是将待分析格网点和设施点导入 ArcGIS 的路网分析模块需要将点与路网上的节点对应起来,此步骤在 ArcGIS 中耗时较长;二是 ArcGIS 中路网分析工具中选择最近设施点将每个待分析格网点作为独立计算单元,因此采用 ArcGIS 路网分析工具进行可达性分析会引入大量的重复计算。PostGIS 通过 pgRouting 插件进行路网构建和路径规划,采用 PostGIS 可以利用其中的空间索引将待分析格网点和设施点高效匹配到道路网中,所以相对于 ArcGIS,PostGIS 性能有较大提升,然而 PostGIS 性能依旧很差,总耗时为 945. 65s。UrbanAccess 基于 Pandana 进行路网分析,其分析性能较快,主要原因是其只分析道路中节点的可达性,对于不在道路上的节点,无法计算其可达性。AccessMod5 路网构建和可达性分析耗时为 43. 34s,这是因为在 AccessMod5 中,将路网栅格化,这会带来分析误差。采用高性能计算的方法(本书方法)分析生成的湖南省花垣县设施点可达性分析结果如图 7－24 所示。

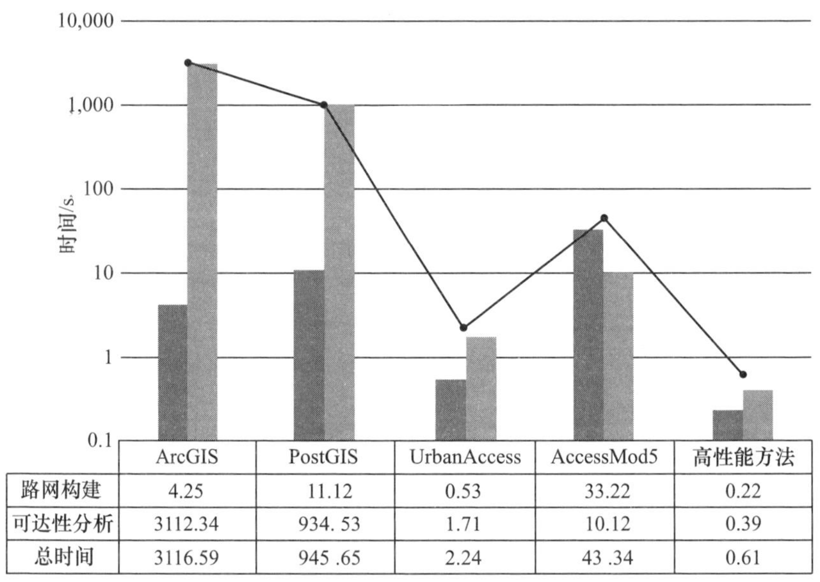

	ArcGIS	PostGIS	UrbanAccess	AccessMod5	高性能方法
路网构建	4.25	11.12	0.53	33.22	0.22
可达性分析	3112.34	934. 53	1.71	10.12	0.39
总时间	3116.59	945 .65	2.24	43 .34	0.61

图 7－23　与其他方法可达性分析耗时对比

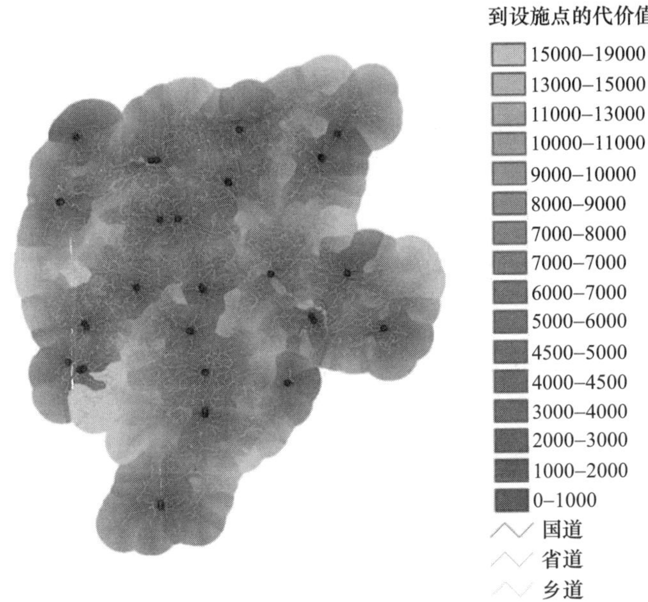

图 7－24　可达性分析结果

参考文献

[1] Yu J, Wu J, Sarwat M. A demonstration of GeoSpark: A Cluster Computing Framework for Processing Big Spatial Data[C]. IEEE, International Conference on Data Engineering. Helsinki: IEEE, 2016: 1410－1413.

[2] Tang M, Yu Y, Malluhi Q M, et al. Locationspark: A Distributed In－memory Data Management System for Big Spatial Data[J]. Proceedings of the VLDB Endowment, 2016, 9(13): 1565－1568.

[3] Moon B, Jagadish H V, Faloutsos C, et al. Analysis of the Clustering Properties of Hilbert Space－filling Curve[J]. IEEE Transactions on Knowledge & Data Engineering, 2001, 13(1): 124－141.

[4] 吴旭桥,吴烨,陈荦,等．面向大规模 DEM 数据的并行填挖算法[J]．地理信息世界,2019,26(06): 21－25.

[5] 沈定涛,王结臣,张煜,等．一种面向海量数字高程模型数据的洪水淹没区快速生成算法[J]．测绘学报,2014,43(6): 645－652.

[6] Jones C, Ware M. Map Generalization in the Web Age[J]. International Journal of Geographical Information Science, 2005, 19(8－9): 859－870.

[7] Lee K W, Choi J Y. Implementation of Tile Searching and Indexing Management Algorithms for Mobile GIS Performance Enhancement[J]. Journal of The Korea Internet of Things Society, 2015, 1(1): 11－19.

[8] 殷君茹,侯瑞霞,唐小明,等．基于瓦片金字塔模型的海量空间数据快速分发方法[J]．吉林大学学

报:理学版,2015,53(6):1269 - 1274.

[9] Yu L. Accelerating Image Pyramid on GPUs[J]. Advanced Materials Research,2014,926 - 930:403 - 406.

[10] Yang J,Zhang J,Huang G. A Parallel Computing Paradigm for Pan - Sharpening Algorithms of Remotely Sensed Images on a Multi - Core Computer[J]. Remote Sensing,2014,6(7):6039 - 6063.

[11] 刘世永,吴秋云,陈荦,等. 基于高层级地图瓦片的低层级瓦片并行合成技术[J]. 地理信息世界,2015,22(6):51 - 55.

[12] Liu S,Zhu X. Accessibility Analyst:an Integrated GIS Tool for Accessibility Analysis in Urban Transportation Planning[J]. Environment & Planning B Planning & Design,2004,31(1):105 - 124.

[13] Geurs K T,Wee B V. Accessibility Evaluation of Land - use and Transport Strategies:Review and Research Directions[J]. Journal of Transport Geography,2004,12(2):127 - 140.

[14] Vandenbulcke G,Steenberghen T,Thomas I. Mapping Accessibility in Belgium:a Tool for Land - use and Transport Planning? [J]. Journal of Transport Geography,2009,17(1):39 - 53.

[15] Makri M C, Folkesson C. Accessibility Measures for Analyses of Land Use and Travelling with Geographical Information Systems[C]. In 2nd KFB Research Conference. Lund:Scientific Research,2000:251 - 65.

[16] El - Geneidy A,Levinson D,Diab E,et al. The cost of equity:Assessing transit accessibility and social disparity using total travel cost[J]. Transportation Research Part A Policy & Practice,2016,91:302 - 316.

[17] Minocha I,Sriraj P,Metaxatos P,et al. Analysis of Transit Quality of Service and Employment Accessibility for the Greater Chicago,Illinois,Region[J]. Transportation Research Record Journal of the Transportation Research Board,2008,2042(2042):20 - 29.

[18] Ford A C,Barr S L,Dawson R J,et al. Transport Accessibility Analysis Using GIS:Assessing Sustainable Transport in London[J]. ISPRS International Journal of Geo - Information,2015,4(1):124 - 149.

[19] Chen B Y,Yuan H,Li Q,et al. Measuring Place - based Accessibility under Travel Time Uncertainty [J]. International Journal of Geographical Information Science,2016,31:783 - 804.

[20] Demontis R,Lorrai E,Muscas L,et al. CostFunction for Route Accessibility with a Focus on Disabled People Confined to a Wheelchair:the TOURRENIA Project[M]. Boca Raton:CRC Press,2013.

[21] Benenson I,Ben - Elia E,Rofe Y,et al. The Benefits of a High - resolution Analysis of Transit Accessibility [J]. International Journal of Geographical Information Systems,2016,31(1 - 2):213 - 236.

[22] Blanchard S D,Waddell P. UrbanAccess:Generalized Methodology for Measuring Regional Accessibility with an Integrated Pedestrian and Transit Network[J]. Transportation Research Record Journal of the Transportation Research Board,2017,2653(1):35 - 44.

[23] Chen Y N,Schmitz M M,Serbanescu F,et al. Geographic Access Modeling of Emergency Obstetric and Neonatal Care in Kigoma Region,Tanzania:Transportation Schemes and Programmatic Implications[J]. Global Health:Science and Practice,2017,5:430 - 445.

[24] Ablimit A,Fusheng W,Hoang V,et al. Hadoop - GIS:A High Performance Spatial Data Warehousing System over MapReduce[J]. Proceedings Vldb Endowment,2013,6(11):1009 - 1020.

[25] Cheng J,Tu J,Han L. Parallel Computation for Accessibility based Planning Support[C]. GISRUK. Leeds:figshare,2015.

第8章 高性能 GIS 技术展望

信息技术领域发展日新月异,大数据、人工智能与高性能 GIS 的结合,使得传统的 GIS 在数据形态、技术形态、交互方式等方面都发生着革命性的变化。

首先,数据采集技术的快速发展,使 GIS 的数据类型突破了传统测绘 4D 产品(DRG、DLG、DOM、DEM)的限制,带来新型 GIS 数据。三维模型数据、实景影像数据、倾斜摄影建模数据、建筑信息模型数据(BIM)、激光点云数据、视频影像数据等都在不断丰富着 GIS 的应用类型。物联网、互联网和移动互联网也成为重要的数据来源。接入并融合多源数据成为 GIS 新的挑战。从存储结构到数据模型,从融合分析到结果展现,新型数据的接入、融合、分析、展现,将促使 GIS 技术架构发生改变,也会产生新的 GIS 交互与使用模式。5G 或卫星通信、物联网和边缘计算[1]的发展,为数据的实时获取、处理与分析提供了基础支撑。在无人驾驶、应急救援等领域,对激光雷达数据、无人机航摄影像、图像流、视频流等数据的实时获取与处理,有着越来越广泛的需求,也逐步改变 GIS 的使用模式。

其次,三维 GIS 与 VR(Virtual Reality)、AR(Augmented Reality)、MR(Mix Reality)的发展,让虚拟世界中的 GIS 场景进行浏览、量算、分析等相关操作变得可能。AR、MR 技术的发展,将虚拟世界与现实世界进行融合,在导航、管线巡检、环境监控等方向具有较大的发挥潜力。数字孪生技术是将物理实体的元素、过程和系统数字化,创建一个真实的数字仿真模型,作为许多学科的协作平台[2]。数字孪生技术则进一步实现了虚拟世界与现实世界的交互,可大程度提高设计或研发的成功率,节省成本开支。这种技术将应用于 GIS 与 BIM 融合的地理建模与仿真,实践数字孪生,可以为城市规划、设计、建设到运行、维护的全生命周期创造价值,并支持可视化与智能化治理[3]。

最后,人类在自动化和智能化的领域上不断地探索前行,并且已经取得了不少的成就,如飞机、无人驾驶汽车等。GIS 领域对人工智能(Artificial Intelligence,AI)存在巨大的需求[4]。在数据采集与加工行业,需要大量的人力物力来支撑实现,随着机器学习、深度学习等技术的发展,人工智能已经可以实现对地物及道路等各种目标的自动化识别,将在数据加工领域产生巨大的价值。人工智能将在 GIS 的数据处理、分析、预测和决策等方面发挥越来越大的作用。例如,数据的采集、加工、入库需要人工智能处理提升重复烦琐工作的效率;复杂条件下的交通网络分析、资源优化配置分析、选址分析、城市规划发展分析等需要人工智能实现大数据的综合智能分析；洪水、地震等自然灾害需要人工智能进行准确预测；无人驾驶、机器人等需要人工智能在复杂地理环境中实现决策、进化。人工智能在 GIS 领域大有可为。

8.1 深度学习

作为人工智能的代表性技术，深度学习已经成为大数据等各个领域中最具有突破性发展的新技术。深度学习的成功主要得益于其新颖的数据驱动的特征表示学习能力，这种能力成功替代了传统建模中基于领域知识人为设计特征的方式。在这些技术推动下，人工智能技术在新一代 GIS 基础软件技术的研究与应用中发挥着极为重要的作用[5]。

在日益增长的应用需求牵引和日新月异的信息技术推动下，GIS 软件技术体系也正日益丰富和完善，其中，人工智能与 GIS 技术的结合是当前重要的研究方向。GIS 引入人工智能主要包括融合 AI 技术的空间分析或空间数据处理算法。近年来越来越多的学者分别从不同专业应用角度探讨深度学习应用于 GIS 的技术，如遥感图像处理[6-7]、水资源研究[8]、空间流行病学[9]、环境健康领域[10]等，并取得了很好的成果。已有研究表明，应用 AI 技术，扩展了传统 GIS 的数据处理能力，能高效地识别和分析街景、遥感和航拍图像、文本等非结构化数据中的地理信息[11-14]；从多源异构的时空数据中捕捉到动态变化的复杂时空变化关系，增强了 GIS 模型的分析预测能力[15-16]。

人工智能技术诞生于 1956 年，但随后相当长的时间里技术没有得到较大突破。20 世纪 80 年代机器学习诞生后，才得到较快发展，但 90 年代再次进入低谷。直到 2000 年机器学习中的重要分支——深度学习诞生，再次推进人工智能的研究和应用热潮。由此可见，机器学习是当前人工智能的核心，而深度学习是人工智能核心中的热点研究方向。当前 AI GIS 算法由基础工具中 AI 流程工具（AI Pipeline Toolkits）与空间智能算法共同组成，如图 8 - 1[5]所示。其中，空间智能算法分为空间机器学习和空间深度学习两部分算法，随着 AI 本身的发展，未来也可能会产生新的空间智能算法类别。基础工具中的 AI 流程工具是空间智能算法的数据准备、模型训练和模型应用整个流程的实现工具。

深度学习的强大可以归因于其对潜在特征的深层结构的使用（在隐藏节点处学习），这样可以将复杂特征表示为简单特征的组合。随着大规模标注数据集更容易获得[17]，用于训练大型网络的计算能力不断增强，再加上针对隐藏节点深层结构的反向传播误差的算法改进，彻底改变了传统机器学习的多个领域

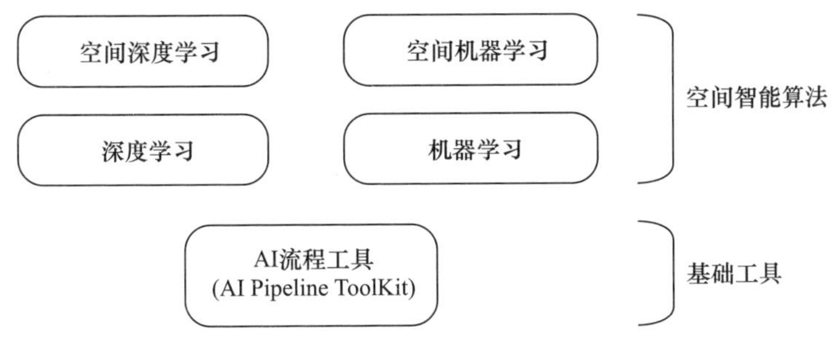

图 8-1 GIS 智能算法组成

(如监督、半监督和强化学习),并且在各种商业应用中取得了重大成功,例如计算机视觉、语音识别和自然语言翻译。

深度学习方法能够从数据中自动提取相关特征,它们在解决为复杂地理科学数据中的对象、事件和关系建立手工编码特征难题时具有巨大的潜力。由于地理科学数据的时空性质,其与计算机视觉和语音识别方面的问题具有某些相似之处。在后两者中,深度学习使用卷积神经网络(CNN)和递归神经网络(RNN)等框架都分别取得了重要成就。例如,如果 CNN 可以学会识别图像中的猫等动物,则它也可以用于识别地理科学数据结构特征(如下沉坑)中的龙卷风、飓风和大气河等对象和事件,以及从气候模型模拟中检测极端天气事件[4]。同样,基于 RNN 框架的长短期记忆(LSTM)模型,可以利用人工林动态的时空特性,根据遥感数据绘制人工林图[18]。该框架能够提取及时进行预测所需的正确记忆长度,因此对于预测具有适当提前期的地理科学变量非常有用。基于深度学习的框架,可以缩小地球系统模型的输出规模,并在局部尺度上进行气候变化预测,以及在高分辨率卫星图像中对树木和建筑物等进行分类[19]。通过在深度学习框架中纳入地理科学过程的特征(如时空结构),在商业领域也有希望取得类似成就。大规模标注数据一直是在商业领域深度学习获得成功的主要因素之一,但地理科学问题的关键挑战是标注样本的匮乏,从而限制了传统深度学习方法的有效性。因此,有必要针对地理科学问题开发新颖的深度学习框架,例如,通过使用物理过程的领域特定信息,来克服标注数据的不足。

智能计算是国家科技创新体系的重要组成,我国国民经济发展、科学研究等领域对智能计算设施、关键技术及认知环境提出越来越高的需求,不仅应用需求急剧增大,而且应用范围从科学研究领域不断扩大到环境认知、决策支持、智能交通等国防和经济发展的众多领域。新一代地理空间认知,是利用高性能计算机和人工智能技术来进行地理信息分析和处理的交叉学科。它与计算数学、遥感信息处理、地理计算、图形图像处理和计算机等多个学科交叉,是智能计算应用研发的基础和支撑,对国家科技发展和现代化建设起到重要支撑作用。基于高性能计算技术,以多种传感器采集的时空大数据为研究对象,利用地理空间的"时空性"及其人地相互关系的"关联性",未来的发展将包括且不局限于以下研究:

(1) 建立地理空间、地理实体、地理事件和地理过程的认知模型。

(2) 实现"时空数据大脑",完成智能化的数据管理和数据库支持的智能应用。

(3) 开展地理知识发现研究,形成对现实环境的正确认识。

(4) 地理认知可视化,研发空间智能信息系统,推动有关地理空间分析方法研究的发展。

8.2 云计算与边缘计算

伴随着以移动互联网、物联网、人工智能、大数据、云计算、边缘计算等为代表的信息通信新技术的不断发展和日益融合,云时代也日益凸显出技术融合的特征。由 AI、大数据(Big Data)和云计算(Cloud Computing)组成的"ABC 黄金三角"给各行各业带来新的发展契机。

由于顶层设计缺失等历史原因,数据烟囱、信息孤岛和碎片化应用普遍,因此,建设"互联网+云服务"模式的一体化平台,有效整合公共服务资源,构建统一的协同体系,将分散而独立的信息整合为共享互联的"大系统",实现大数据产业化,成为当务之急。近几年来,云计算技术与边缘计算技术蓬勃发展,与之相匹配的应用范围也越来越宽。在云计算环境下,通过各种通信网络为用户提供按需即取(Pay As You Go)服务,使得用户可以根据自身的需求特点选择相应的计算能力和存储系统。系统平台的各项功能将通过通信网络来实现,用户可以将各种平台应用部署在云计算供应商所提供的云计算平台中,以实现动态调整软件和硬件需求的功能。时空大数据云平台为时空大数据技术的发展提供分布式的计算方法,弹性伸缩的计算存储资源,使得时空信息处理技术自身取得了快速提升,可以显著提升时空大数据采集、获取、处理、分析、挖掘、管理与分析应用等各环节能力。

未来趋势,是大数据、人工智能、云计算"三位一体"的时代。人工智能需要大数据、云计算做支撑,三者之间的界限越来越模糊,三者糅合在一起将为社会提供更多的技术服务,并带来更为广阔的空间。将云计算技术、大数据、人工智能和地理信息技术相结合,通过云计算和云存储平台,可以使得地理信息数据的存储、计算和分析具有更高的可拓展新和动态支持,有效支撑智慧城市、生态文明、智能交通、智慧医疗等时空信息相关产业发展，助力我国时空信息产业腾飞。

此外，伴随着移动互联网的发展，云计算技术逐渐向边缘计算转型，研究边缘环境下城市地理空间信息系统的应用模式、服务体系、存储迁移、计算迁移等问题，显得很有必要且具有很大的商业价值。边缘计算是指在网络边缘执行计算的一种新型计算模型，其操作对象包括来自于云服务的下行数据和来自于边缘设备的上行数据。“边缘”是指从数据源到云计算中心路径之间的任意计算和网络资源[20]。

边缘计算基本模型由云中心、边缘中心和边缘设备构成，拓扑结构如图8-2所示。其中云中心拥有最为丰富的计算、存储、数据和网络资源，具备完整的应用支撑能力。边缘中心处于系统拓扑的中间层，具有一定的计算、存储、数据和网络资源，具备较强的数据处理和空间分析等能力，可以向云中心提供数据和计算服务，也可以彼此间对等交互。边缘设备位于系统拓扑的外沿，往往是各类地理空间大数据的采集或生产节点。边缘设备具有一定的数据预处理能力和简单计算能力，一般与边缘中心交互，提供数据获取结果，也可以彼此间对等交互。

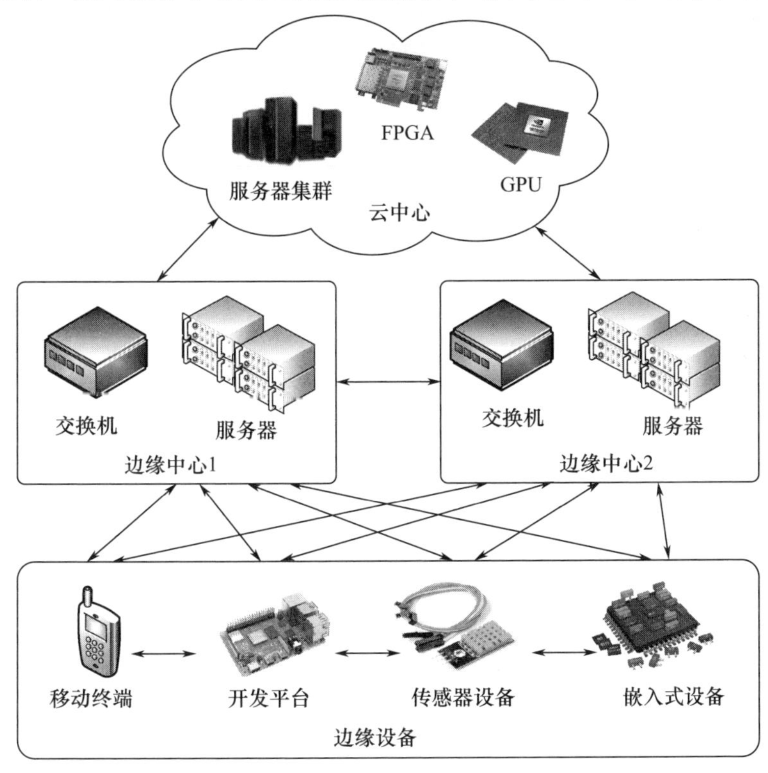

图8-2 边缘计算基本模型

边缘计算模型具有几个突出的优势[21]:一是在网络边缘处理大量的临时数据,不再全部上传至云端,这能够大大减少传输网络带宽的压力;二是将数据处理放在接近数据生产者的地方进行,不全部依赖从远端的云计算中心获取计算资源,从而减少了网络延迟;三是用户隐私数据可以不上传,而是存储在边缘设备中,从而减少了通过网络数据泄露的风险。得益于这些优势,边缘计算模型从原理上将能够改善或解决高性能并行地理计算网络化应用中存在的高时延问题。

例如,在典型的地理计算应用中,时空聚集计算是指对在时间和空间上存在一定分布的对象进行不同粒度的划分,采用聚集函数对数据进行分析,从而得到其分布模式的计算过程[22]。时空聚集计算的对象往往是具有流数据特征的时空数据对象,在集中处理模式或云服务计算模式下,实施时空聚集计算需要将数据传送到服务器(云端)处理,这将对网络带宽、数据中心计算供给能力造成很大压力,特别在复杂网络环境下,容易造成延迟过高、抖动过强、数据传输过慢等问题。而时空聚集计算结果一般是反映数据分布模式的描述信息,数据量小,易于传输。如果在边缘节点上先进行一定程度的时空聚集计算,则不管是将结果直接返回给用户,还是将结果通过网络传送到中心进行深加工处理,都将大大减少网络传输量,降低对传输带宽的压力,提高系统对时空聚集计算的动态响应性能,支撑大数据情况下的实时交互应用。因此,时空聚集计算既是大数据时代非常重要的一种计算,又非常适合于边缘计算场景。

8.3 数字孪生

数字孪生是充分利用物理模型、传感器更新、运行历史等数据,集成多学科、多物理量、多尺度、多概率的仿真过程,在虚拟空间中完成映射,从而反映相对应的实体装备的全生命周期过程。数字孪生是一种超越现实的概念,可以被视为一个或多个重要的、彼此依赖的装备系统的数字映射系统[23]。

最早,数字孪生思想由密歇根大学的 Michael Grieves 命名为“信息镜像模型”(Information Mirroring Model),而后演变为“数字孪生”的术语。数字孪生也被称为数字双胞胎和数字化映射。企业在实施基于模型的系统工程(MBSE)的过程中产生了大量的物理的、数学的模型,这些模型为数字孪生的发展奠定了基础。2012 年 NASA 给出了数字孪生的概念描述:数字孪生是指充分利用物理模型、传感器、运行历史等数据,集成多学科、多尺度的仿真过程,它作为虚拟空间中对实体产品的镜像,反映了相对应物理实体产品的全生命周期过程。为了便于数字孪生的理解,庄存波等提出了数字孪生体的概念,认为数字孪生是采用信息技术对物理实体的组成、特征、功能和性能进行数字化定义和建模的过程。数字孪生体是指在计算机虚拟空间存在的与物理实体完全等价的信息模型,可以基于数字孪生体对物理实体进行仿真分析和优化。数字孪生是技术、过程、方法,数字孪体是对象、模型和数据[24]。

数字孪生的实现主要依赖于以下几方面技术的支撑:高性能计算、先进传感采集、数字仿真、智能数据分析、VR 呈现,实现对目标物理实体对象的超现实镜像呈现。通过构造数字孪生体,不仅可以对目标实体的健康状态进行完美细致的刻画,还可以通过数据和物理的融合实现深层次、多尺度、概率性的动态状态评估、寿命预测以及任务完成率分析。数字孪生体以虚拟的形式存在,不仅能够高度真实地反映实体对象的特征、行为过程和性能,如装备的生产制造、运行及维修等,还能够以超现实的形式实现实时的监测评估和健康管理[25]。

数字孪生技术的实现依赖于诸多先进技术的发展和应用,其技术体系按照从基础数据采集层到顶层应用层依次可以分为数据保障层、建模计算层、数字孪生功能层和沉浸式体验层 4 层,每一层的实现都建立在前面各层的基础之上,是对前面各层功能的丰富和拓展[26]。数字孪生技术体系如图 8 -3 所示[25]。

数字孪生概念最早应用在智能制造领域,NASA 在阿波罗项目中,使用空间飞行器的数字孪生对飞行中的空间飞行器进行仿真分析,监测和预测空间飞行器的飞行状态,辅助地面控制人员作出正确的决策。从 NASA 对数字孪生的应用来看,数字孪生主要是要创建和物理实体等价的虚拟体或数字模型,虚拟体能够对物理实体进行仿真分析,能够根据物理实体运行的实时反馈信息对物理实体的运行状态进行监控,能够依据采集的物理实体的运行数据完善虚拟体的仿真分析算法,从而对物理实体的后续运行和改进提供更加精确的决策。

数字孪生系统复杂功能的实现很大程度上依赖于其背后的计算平台,实时性是衡量数字孪生系统性能的重要指标,因此,基于分布式计算的云服务器平台是其重要保障,同时优化数据结构、算法结构等以提高系统的任务执行速度同样是保障系统实时性的重要手段。如何综合考量系统搭载的计算平台的计算性能、数据传输网络的时间延迟以及云计算平台的计算能力,设计最优的系统计算架构,满足系统的实时性分析和计算要求,是其应用于数字孪生的重要内容。

数字孪生在 GIS 领域可以应用于智慧城市[27],重塑城市基础设施,实现城市管理决策协同化和智能化,确保城市更安全、有序运行。从虚实环境层面,布设于现实城市的天空、地面、地下等各处的传感器将实时感知与监测智慧城市的运行状态,通过其采集的数据建立起与现实城市相对的虚拟城市模型,实现事物真实环境中的行为在虚拟空间的模拟。在城市信息化层面,采集现实城市基础设施活动的各类痕迹、虚拟城市的模拟仿真及各类智能城市服务记录等汇聚而

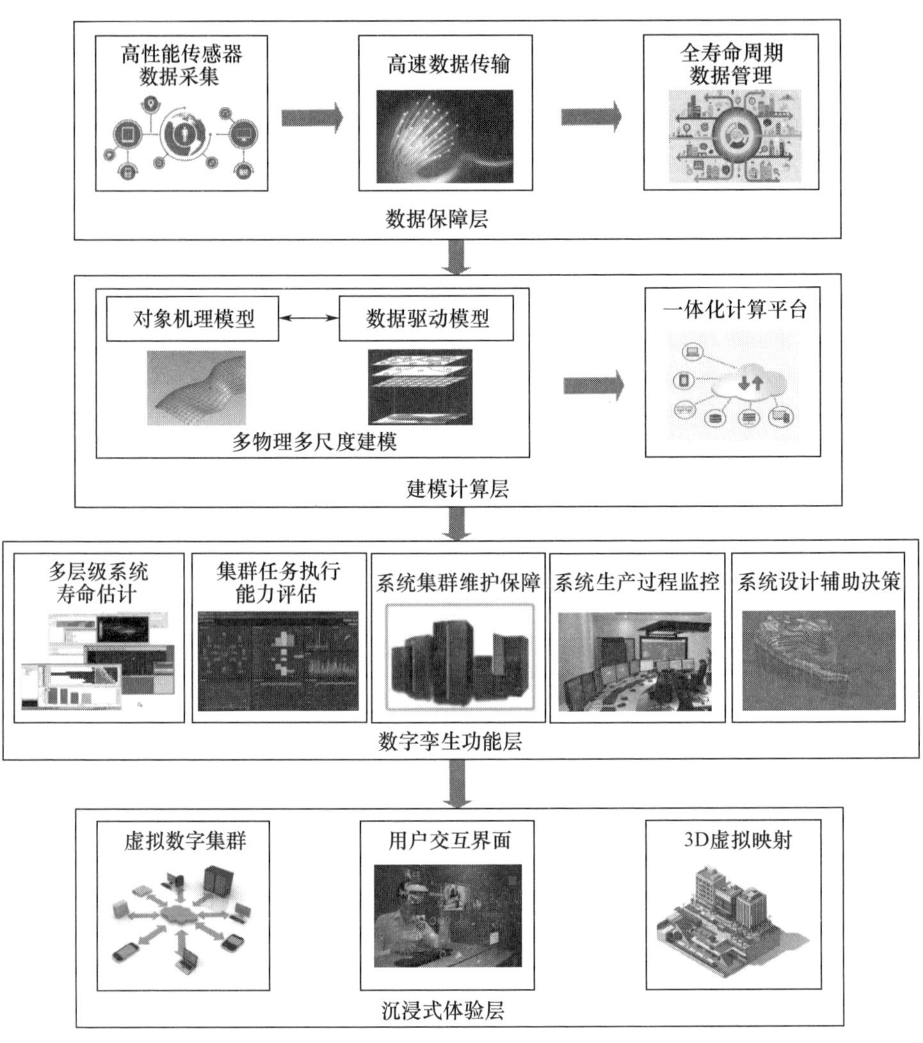

图 8－3　数字孪生技术体系

成的时空大数据，以数据分析驱动城市的发展与优化。在交互层面，为城市规划、建设及民众各类活动的服务拓展出虚拟空间，以公众协同的理想手段定义城市未来发展的新模式。在功能服务层面，基于数字孪生对城市进行的规划设计可以支持现实城市经济、社会、生态环境之间协调性的模拟与分析，为政策的指引与优化提供参考，使城市服务更加智慧。

应用于智慧交通领域，数字孪生使交通系统具有“万物可接，万物相连”的能力，而“人车路环境”等要素已从物理世界迁移到数字世界。通过实现“虚实融合，以虚控实”交通场景的数字孪生系统，可广泛应用于交通设施远程运维、新型交通运载车辆开发、无人驾驶虚拟测试、交通问题分析与实验等[28]。

气候变化是涉及地球各个圈层多种要素之间非常复杂的相互作用的过程。必须把地球作为一个整体来建模,从本质上认知地球气候变化的动力学和热交换特性。基于高性能计算的地球系统建模框架和计算网络能够为全球变化研究提供模拟平台和仿真环境,使我们能够重新认知全球气候变化与区域生态环境安全问题、碳平衡问题。下一代的数字孪生地球系统将融合遥感感知网、地面生态网、地面气象测站为一体,给地球气候变化与区域生态环境安全问题模拟带来前所未有的愿景。使我们能够将地球生态系统的复杂性分解为由关键参量描述的可计算模型,并遵循一定接口规范,实现按需模拟气候变化过程的高性能计算"重构"。实现对全球与区域复杂气候变化模型的模拟与验证,进而科学地预测气候变化。

8.4 高性能 GIS 发展趋势

大体量、多样性、高速化特征的时空大数据时代已经到来。随着现代测绘科技的发展,自动化程度逐步提高,传统 GIS 对时空大数据的管理、分析、处理手段日显落后,造成耗费巨资获取的大量数据不能及时分析处理,随着时间的流逝逐渐沦为数据垃圾。此外,缺乏有效的大数据挖掘手段,投入巨资建设的几个大型空间数据库,有用的空间信息逐渐沉淀和埋没,不开发利用难以充分满足空间资源服务于国家、服务于社会的需要。过去 NASA 也曾面临巨大成本采集来的95% 的数据从未有人浏览过的尴尬境地。如何有效利用时空大数据,宏观方面可以为国家安全、大政方针、地球环境物候变迁服务,微观方面如"位置智能"可以日常服务于社会大众。

随着地理空间数据的迅猛增长和地理信息产业化的快速发展,当前 GIS 平台在地理数据存储、地理数据分析挖掘技术及地理空间信息服务上无法适应大数据环境下对 GIS 架构和服务模式的新要求,严重制约着地理空间信息产业在大数据时代的快速发展。基于先进计算架构的未来高性能地理信息系统软件技术发展呈现以下基本态势:

(1) 以时空数据存储管理为核心的"数据型"GIS 软件已不能满足多元化、社会化服务和重大决策支持应用需求,迫切需要发展以时空大数据挖掘、分析和服务为核心的"分析型"地理信息系统技术。

数据挖掘与决策分析技术已经成为解决"数据爆炸、知识贫乏"问题和实现智能决策的有效手段。探索适合行业应用的时空数据挖掘和决策分析网络新方法,对于有效处理海量时空数据、提高时空分析的智能化水平具有重要意义。在物联网、空天地一体化对地观测技术带来的大数据时代，这一要求尤为重要。云平台要能为终端用户提供持续、稳定的各种地理知识云服务，需要聚集全球各种地理数据挖掘算法和地理决策分析模型。围绕地理知识云服务的分布式协同机制，开发面向大数据的分布式时空数据挖掘和决策建模算法，研发服务质量评估模型及其约束下的动态时空知识服务组合技术，将是未来若干年内地理信息系统软件技术的发展趋势。

(2) 以小型桌面计算为核心的 GIS 软件已不能满足大数据环境下复杂问题计算应用需求，迫切需要发展以新型硬件架构为基础、融合云计算与网格计算的高性能地理计算技术。

当前，地理空间信息应用的快速发展对地理计算提出了新的技术挑战，主要表现在问题规模越来越大、数据越来越多、模型越来越复杂，迫切要求提升现有地理计算支撑能力。发挥高性能计算服务器系统的计算优势提升基于服务的地理计算能力，代表了今后的发展趋势。融合新型硬件架构，发展具有时空数据密集型和计算密集型特征的高性能复杂地理计算，将成为今后 GIS 技术发展的核心和重点方向。

网格计算和云计算的兴起，促进了网格 GIS 和云 GIS 的快速发展。网格计算和云计算各有特点与优势，从计算平台来看，网格在实现地理分布的异构资源的聚合、集成共享具有明显优势，因此如果将其与云计算平台集成，网格平台可以进一步帮助云资源乃至整个网络资源实现网格与云平台间的互操作，从而在现有资源上实现集成，达到“物理分散、逻辑集中”的效果；从数据处理的角度看，由于云计算采用的是普通 PC 或服务器构筑云计算中心，适合于松耦合型应用，但对于不易分解为相互独立的子任务的紧耦合型计算任务，则比较适合网格计算平台，因为云计算中数据与服务的频繁迁移会导致较低的处理效率。空间信息的数据密集型紧耦合计算，要实时满足用户提交的服务计算请求，就必须寻求一种在网格与云计算平台共同协作实现资源调配的高效运行机制。网格在收集异构的可计算资源方面具有优势，它可以设置并形成虚拟组织(Virtual Organization，VO)，提供充分的计算资源处理数据密集型计算问题；而云计算所体现的基于虚拟化技术的 IaaS 能力，可以动态地按需分配计算资源，节省企业基础设施成本。另外云计算中的虚拟化的动态分配计算资源的能力，可以补充网格计算中 VO 体现出的静态性的不足。如果使用云计算与虚拟化技术对网格所聚集的计算资源实现动态按需分配，既可以充分发挥二者在聚合计算资源方面的优势，又能实现系统高效执行；最后从数据安全性来看，被存储到云计算中心的数据，虽具有一定的安全性，但仍有用户担心数据的保密性或者对数据的控制权，导致不敢将自己的数据存储到云计算平台，然而网格并不改变数据存储的位置同时用户拥有对自己数据的绝对控制权，用户可以决定其数据以及其可计算资源何时被共享使用，何时关闭，比数据完全存储在云数据中心更安全可靠。因此如果借助网格技术对数据与资源的使用，则可以更好地实现“可以用，但不能全部拿走”的模式。综上所述，网格计算与云计算的融合，是 IT 发展的重要趋势，可以更好地满足 GIS 应用数据密集及紧耦合的特点，也是大型 GIS 平台软件发展的重要方向。

（3）以传统交互方式为主的 GIS 软件已不能满足现实世界全方位交互与动态变化的应用需求，迫切需要发展高复杂度虚拟地理环境系统。

最近 10 年来，以“数字城市”“城市地理空间框架”为核心的一批研究项目或工程计划实施，虚拟地理环境（VGE）在解决处于静态或相对静态的人工建筑物和地形三维重建与展示方面获得了长足进展，相关技术、方法和系统正日趋成熟。事实上，构成自然地理环境的主体是由植被、水体以及光、风、雨、雾、雪等动态要素组成且相互间交织在一起，并构成一个复杂的、动态的区域—生态或地理—生态系统。然而，现有虚拟地理环境的研究成果主要是提供地理信息服务的工具软件，但远不能满足城市管理、新农村建设、区域生态文明建设，特别是风景园林与生态景观规划设计、森林经营管理与碳循环研究、自然灾害管理与灾后重建、生态文化保护与传承、军事仿真和游戏动漫等应用领域的需要。其瓶颈之一首先是系统对自然环境要素及其交互、动态变化模拟仿真能力有限；其次，是在实时管理和控制物联对象、远程智能感知、三维真实感建模和复杂三维场景的交互式编辑功能人—机交互和用户体验等功能方面，特别是在支持复杂自然环境要素的实时绘制方面的能力还很弱。

因此，未来 10 年内虚拟地理环境或三维地理信息系统研究与发展特别需要对动态演变的，特别是对以人为中心的陆地自然环境系统的三维高可靠性建模与模拟仿真研究，并实现以下转变：关注的重点从城市延伸扩展到广大农村，更加注重以陆地自然环境的模拟仿真；工作的核心将聚焦到动态变化的、高度复杂的且具有大规模、多尺度特征的区域（地理）—生态系统，并强化以人为中心的生命演化系统的结构和功能；融合物联网技术（视频图像、无线传感网、无限射频识别、导航定位系统等）的二三维虚拟地理环境将带来从传感器到个人的动态和交互探索的全方位信息流，实现地理—生态系统的虚拟化、智能化管理与调控。

（4）以空间数据访问为核心的 GIS 软件已不能满足复杂地球系统要素感知与表达应用需求，迫切需要发展支持复杂耦合过程综合模拟与情景分析的地理信息系统技术。

地球系统是人类赖以生存和发展的物质空间，也是多种自然资源的载体。

地理系统不仅包涵特定空间范围内各地理要素的时空特征和演变机制，更重要的是还包括各要素之间的物质循环和能量转化的动态过程和机理，需要将自然过程与人文过程作为一个系统整体，对它们之间的结构功能、时空相互作用进行综合模拟与情景分析。构建地球模拟系统逐步成为人类分析、预测地球系统的重要手段。例如，目前众多国际机构对全球物质与能量循环的不同方面提出了不少先进的模型，如在世界气候研究计划的全球能量和水循环试验(GEWEX)支持下提出的一系列区域至大陆尺度的模型。对地观测技术的飞跃发展，可以在全球范围内获取逐日覆盖全球的数据，从中提取全球地球物理化学参数、生物物理化学参数，建立大气—陆地与生态过程间完整耦合的能量传输和物质循环模型，建立针对生态环境的地球模拟系统。

参考文献

[1] Khan W Z, Ahmed E, Hakak S, et al. Edge Computing: a Survey[J]. Future Generation Computer Systems, 2019, 97(AUG.): 219 - 235.

[2] Lehner H, Dorffner L. Digital geoTwin Vienna: Towards a Digital Twin City as Geodata Hub[J]. Journal of Photogrammetry Remote Sensing and Geoinformation Science, 2020, 88(W1): 63 - 75.

[3] Shirowzhan S, Tan W, Samad M E. Sepasgozar. Digital Twin and CyberGIS for Improving Connectivity and Measuring the Impact of Infrastructure Construction Planning in Smart Cities[J]. International Journal of Geo - Information, 2020, 9(4): 240.

[4] Karpatne Anuj, Imme Ebert - Uphoff, Sai Ravela, et al. Machine Learning for the Geosciences: Challenges and Opportunities[J]. IEEE Transactions on Knowledge and Data Engineering, 2019, 31(8): 1544 - 1554.

[5] 宋关福，卢浩，王晨亮，等. 人工智能 GIS 软件技术体系初探[J]. 地球信息科学学报，2020，22(01)：76 - 87.

[6] Zhu X X, Tuia D, Mou L, et al. Deep Learning in Remote Sensing: a Comprehensive Review and List of Esources[J]. IEEE Geoscience and Remote Sensing Magazine, 2017, 5: 8 - 36.

[7] Zhang L P, Zhang L F, Du B. Deep Learning for Remote Sensing Data: A Technical Tutorial on the State of the Art[J]. IEEE Geoscience and Remote Sensing Magazine, 2016, 4: 22 - 40.

[8] Shen C. A Transdisciplinary Review of Deep Learning Research and Its Relevance for Water Resources Scientists[J]. Water Resources Research, 2018, 54: 8558 - 8593.

[9] Vopham T, Hart J E, Laden F, et al. Emerging Trends in Geospatial Artificial Intelligence(geoAI): Potential Applications for Environmental Epidemiology[J]. Environmental Health, 2018, 17: 40.

[10] Kamel Boulos M N, Peng G, Vopham T. An overview of Geo AI Applications in Health and Healthcare [J]. International Journal of Health Geographics, 2019, 18: 7 - 8.

[11] Helbich M, Yao Y, Liu Y, et al. UsingDeep Learning to Examine Street View Green and Blue Spaces and Their Associations with Geriatric Depression in Beijing, China[J]. Environment International, 2019, 126: 107 - 117.

[12] Cresson R. A Framework for Remote Sensing Images Processing Using Deep Learning Techniques[J]. IEEE Geoscience and Remote Sensing Letters, 2019, 16:25 - 29.

[13] Yan X F, Ai T H, Yang M, et al. AGraph Convolutional Neural Network for Classification of Building Patterns using Spatial Vector Data[J]. ISPRS Journal of Photogrammetry and Remote Sensing, 2019, 150: 259 - 273.

[14] Comber S, Arribas - Bel D. Machine Learning Innovations in Address Matching: A Practical Comparison of Word2vec and CRFs[J]. Transactions in GIS, 2019, 23:334 - 348.

[15] Fan J, Li Q, Hou J, et al. A Spatiotemporal Prediction Framework for Air Pollution Based on Deep RNN [J]. ISPRS Annals of Photogrammetry, Remote Sensing and Spatial Information Sciences, 2017, IV - 4/W2:15 - 22.

[16] Bai Y, Zeng B, Li C, et al. An Ensemble Long Short - term Memory Neural Network for Hourly PM2.5 Concentration Forecasting[J]. Chemosphere, 2019, 222:286 - 294.

[17] Deng J, Dong W, Socher R, et al. ImageNet: A Large - scale Hierarchical Image Database[C]. IEEE Conference on Computer Vision and Pattern Recognition. Miami: IEEE, 2009:248 - 255.

[18] Jia X, Khandelwal A, Nayak G, et al. Incremental Dual - memory LSTM in Land Cover Prediction[C]. in Proceedings of the 23rd ACM SIGKDD International Conference on Knowledge Discovery and Data Mining. Halifax: ACM, 2017, 867 - 876.

[19] Vandal T, Kodra E, Ganguly S, et al. DeepSD: Generating High Resolution Climate Change Projections through Single Image Super - Resolution[C]. in Proceedings of the 23rd ACM SIGKDD International Conference on Knowledge Discovery and Data Mining. Halifax: ACM, 2017:1663 - 1672.

[20] Shi W, Cao J, Zhang Q, et al. Edge Computing: Vision and challenges[J]. IEEE Internet of Things Journal, 2016, 3(5):637 - 646.

[21] 施巍松,张星洲,王一帆,等. 边缘计算:现状与展望[J],计算机研究与发展,2019,56:69 - 89.

[22] Lopez I F V, Snodgrass R T, Moon B. Spatiotemporal Aggregate Computation: a Survey[J]. IEEE Transactions on Knowledge & Data Engineering, 2005, 17:271 - 286.

[23] 于勇,范胜廷,彭关伟,等. 数字孪生模型在产品构型管理中应用探讨[J]. 航空制造技术,2017,60(7):41 - 45.

[24] 陶飞,刘蔚然,张萌,等. 数字孪生五维模型及十大领域应用[J]. 计算机集成制造系统,2019,25(01):1 - 18.

[25] 刘大同,郭凯,王本宽,等. 数字孪生技术综述与展望[J]. 仪器仪表学报,2018,39(11):1 - 10.

[26] Tuege E. The Airframe Digital Twin: Some Challenges to Realization[C]. 53rd AIAA/ASME/ASCE/AHS/ASC Structures, Structural Dynamics and Materials Conference. Honolulu: ARC, 2012.

[27] 张馨文,张春晓. 虚拟地理环境在智慧城市中的研究与应用[J]. 测绘通报,2020,(05):11 - 15 + 30.

[28] 伍朝辉,刘振正,石可,等. 交通场景数字孪生构建与虚实融合应用研究[J]. 系统仿真学报,2021,33(02):295 - 305.